NCS(국가직무능력표준) 적용

실전 **전기제어 실계 제작기술**

김원회·김수한 지음

BM 성안당
www.cyber.co.kr

■ 도서 A/S 안내

전기제어 장치 설계를 줄여서 흔히 전장설계라고 표현하고 있으며, 전장설계는 동력이나 제어에너지로 전기에너지를 사용하는 경우 시스템의 근간이 되는 기술이라 할 수 있다. 때문에 전장설계는 동력회로는 물론 제어회로 설계, 제어장치 제작·시공에 관계되는 모든 내용이 도면으로 제시되는 기술이며, 전기공학, 시퀀스 제어, 센서기술, 모터제어, 유공압 기술, PLC 제어 기술, 전기도면설계 기술 등이 총망라된 기술인 것이다.

특히, 전동기는 전기식 액추에이터의 대명사이고 우리나라 총 발전량의 3분의 1 이상을 소비한다고 하며, 산업용 회전 액추에이터는 물론 우리 일상 주변에서도 많이 사용되고 있다. 또한 PLC는 여러 가지 제어방식 중에서도 점유율 과반수 이상을 차지하고 있다.

이 책은 NCS 학습 모듈 중에서 모터제어와 PLC 제어 특수기능 프로그램 개발의 학습 내용에 맞게 구성한 것인데, 여기서 NCS(National Competency Standards)란 국가직무능력 표준이란 의미로 산업현장에서 직무를 수행하기 위해 요구되는 지식·기술·소양 등의 내용을 국가가 산업부문별·수준별로 체계화해 산업현장의 직무를 성공적으로 수행하기 위해 필요한 능력을 국가적 차원에서 표준화한 것을 의미한다.

때문에 이 책이 모터제어 장치의 설계와 제작기술이나 PLC 응용명령어 및 특수기능모듈 활용기술을 습득하려는 제어 기술자에게 가이드북이 되길 바라며, 이 책의 출판을 위해 애써주신 성안당 출판사 관계자분께 감사를 드리는 바이다.

2018년 12월
저자 씀.

CONTENTS

CHAPTER 03 시퀀스 제어회로

CHAPTER
04

전 선

CHAPTER 05

PLC 제어

CHAPTER 06 제어반 제작기기

대분류 : 기계

중분류 : 기계조립 · 관리

소분류 : 기계조립

세분류	능력단위	학습 모듈명
기계수동조립		
기계 소프트웨어 개발	모터제어	모터제어
기계 하드웨어 개발		
기계 펌웨어 개발		

학습 모듈의 목표

모터를 활용하여 목적에 맞는 제어방법과 부품을 이용하여 장치를 구성하고 이를 설치, 구동, 제어, 운영 및 유지보수에 필요한 능력을 기를 수 있다.

학습 모듈의 내용 체계

학습	학습내용	NCS 능력단위요소		
		코드번호	요소 명칭	수준
1. 제어방식 설계하기	1-1. 제어사양 분석 및 모터 선정	1503010205_14v3.1	제어방식 설계하기	3
	1-2. 제어기 선정 및 제작계획 수립			
2. 제어회로 구성하기	2-1. 모터 제어회로 구성	1503010205_14v3.2	제어회로 구성하기	3
	2-2. 컨트롤러 제어회로 구성			
3. 시험운전 및 유지보수하기	3-1. 모터 시험운전	1503010205_14v3.3	시험운전하기	2
	3-2. 모터 유지보수	1503010205_14v3.4	유지보수하기	2

대분류 : 기계

중분류 : 기계조립 · 관리

소분류 : 기계조립

세분류	능력단위	학습 모듈명
기계수동조립		
기계 소프트웨어 개발	PLC 제어 특수모듈 프로그램 개발	PLC 제어 특수모듈 프로그램 개발
기계 하드웨어 개발		
기계 펌웨어 개발		

학습 모듈의 목표

응용 명령어, 아날로그 입출력, 통신 및 부대장비를 사용하여 PLC로 기계장비 및 시스템을 제어함에 있어 필요한 능력을 기를 수 있다.

학습 모듈의 내용 체계

학습	학습내용	NCS 능력단위요소		
		코드번호	요소 명칭	수준
1. PLC 특수 프로그래밍 준비하기	1-1. 응용 명령어 활용	1503010211_14v3.1	PLC 특수 프로그래밍 준비하기	3
	1-2. 특수모듈 선정			
2. PLC 특수 프로그래밍 하기	2-1. 공정도 및 배선도 작성	1503010211_14v3.2	PLC 특수 프로그래밍 하기	4
	2-2. 프로그램 작성			
3. 시뮬레이션 하기	3-1. 시뮬레이션 및 에러 판단	1503010211_14v3.3	시뮬레이션 하기	2
4. 프로그램 수정·보완하기	4-1. 프로그램 수정·보완	1503010211_14v3.4	프로그램 수정·보완하기	3

CHAPTER

01

시퀀스 제어 기초

시퀀스 제어 기초

01 자동제어와 시퀀스 개요

1 자동제어란

제어(control)란 '어떤 물체의 형태나 현상의 추이를 자신의 의지대로 지배하는 일이다'라고 정의한다. 즉, 어떤 목적에 적합하도록 제어대상에 적당한 조작 또는 동작을 주는 것을 제어라고 하며, 이 제어를 사람이 개입하여 하는 제어를 수동제어 (manual control)라 하고, 사람이 관여하지 않고 제어장치에 의해 능동적으로 수행되면 자동제어(automatic control)라고 한다.

여기서 제어장치란 제어대상에 조합되어 제어를 수행하는 것을 말하며, 이 제어대상과 제어장치를 주체로 하는 하나의 목적을 가진 체계를 제어계(制御系)라 한다.

그림 1-1은 이러한 제어계를 그림으로 나타낸 것이며, 제어에 관한 용어의 의미를 정리하면 다음과 같다.

```
┌─────────────┐      ┌─────────────┐      ┌─────────────┐
│  조작(입력)  │  ⇨  │   제어장치   │  ⇨  │ 제어결과(출력)│
└─────────────┘      └─────────────┘      └─────────────┘
```
[그림 1-1] 기본 제어계

(1) 제어(control)

어떤 목적에 적합하도록 목표가 되는 대상에 필요한 조작을 가하는 것으로 정성적 제어와 정량적 제어가 있다.

① 정성적 제어

전열기와 같이 전원을 투입하느냐 또는 차단하느냐의 두 가지 상태 중에 하나를 선택하는 것으로서 화력의 강약 여부에는 관계없는 제어법이다.

② 정량적 제어

가스레인지나 수도 콕을 조절함에 따라 화력 또는 유량을 연속적으로 조절할 수 있는 제어이다.

(2) 조작

입력 또는 그 외의 방법에 의해 소정의 운동을 하게 하는 일을 말한다.

(3) 동작

어떤 원인이 주어짐에 따라 소정의 작용을 하는 것이다.

(4) 조정(조절)

양이나 상태를 일정하게 유지하거나, 또는 일정한 기준에 맞춰 변화시키는 것을 말한다.

(5) 제어대상

기계, 프로세스, 시스템의 대상이 되는 전체 또는 부분의 목표물로 전동기, 솔레노이드, 히터, 전자밸브 등을 말한다.

(6) 제어장치

제어를 하기 위하여 제어대상에 부가되는 장치로 PLC, 인버터, TPR, 온도컨트롤러(T/C), 서보컨트롤러 등이 해당된다.

(7) 제어요소

동작신호를 조작량으로 변환하는 요소이며, 조절부와 조작부로 이루어진다.

(8) 목표값

입력신호이며 보통 기준입력과 같은 경우가 많다.

(9) 제어량

제어되어야 할 대상으로 보통 출력량이라 하기도 한다.

(10) 조작량

제어장치로부터 제어대상에 가해지는 양이다.

(11) 동작신호

기준입력과 주 피드백 신호와의 차로써 제어동작을 일으키는 신호이다.

(12) 제어편차

목표값으로부터 제어량을 뺀 값이다.

(13) 주 피드백 신호

제어량을 목표값과 비교하기 위해 되먹이는 신호이다.

(14) 여자(勵磁)와 소자(消磁)

릴레이, 전자접촉기, 타이머 등의 전자코일에 전류가 흘러서 전자석으로 되는 것을 여자라 하고, 전류가 끊겨 자력이 없어지는 것을 소자라 한다.

(15) 기동(starting)

기기 또는 장치가 정지상태에서 운전상태로 전환되기까지의 과정을 기동이라 한다.

(16) 운전(running)

기기 또는 장치가 소정의 작용을 하고 있는 상태이다.

(17) 제동(breaking)

기기 또는 장치의 운전상태를 억제하는 것으로, 기계적 제동과 전기적 제동이 있다.

(18) 인칭(inching)

기계의 순간동작 운동을 얻기 위해 미소시간의 조작을 1회 또는 반복해서 실시하는 조작을 인칭조작 또는 인칭운전이라 한다.

(19) 인터록(interlock)

기기의 보호나 작업자의 안전을 위해 어느 한쪽이 동작 중일 때 다른 한쪽의 동작을 금지시키는 기능으로, 자신의 b접점으로 상대측 동작을 규제시키는 기능을 말한다. 다른 말로는 상대동작 금지 기능, 선행동작 우선 기능이라고도 한다.

(20) 지연(遲延)

타이머 기능과 같이 결과를 더디게 끌어 시간을 늦추거나 또는 시간이 늦춰진다는 의미로, 입력에 대한 출력의 결과가 계획된 시간만큼 늦게 변화되는 것을 의미한다.

(21) 트리핑(tripping)

유지기구를 분리하여 개폐기 등을 개로하는 것을 트립조작 또는 트리핑이라 한다.

(22) 연동(連動)

2개 이상의 복수의 동작을 관여시키는 것으로서 어떤 조건이 갖추어졌을 때 동작을 진행시키는 것을 말한다.

(23) 보호(protect)

피제어 대상물의 이상상태를 검출하여 기기의 손상을 막아 피해를 줄이는 것을 보호라 한다.

(24) 경보

제어대상의 고장이나 위험상태를 램프, 벨, 부저 등으로 표시하여 작업자에게 그 정보를 알리는 것을 말한다.

2 제어계의 종류와 특징

제어계는 크게 개회로 제어계(開回路 制御系, open loop control system)와 폐회로 제어계(閉回路 制御系, closed loop control system)로 구분할 수 있으며, 그 차이는 제어동작에 따라 정해진다. 또한 이들 제어계는 제어방법에 따라 그림 1-2와 같은 종류로 나누어진다.

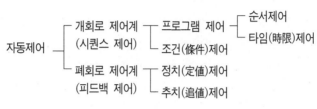

[그림 1-2] 자동제어의 분류

(1) 개회로 제어계(open loop control system)

개회로 제어계는 간단하고 복잡하지 않은 제어로서 좋은 점은 있으나 제어동작이 출력과 관계가 없어 오차가 생길 수도 있고, 설령 오차가 발생되었다 하더라도 이를 정정할 수 없는 단점이 있다. 또한 이 제어계는 미리 정해 놓은 순서에 따라 제어의 각 단계를 순차적으로 진행시키는 것으로 시퀀스 제어(sequential control)라고도 한다.

그림 1-3은 개회로 제어계의 제어 흐름을 나타낸 것이다.

시퀀스 제어에는 그림 1-2에서 분류한 것과 같이 순서제어, 타임제어 및 조건제어 등으로 나뉘어진다.

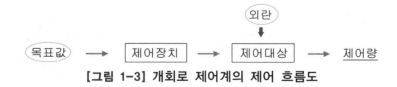

[그림 1-3] 개회로 제어계의 제어 흐름도

1) 순서제어

순서제어는 제어의 각 단계를 순차적으로 실행하는데 있어 각각의 동작이 완료되었는지의 여부를 검출기(센서) 등으로 확인한 후 다음 단계의 동작을 실행해 나가는 제어로서 컨베이어(conveyor)장치, 전용 공작기계, 자동조립기계 등과 같은 주로 생산공장에서 많이 적용되는 제어이다.

2) 타임제어

동작의 완료 여부를 검출하는 센서가 없거나 사용하기 곤란한 경우에 타이머를 사용하여 시간의 경과에 따라 작업의 각 단계를 진행시켜 나가는 제어로서, 대표적인 실용 예로서는 가정의 세탁기 제어나 교통 신호기 제어, 네온사인(neon sign)의 점등 및 소등 제어와 같은 우리들의 일상생활과 밀접한 곳에서 찾아볼 수가 있다.

3) 조건제어

조건제어는 입력조건에 상응된 여러 가지 패턴제어를 실행하는 것으로서, 자동화기계 등에서 각종의 위험방지 조건이나 불량품 처리 제어, 빌딩이나 아파트의 엘리베이터(elevator) 제어 등에 주로 적용된다.

시퀀스 제어계는 대표적인 실용 예에서도 쉽게 알 수 있듯이 그 목적, 제어대상의 규모, 제어의 방법 등에 따라서 간단한 제어에서부터 복잡하고 거대한 것까지 넓은 범위에 적용되고 있으며 다음과 같은 특징을 가지고 있다.

① 제어계의 구성이 간단하다.
② 조작이 쉽고 고도의 기술이 필요치 않다.
③ 설치비용이 저렴하다.
④ 운전조작과 보수가 용이하다.

(2) 폐회로 제어계(closed loop control system)

폐회로 제어계는 그림 1-4에 제어 흐름도를 나타낸 것과 같이 좀 더 정확하고 신뢰성 있는 제어를 실현하기 위해 제어계의 출력값이 항상 목표값과 일치하는가를 비교하여 만일 일치하지 않을 때에는 그 차이 값에 비례하는 동작신호가 제어계에 다시 보내져서 오차를 수정하도록 하는 귀환경로를 가지고 있는 제어계이다. 따라서 귀환경로가 있기 때문에 이러한 제어계를 피드백 제어계(feedback control system)라고도 한다.

피드백 제어계는 제어 목적에 따라서 정치(定値)제어와 추치(追値)제어로 대별되고, 제어량의 성질에 따라서 서보제어, 프로세스 제어, 자동조정 등으로 분류된다.

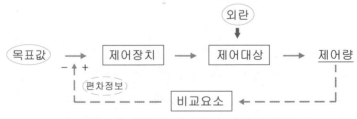

[그림 1-4] 폐회로 제어계의 제어 흐름도

정치제어란 노(爐) 안의 온도제어와 같이 제어량을 어떤 일정한 목표값으로 유지하는 것을 목적으로 하는 제어법이고, 임의의 시간적 변화를 하는 목표값에 제어량을 추종시키는 것을 목적으로 하는 제어법을 추치제어 또는 추종제어라고 한다.

제어량의 성질에 의한 분류 중 서보제어는 물체의 위치, 방위, 자세 등의 기계적 변위를 제어량으로 해서 목표값의 임의 변화에 추종하도록 구성된 제어계를 말하며, 비행기나 선박의 방향제어계, 미사일 발사대의 자동위치제어계, 자동평형기록계 등이 이에 속한다.

이러한 피드백 제어계의 특징을 살펴보면 다음과 같다.
　① 품질이 향상된다.
　② 연료, 원료 및 동력을 절감할 수 있다.
　③ 생산속도를 상승시켜 생산량을 증대시킬 수 있다.
　④ 설비의 수명을 연장시킬 수 있고, 생산원가를 절감할 수 있다.
　⑤ 제어의 설비에 비용이 많이 들고, 고도화된 기술이 필요하다.
　⑥ 제어장치의 운전 및 수리에 고도의 지식과 능숙한 기술이 필요하다.

3 자동제어방식의 종류와 특징

(1) 기계적 제어방식

기계화 또는 동력화를 거쳐 생산수단이 자동화로 옮겨가는 시점에서 볼 때 무엇보다도 중요한 것은 제어이다.

인류 역사상 가장 먼저 등장한 제어방식은 기계 구조물의 연속적인 맞물림 운동에 의한 자동장치라 할 수 있다. 이것은 제임스 와트가 증기기관을 발명하여 증기기관에 원심 조속기(遠心 調速機-거버너)를 도입하면서 시작되었다고 한다.

원심 조속기는 레버에 부착되어 있는 회전 금속구(回轉 金屬球)가 증기기관이 고속으로 되면 원심력에 의해 바깥측으로 밀어 당겨져 교축밸브를 닫아 증기기관의 속도를 떨어뜨리는 원리이다. 즉 링크나 레버, 캠축 등을 이용한 기계적 자동장치는 공작기계의 자동선반이나 방적기, 인쇄기 등에 특히 많이 사용되었고 현재까지도 우리 주변에서 찾아볼 수 있다.

그러나 이러한 제어장치는 기계 조작부와 제어 장치부가 별개가 아니고 서로 맞물려 상관된 운동에 따라 제어신호나 동력을 전달하므로 별도의 제어장치로 볼 수 없는 경우가 많다. 또한 이 제어방식은 매우 확실하면서 눈에 보이는 물상적 장치라는 장점은 있으나, 상대적 접촉운동에 기인한 마모에 따른 불확실성, 제조원가의 과다는 물론 사양 변경에 따른 프로그램 변경이 전혀 불가능하다는 단점 등이 있어 현대적 자동제어가 요구하는 방식과 달라 차츰 사라져 가고 있다.

[그림 1-5] 기계적 제어장치의 예

(2) 유체적 제어방식

유체의 압력에너지를 직선적인 기계적 힘이나 운동 또는 회전운동에너지로 변환시키는 유공압기기가 개발되면서부터 생산현장에서의 자동화는 비약적으로 발전되었다고 해도 과언이 아니다.

유공압 실린더나 요동모터 등의 유공압식 액추에이터는 일반 산업기계의 자동화는 물론 식품기계, 반도체 설비, 발전설비 등 모든 산업분야에서 가장 많이 사용되고 있다.

이 유공압 액추에이터를 유공압 밸브만으로 자동제어가 가능하며, 이 제어방식을 유체적 제어 또는 순유체 제어방식이라 한다.

유체적 제어는 작동매체로서 유체를 이용하므로 압력 조정만으로 출력을 단계적 또는 무단으로 자유로이 조절할 수 있으며, 속도나 회전수는 유량을 조정함으로써 무단으로 쉽게 제어할 수 있다. 또한 과부하에 대한 안전대책도 간단히 해결할 수 있으며,

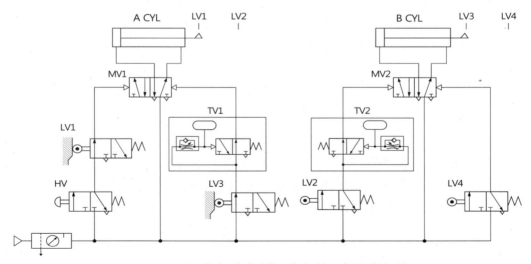

[그림 1-6] 두 개의 실린더를 제어하는 순공기압 회로

특히 공기압은 작동유체인 공기가 압축성이 있으므로 에너지 축적이 용이하며, 공기 탱크를 이용함으로써 정전 시 비상운전을 할 수 있다는 점도 큰 장점이다.

그러나 한편으로 신호의 검출이나 전달, 신호처리 등은 유체소자들의 구조적인 측면과 에너지의 특성으로 인해 전기적인 방식이 훨씬 편리하다는 것은 부정할 수 없다.

따라서 명령처리까지를 전기적으로 행하고 그 이후부터는 유체적으로 조작하면 각 방식의 장점을 살릴 수가 있어서 전체적으로 합리적인 제어계를 형성할 수 있을 것이다. 실제로도 액추에이터의 구동에너지는 공기압이나 유압을 사용하고, 제어는 전기적으로 실현하는 경우가 대부분이다.

그러나 명령처리가 비교적 단순한 경우에는 일부를 전기적으로 하는 것보다는 제어계 전체를 유압이나 공기압 방식으로 통일하는 편이 사용상이나 보수성 면에서 오히려 편리하다. 또한 작업장 환경 내에 가스가 존재한다든지 또는 수분이 많은 장소에서는 폭발의 위험성이나 감전의 우려가 있기 때문에 전기의 사용이 제한되기도 한다. 이러한 환경에서는 유체적 방식을 이용하는 것이 더 유리하다.

(3) 유접점 제어방식

제어회로에 사용되는 소자로서 접점의 동작에 의해 신호처리를 하는 유접점 릴레이, 즉 전자계전기나 타이밍 릴레이 등에 의하여 제어되는 방식을 접점(接點)을 가진 기기를 사용한다 해서 유접점(有接點) 제어 또는 릴레이 시퀀스 방식이라 부른다.

릴레이 시퀀스는 기계적 가동접점이 전자석(電磁石)에 의해 동작되어 통전(on), 또는 단전(off)시키는 것으로 비교적 단순하고 저렴하다는 장점 때문에 한때 양적으로 가장 많이 사용되어 왔던 방식이나, 수명의 한계점과 프로그램 변경이 곤란하다는 이유 등으로 사용이 점점 축소되어 가고 있다.

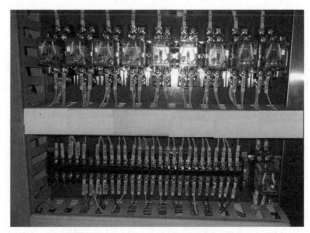

[그림 1-7] 릴레이 제어반 내부

그림 1-7은 릴레이 제어반 내부를 나타낸 것으로, 릴레이 시퀀스는 릴레이 접점들의 개폐(開閉)에 의해 제어가 이루어지므로 무접점 시퀀스와 비교할 때 다음과 같은 특징을 갖는다.

1) 장점
   ① 개폐부하 용량이 크다.
      대표적 신호처리기기인 릴레이의 표준 접점용량이 5A 정도로 대다수 부하는 2차 증폭을 하지 않아도 직접제어가 가능하다.
   ② 과부하에 견디는 힘이 크다.
      개폐부하 용량이 큰 만큼 순간적인 과부하에 대해서도 비교적 안전하다.
   ③ 독립된 다수의 출력을 동시에 얻을 수 있다.
      제어용으로 사용되는 힌지작동 미니츄어 릴레이의 경우 통상 4c 접점형식으로 이는 입력회로 1개로 4개의 출력까지 동시에 구동할 수 있다.
   ④ 전기적 잡음에 안정적이다.
      무접점 소자에 의한 제어방식에서 필연적으로 문제시되는 노이즈에 대해 비교적 강하다고 할 수 있다.
   ⑤ 온도 특성이 비교적 양호하다.
      기판식 제어반이나 PLC 제어반 등과 비교해 보면 사용 온도범위는 비슷하다고 할 수 있으나, 민감하게 반응하여 정밀도 저하나 급격한 오작동 등에 대해 비교적 안정적이라 할 수 있다.
   ⑥ 입력과 출력이 분리되어 있다.
      릴레이의 코일부를 입력, 접점부를 출력이라 할 때 입력과 출력은 전기적으로는 분리되어 있기 때문에 각기 다른 성질의 신호를 취급할 수 있으며, 이 성질은 절연효과로도 사용할 수 있다.
   ⑦ 동작상태의 확인이 용이하다.
      제어용 릴레이의 케이스는 투명 아크릴로 제작되므로 육안으로 내부 동작상황을 알 수 있다.

2) 단점
   ① 접점이 마모되므로 수명에 한계가 있다.
      릴레이의 기계적 수명은 2,000~3,000만 회 정도이나 전기적 수명은 통상 10만 회 내외로서 비교적 짧다.
   ② 동작속도가 느리다.
      릴레이의 동작시간은 12~15ms 정도이다. 이는 반도체 소자에 비해 10배 이상 느린 속도이다.

③ 소비전력이 비교적 크다.

릴레이나 타이머의 소비전력은 통상 10~40mA 정도로서 반도체 소자에 비해 수배에서 몇 십배 크므로 운전비용 증가의 원인이 된다.

④ 진동·충격에 약하다.

기계적 가동부가 있고, 마이크로 스위치나 릴레이의 가동접점은 판스프링 재를 사용하므로 기계적 충격으로 인한 바운싱이나 채터링으로 오동작의 원인이 되기도 한다.

⑤ 외형이 크다.

외형을 작게 하면 응답속도가 느려지거나 접점 용량이 작아지는 단점이 있다.

(4) 무접점 제어방식

제어회로에 사용되는 소자로 반도체 스위칭 소자를 이용한 무접점 릴레이에 의하여 구성되는 시퀀스를 무접점 시퀀스 또는 로직 시퀀스라 한다.

무접점 릴레이로는 트랜지스터, 다이오드, IC 등의 반도체 스위칭 소자를 사용하며, 이들의 상태 변화인 전압레벨(voltage level)의 고·저나 신호의 유·무는 유접점 릴레이의 on(1), off(0)에 대응된다.

프린트 기판에 반도체 스위칭 소자를 납땜으로 조립하여 제어를 실현하기 때문에 대량의 전용기 제어에 적합한 방식으로 제어장치의 제작비용이 저렴하고 크기를 작게 할 수 있다는 장점이 있다.

그림 1-8은 무접점 제어방식의 기판 일부를 나타낸 것으로, 이와 같이 무접점 시퀀스를 유접점 시퀀스와 비교할 때 다음과 같은 특징을 가지고 있다.

[그림 1-8] 기판 사진

1) 장점

① 동작속도가 빠르다.

트랜지스터나 트라이액 등의 스위칭 소자의 동작시간은 0.6~1ms 정도로 유접점의 릴레이나 타이머에 비해 10배 이상 빠르다.

② 수명이 길다.

반도체 소자는 이상적으로 사용할 때 수명이 반영구적이라 할 수 있어 사양서에 특별히 수명을 표시하지 않는다.

③ 진동·충격에 강하다.

가동부가 없고 합성수지로 몰딩된 구조이어서 진동이나 충격에 비교적 강하다.

④ 장치가 소형화된다.

집적도에 의해 용량을 크게 할 수 있어 갈수록 소형화되고 있다.

⑤ 소비전력이 작다.

소자의 소비전류는 대부분 1~2mA 이하로 유접점 소자에 비해 크게 작다.

2) 단점

① 증폭 용량이 작다.

증폭 용량이 0.1~0.3A로 직접제어가 불가능한 경우가 많아 2차 증폭이 필요하다.

② 노이즈에 취약하다.

전기적 잡음에 의해 오동작하거나 파손되는 경우가 발생한다.

③ 동작 확인이 어렵다.

가동부가 없고 소자가 밀폐된 구조이어서 동작 확인이 곤란하다.

(5) PLC 제어방식

PLC는 Programmable Logic Controller의 약어로서, 프로그램이 변경 가능한 논리 제어장치를 말한다. 즉 각종 제어반에서 사용해 오던 여러 종류의 릴레이, 타이머, 카운터 등의 기능을 반도체 소자인 IC 등으로 대체시킨 일종의 마이컴(μ-com)으로, 각

[그림 1-9] PLC 제어반의 내부 모습

제어소자 사이의 배선은 프로그램이라고 하는 소프트웨어적인 방법으로 처리하는 기기로서 논리연산이 뛰어난 컴퓨터를 시퀀스 제어에 채용한 무접점 시퀀스의 일종이다.

현대의 생산형태는 다품종 소량생산 형태이다. 즉 각기 다른 소비자의 요구에 따라 제품을 개발하고 기능을 추가하는 등의 다양한 신제품을 생산하지 않으면 소비자를 만족시킬 수 없다. 따라서 생산라인은 여러 가지 모델을 생산할 수 있도록 대응되어야 하고, 이에 FMS(Flexible Manufacturing System)라고 불리는 새로운 생산 시스템이 출현되었다.

FMS가 구축되려면 무엇보다도 구성되는 기계의 형태도 중요하지만 그 기계를 제어하는 제어장치의 가변성 없이는 실현할 수 없는 것이다. 그러나 PLC 탄생 이전의 제어방식들의 공통점은 시퀀스를 실현하기 위해서는 납땜 작업이나 결선 또는 배관작업 없이는 제어장치화 될 수 없는 하드 와이어드(hard wired) 방식이다. 따라서 FMS 설비를 제어하기 위해서는 제어장치도 플렉시블한 성능이 요구되고 이에 PLC가 탄생된 것이라 할 수 있다.

때문에 PLC의 가장 큰 장점은 동작 시퀀스인 프로그램의 작성 및 변경이 용이하다는 점 외에도 다음과 같은 특징이 있다.

① **경제성이 우수하다.**
반도체 기술의 발달과 대량생산 등에 힘입어 릴레이 시퀀스에 견주어 볼 때 릴레이 10개 정도 이상이 소요되는 제어장치에는 PLC 사용이 더 경제적이다.

② **설계의 성력화(省力化)가 이루어진다.**
시퀀스 설계의 용이성과 부품 배치도의 간략화, 시운전 및 조정의 용이함 때문에 설계의 성력화가 이루어진다.

③ **신뢰성이 향상된다.**
무접점 회로를 이용하기 때문에 유접점 기기에서 발생되는 접점사고에 의한 문제가 없어 신뢰성이 향상된다.

④ **보수성이 향상된다.**
대부분의 PLC는 동작표시 기능, 자기진단 기능, 모니터 기능 등을 내장하고 있어 보수성이 대폭 향상된다.

⑤ **소형·표준화되어진다.**
반도체 소자를 이용하므로 릴레이나 유체식 제어반의 크기에 비해 현저하게 소형이며 제품의 표준화가 가능하다.

⑥ **납기가 단축된다.**
수배 부품의 감소와 기계장치와 제어반의 동시 수배, 사양 변경에 대응하는 유연성, 배선작업의 간소화 등으로 납기가 단축된다.

⑦ 제어 내용의 보존성이 향상된다.

제어 내용을 컴퓨터의 저장장치나 ROM 등에 쉽게 보존할 수 있어서 동일 시 퀀스 제작 시에는 간단히 해결할 수 있다.

4 제어방식 선정 시 고려사항

자동제어방식에는 앞 **3**에서 열거한 유체적, 유접점, 무접점, PLC 방식 외에도 DDC(Direct Digital Controller) 방식, DCS(Distributed Control System) 방식, VLC (Visual Logic Controller) 방식 등 다양한 제어방식이 사용되고 있다. 따라서 제어방 식 선정은 전체 시스템의 운전효율이나 안전 등과 직결되기 때문에 제어방식 선정에 신중을 기해야 하며, 일반적으로 제어방식 선정 시 고려사항을 다음에 나타냈다.

① 작동 시 부품의 안정성
② 제어장치로서의 신뢰성
③ 설치 환경에 의한 영향
④ 스위칭 시간(switching time)
⑤ 신호전달속도 및 기기의 응답속도
⑥ 수명
⑦ 보수유지의 용이성
⑧ 사용자의 숙달 여부

이 밖에도 여러 가지 점을 고려하여 선정되어야 하며, 표 1-1은 제어용 에너지 선 정 시 고려해야 할 사항을 정리한 것이다.

[표 1-1] 제어에너지 형태별 특성 비교

구 분	전기(electrics)	전자(electronics)	공기압(pneumatics)
신호전달속도	매우 빠름(광속)	매우 빠름(광속)	40~70[m/s]
스위칭 시간	12[ms] 이하	1[ms] 이하	15[ms] 이상
신호의 종류	디지털	디지털/아날로그	디지털
신호전달거리	제한없다	제한없다	기기에 따라 제한 받음
공간적 여유	비교적 크다	작다	크다
수명	짧다	길다	길다(깨끗한 공기 사용 시)
신뢰성	먼지나 습기가 많은 장소에서는 사용 곤란	먼지나 습기가 많은 장소에서는 사용이 곤란하고 특히 노이즈에 약하다.	먼지, 습기 등의 외부 환경에 비교적 둔감하다.

02 유접점(릴레이) 시퀀스 기초

1 접점의 개요와 기능

(1) 접점의 개요

전기에너지를 이용한 제어에서의 목적은 제어대상에 전류를 공급(on)시키거나 또는 차단(off)시켜 동작-정지시키게 되는데, 이 전류를 공급 또는 차단시키는 역할을 하는 소자를 접점(接點 ; contact)이라 한다.

일반적으로 on 또는 off시키는 동작을 스위칭이라 하고, 이 스위칭 소자를 접점이라 하며, 실제로 기기 내부에 이 접점이 존재하면 유접점 기기, 움직이는 소자가 없으면서 스위칭이 이루어지면 무접점이라 한다.

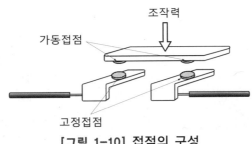

[그림 1-10] 접점의 구성

접점은 그림 1-10에 그 구조 원리를 나타낸 바와 같이 크게 고정접점과 가동접점으로 구성되어 있다.

고정접점에는 배선을 접속하도록 나사조임 단자대나 납땜을 할 수 있는 핀 단자가 있으며, 가동접점은 조작력에 의해 고정접점과 접촉하도록 되어 있다. 여기서 가동접점을 움직이는 힘을 조작력이라 하고, 이 조작력은 크게 나누어 사람의 힘(인력)과 기계적인 힘(기계력), 전자석(電磁石)의 힘(전자력)으로 분류되며 세부적으로 다음과 같이 분류된다.

1) 인력방식
 ① 누름버튼 스위치 : 눌러서 조작한다.
 ② 셀렉터 스위치 : 비틀어서 조작한다.
 ③ 토글 스위치 : 올리거나 당겨서 조작한다.
 ④ 페달(푸트) 스위치 : 발로 밟아서 조작한다.

2) 기계적인 힘

① **마이크로 스위치** : 기계적인 힘으로 동작되는 소형의 위치검출센서이다.

② **리밋 스위치** : 마이크로 스위치의 내환경성을 개선시킨 위치검출센서이다.

3) 전기적인 힘

① **릴레이** : 전자석에 전류를 on-off함에 따라 가동접점이 개폐된다.

② **전자접촉기** : 전자석의 on-off에 의해 주접점과 보조접점이 동시에 개폐된다.

(2) 접점의 종류

접점의 종류에는 기능상 a접점과 b접점 2종류가 있으며, 구조상으로는 a, b, c접점의 3종류가 있으나 c접점은 구조상 접점일 뿐 기능상의 두 접점들을 적절히 이용하여 목적에 맞게 활용하면 된다.

1) a접점

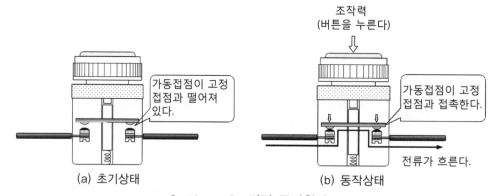

[그림 1-11] a접점 동작원리

a접점은 그림 1-11의 (a) 그림과 같이 조작력이 가해지지 않은 상태, 즉 초기상태에서 고정접점과 가동접점이 떨어져 있는 접점을 말하며, 조작력이 가해지면 (b) 그림과 같이 고정접점과 가동접점이 접촉되어 전류를 통전시키는 기능을 한다.

예컨대 열려 있는 접점을 a접점이라 하는데, 작동하는 접점(arbeit contact)이라는 의미로서 그 머릿글자를 따서 소문자인 "a"로 나타낸다. 또한 a접점은 회로를 만드는 접점이라고 하여 일명 메이크 접점(make contact)이라고도 하며, 상시 열려 있는 접점(常時 開接點 ; normally open contact)이라고 한다. 통상 기기에 표시할 때에는 a접점보다는 Normal Open의 머릿글자인 NO로 표시하는 경우가 많으며, 최근에는 색상으로 나타내는데 a접점은 녹색으로 표시한다.

2) b접점

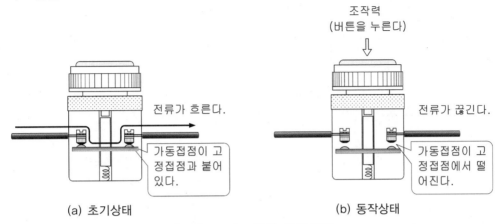

조작력
(버튼을 누른다)

전류가 흐른다.

가동접점이 고정접점과 붙어 있다.

전류가 끊긴다.

가동접점이 고정접점에서 떨어진다.

(a) 초기상태   (b) 동작상태

[그림 1-12] b접점 동작원리

그림 1-12의 (a) 그림은 초기상태에 가동접점과 고정접점이 닫혀 있는 것으로 외부로부터의 힘, 이 예에서는 누름버튼 스위치이므로 버튼을 누르면 (b) 그림과 같이 가동접점과 고정접점이 떨어지는 접점을 b접점이라 한다.

즉, b접점은 초기상태에서 닫혀 있다가 조작력이 가해지면 끊어지는 접점(break contact)이라는 의미로 그 머릿글자를 따서 "b"로 나타낸다. 또한 b접점은 상시 닫혀 있는 접점(常時 閉接點 ; normally close contact)이라는 의미로서 NC 접점이라 부르며, 기기에 표현할 때는 NC로 표기하거나 프레임이나 플런저의 색상을 적색으로 표시한다.

3) c접점

하나의 기기에는 통상 1개의 a접점과 1개의 b접점이 내장되어 있으며, 이를 접점의 형식에 따라 1a 1b 접점이라 한다.

구조적으로 1a, 1b 접점을 만들려면 4개의 고정접점과 2개의 가동접점이 필요하며, 때문에 절연거리의 확보나 작업의 편의성을 고려할 때 접점부의 프레임이 커지게 된다. 그러나 기기에 따라서는 프레임이 작아 1a 1b 형식의 접점을 만들 수 없을 때 c접점 구조로 한다.

c접점이란 a접점과 b접점이 모두 하나의 가동접점을 공유한 형식의 전환접점을 말하며, 전환접점(change over contact)이라는 의미로서 그 머릿글자를 따서 소문자인 "c"로 나타낸 것이다.

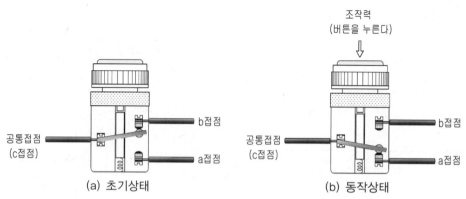

[그림 1-13] c접점 동작원리

　c접점의 일례로 그림 1-13은 취부직경 16mm 이하의 누름버튼 스위치나 셀렉터 스위치 등에서 채용하는 구조로서 초기상태에서는 (a) 그림과 같이 공통의 가동접점이 고정접점인 b접점과 접속되어 있다가 조작력이 가해지면 (b) 그림과 같이 가동접점은 고정접점의 b접점으로부터 떨어져 a접점에 접촉한다. 이와 같이 한 개의 가동접점이 조작력에 따라 b접점과 또는 a접점과 접촉하여 신호를 전환시키는 것으로 옮기는 접점이라는 뜻에서 트랜스퍼 접점(transfer contact)이라고도 한다.

　따라서 c접점은 소형의 기기에서 구조적인 문제 때문에 만들어진 접점일 뿐 기능상은 의미가 없으며, 취부직경 16mm 이하의 누름버튼 스위치나 마이크로 스위치, 릴레이, 타이머 등은 c접점 형태로 제작된다.

(3) 접점의 분류
　접점에는 접점의 동작상태에 따라 다음과 같이 분류한다.

1) 자동복귀 접점
　누름버튼 스위치의 접점과 같이 누르고 있는 동안에는 on 또는 off되지만, 버튼에서 손을 떼면 내장된 스프링 등에 의해 초기상태로 즉시 복귀하는 접점이다. 즉, 조작력이 제거되면 원위치되는 접점을 말한다.

2) 수동복귀 접점 또는 잔류 접점
　조작 후 원상태로 복귀시키려면 외력을 가해야만 변환되는 접점으로 셀렉터 스위치, 토글 스위치가 해당된다.

3) 수동조작 접점과 자동조작 접점
　접점을 on 또는 off시키는 것을 조작이라 하고, 누름버튼 스위치와 같이 손으로 눌러 조작하는 방식을 수동조작 접점이라 한다. 그리고 전자 릴레이나 전자접촉기의 접점과 같이 전기신호에 의해 자유로이 개폐되는 접점을 자동조작 접점이라고 한다.

4) 기계적 접점

이 접점은 수동조작 접점이나 자동조작 접점과는 달리 기계적 운동부분과 접촉하여 조작되는 접점을 말하며, 대표적인 예로 리밋 스위치나 마이크로 스위치의 접점이 있다.

03 전기회로 작성법

█1 전기회로 도면의 종류

(1) 전기접속도란

전기회로를 구성하고 있는 기기는 크게 나누어 전력에너지를 발생, 수송, 변환 및 소비하기 위하여 사용되는 주회로 기기와 이들 기기들을 구동하기 위한 감시 제어기기로 나눌 수 있다. 이들 기기는 목적에 따라 기기 상호간을 전선으로 접속해서 종합적인 기능을 발휘하게 된다. 이러한 접속은 전류, 전압, 위상과 같은 기본적인 조건을 만족시켜야 함은 물론이고, 회로의 기능과 경제성, 신뢰성, 입지조건, 운전제어의 안전성, 속응성, 보수점검 등의 총체적 관점에서 고려되어야 한다.

현장의 전기접속은 공간적 배치를 바탕으로 한다. 따라서 접속을 기본으로 하는 전기접속 도면 위에 전기회로의 접속상태를 종합적으로 표현하는 것은 불가능하다. 이를 알기 쉽게 표현하기 위해서는 접속과 배치를 분리하여 접속에 중점을 두고 정해진 그림기호에 따라 도면에 표현하는 형식인 전기접속도로 작성하여야 한다.

전기접속도는 전기설비의 계획설계 단계부터 운전보수 단계에 이르는 과정에 따라 각각 목적에 따른 전기접속도가 있다. 즉 전력기기의 접속을 나타내는 동력회로 접속도와 제어기기의 접속을 나타내는 제어회로 접속도로 나눌 수 있다.

이와 같은 도면에는 다음의 내용이 충분히 포함되어 있어야 한다.

① 설계에 대한 개념이 잘 표현되어 있을 것
② 경제적인 제작을 위한 도면일 것
③ 운전 및 보수유지에도 이용될 수 있을 것

(2) 동력회로(주회로) 접속도

동력회로는 주회로라고도 하며, 주회로 접속도는 전력기기를 그림기호로 표현하고, 그 상호 접속관계를 전개적으로 표시한 계통도이다. 주회로 접속도에는 단선 접속도와 복선 접속도가 있다.

단선 접속도는 기기의 접속관계를 1개의 선으로 표현한 것이다. 즉 전력회로의 3상 3선식 접속을 단선으로 간략화하기 위해 사용된다. 그러나 특정상에만 접속하여야 할 전력기기가 있는 경우 접속을 명확하게 표현하기 위해서는 실제로 접속되는 도체의 전선수를 그대로 표시한 복선 접속도가 사용된다.

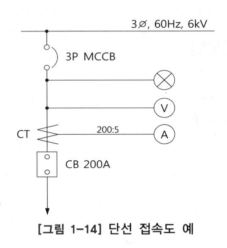

[그림 1-14] 단선 접속도 예

주회로 접속도는 목적에 따라 기기의 접속형식, 주요 정격사항, 전력계통 및 기기의 운전 감시제어에 관한 기본계획 등이 삽입되어 있다. 따라서 설비의 전력계통 전체의 조화를 고려하면서 계획설계하여야 하며, 다음 사항에 대한 배려가 필요하다.

① 설계, 계획, 신뢰도의 레벨과 경제성의 협조가 구성되어 있을 것
② 전력계통 운용을 위해 각종 운전형태에 대하여 용이하게 대처할 수 있고, 정전 등의 사고가 없어야 하며, 사고 시 그 범위가 확대되지 않도록 구성할 것
③ 전체 계통과 조화된 계측, 감시방법으로 구성할 것
④ 오조작이 발생되지 않도록 간단, 안전, 정확하게 조작할 수 있도록 구성할 것
⑤ 향후 증설과 변경이 용이하고, 입지조건에 적합하도록 구성할 것
⑥ 각 전력기기의 전압과 용량은 표준계열에 따라 표준기기를 사용할 것
⑦ 전기설비기술기준령 등 관계 법규를 준수할 것

(3) 제어회로 접속도

조작, 감시, 제어, 구동기기들은 상호 연결되어 각각의 기능을 발휘하므로 그 접속이 매우 복잡하므로 반드시 정해진 지침에 따라 작성하여야 의사전달의 오류가 발생하지 않는다.

제어회로 접속도는 사용 목적에 따라 표현 형식도 달라진다.

1) 설계, 계획단계에서의 접속도

이는 전개접속도(elementary wiring diagram, schematic diagram)라고 하는데, 회로설계도로 주회로 접속도에서 단선 접속도와 대비되는 기본 접속도이다. 전개접속도는 설계의 개념을 표현하기 위하여 기기의 배치라는 공간적 제약으로부터 벗어나, 감시제어의 흐름에 중점을 두고 제어기기의 동작순서에 따라 접속상태를 전개해서 그린 것이다. 즉 구체적인 설계를 위한 제어기기의 선택, 배치, 운전, 보수점검의 용도로 사용되는 접속도이다.

최근에는 전자 제어회로의 발달에 따라 제어흐름을 전개적으로 표현하면 너무 세부적으로 다루게 되어 전체적인 제어흐름을 놓치는 경우가 있다. 이 경우 보조수단으로 매크로적인 기능의 관련을 나타내는 블록도, 논리의 흐름만을 표현한 플로 차트, 논리의 시간 관계만을 착안한 타임 차트 등을 병행하는 경우가 많아졌다.

2) 제작단계에서의 접속도

감시제어장치는 전개접속도대로 접속해서 제작을 완료한다. 그러나 전개접속도는 제어의 흐름에 중점을 둔 것으로, 실제의 배선작업에 적용하기 위해서는 제어기기의 실제 배치에 따른 전개적 접속도가 필요해진다. 이를 위해 이면(裏面)접속도(back wiring diagram)는 전개접속도와 기기배치도에 의해 제작된다. 접속선수가 많아 복잡해지는 경우 접속해야 할 기기의 단자 상호를 대비해서 표현식으로 만든 배선 리스트(wiring list)도 사용하는 경우가 많다.

3) 거치단계에서의 접속도

기기 상호간의 접속도(cable schedule)라 하며 장치 상호간, 기기 상호간의 제어케이블 접속을 주체적으로 또한 작업에 편리하도록 작성된 접속도인데 이면접속도와 기기 내부 접속도에 의해 작성된다.

4) 시험, 운전, 보수단계에서의 접속도

이 단계에서는 새로운 접속도를 필요로 하지 않는다. 즉 배선검사에서는 이면접속도와 기기 상호간의 접속도가 사용되며, 기능시험에서는 전개접속도가 사용된다. 또한 운전, 보수에도 전개접속도가 주로 사용된다.

제어회로 접속도는 계획에서 운전보수에 이르는 과정 중에 전개접속도, 이면접속도, 기기 간의 상호접속도 등으로 작성된다. 이들 중 후자의 두 가지는 각각 시공 목적에 따라 공간적 배치의 실태에 따른 집속관계를 도시한 전개집속도이다. 즉 제어동작의 표현, 제어시스템의 검토, 기능의 협조, 운전보수 등에 사용되도록 내용이 쉽게 이해될 수 있어야 한다. 따라서 전개접속도는 기기가 동작하는 순서대로 접속을 전개해서 그리고, 주회로 기기와 제어장치 상호간의 접속관계는 명확하게, 전자회로와 같은 복잡한 회로는 기능 표현의 보조수단으로 블록다이어그램, 플로 차트, 타임 차트 등을 병행한다.

제어장치의 제작은 전개접속도를 기본으로 이루어진다. 때문에 제어장치의 구성, 기기의 선택, 장치 및 배선에 관한 여러 데이터가 포함되어 있어야 한다.

(4) 전개접속도 그리는 법

단순히 시퀀스 회로도라 함은 전개접속도를 지칭하는 것이며, 전개접속도는 복잡한 제어회로의 동작을 순서에 따라 정확하게 또 쉽게 이해할 수 있게 고안된 접속도로서, 각 기기의 기구적 관련을 생략하고 그 기기에 속하는 제어회로를 각각 단독으로 꺼내어 동작순서에 따라 배열하여 분산된 부분이 어느 기기에 속하는가를 기호에 의해 표시한 것이다.

즉, 시퀀스 회로도는 크게 기기를 나타내는 도면기호와 그것을 강조하는 문자기호, 이 두 가지 기능기호만을 사용하여 그 동작기능은 물론 의사전달을 하기 때문에 반드시 정해진 지침에 의해 작성하여야만 의사전달의 오류가 발생하지 않는다. 여기서는 시퀀스 회로도를 그리는 방법의 원칙을 알아본다.

1) 시퀀스 회로도 작성 시 기본원칙

① 제어전원 모선은 일일이 상세하게 그리지 않고, 수평 평행(종서방식)하게 2줄로 나타내거나 수직 평행(횡서방식)하게 나타낸다.

② 모든 기능은 제어전원 모선 사이에 나타내며, 전기기기의 기호를 사용하여 위에서 아래로 또는 좌에서 우로 그린다.

③ 제어기기를 연결하는 접속선은 상하의 제어전원 모선 사이에 곧은 종선(세로선)으로 나타내거나, 또는 좌우의 제어전원 모선 사이에 곧은 횡선(가로선)으로 나타낸다.

④ 스위치나 검출기 및 접점 등은 회로의 위쪽에(횡서일 경우는 좌측에) 그리고, 릴레이 코일, 전자접촉기 코일, 솔레노이드, 표시등 등은 회로의 아래쪽에(횡서일 경우는 우측에) 그린다.

⑤ 개폐 접점을 갖는 제어기기는 그 기구 부분이나 지지, 보호부분 등의 기구적 관련을 생략하고 단지 접점, 코일 등으로 표현하며 각 접속선과 분리해서 나타낸다.

⑥ 회로의 전개순서는 기계의 동작순서에 따라 좌측에서 우측(횡서일 경우는 위에서 아래로)으로 그린다.

⑦ 회로도의 기호는 동작 전의 상태, 즉 조작하는 힘이 가해지지 않은 상태나 전원이 차단된 상태로 표시한다.

⑧ 제어기기가 분산된 각 부분에는 그 제어기기명을 나타내는 문자기호를 명기하여 그 소속, 관련을 명백히 한다.

⑨ 회로도를 읽기 쉽고, 보수 점검을 용이하게 하기 위해서는 열번호, 선번호 및 릴레이 접점번호 등을 나타내도 좋다.

⑩ 전동기 제어의 경우, 전력회로(동력회로, 또는 주회로라고도 함)는 좌측(횡서일 경우는 위쪽)에, 제어회로는 우측(횡서일 경우는 아래쪽)에 그린다.

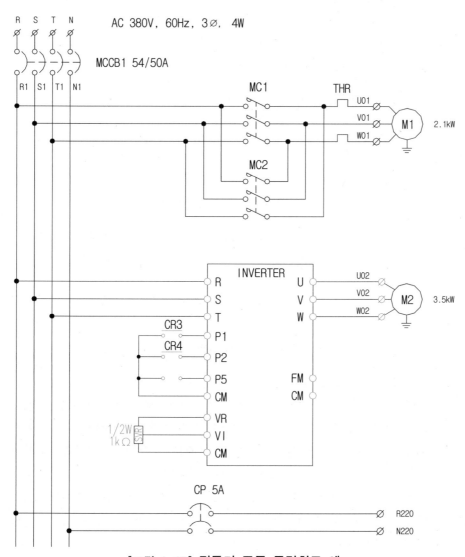

[그림 1-15] 전동기 구동 동력회로 예

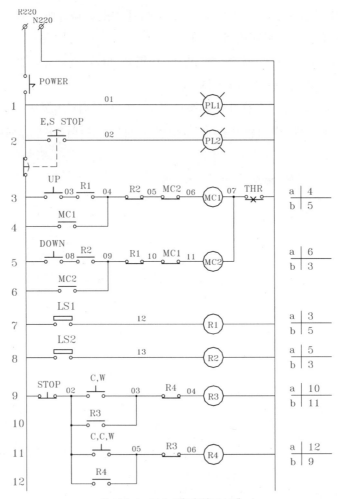

[그림 1-16] 제어회로 예

2) 가로쓰기(횡서)와 세로쓰기(종서)

회로도를 그릴 때는 가로쓰기나 세로쓰기 어느 방식으로 표현해도 무방하다.

시퀀스 회로도에서 가로쓰기와 세로쓰기의 기준은 접속선의 방향이나, 제어전원 모선의 방향 또는 제어신호의 진행방향 등 여러 가지로 생각할 수 있지만, 통상 제어전원 모선 사이의 접속선의 방향을 기준으로 하여 구분한다.

시퀀스 책에 따라서는 제어전원 모선을 기준으로 하여 나타내는 경우도 있으나, 제어전원 모선을 기준으로 하면 가로쓰기가, 접속선의 방향을 기준으로 할 때 세로쓰기가 되므로 주의하여야 한다.

① 가로쓰기

　　㉠ 그림 1-17에 나타낸 바와 같이 제어전원 모선을 수직 평행하게 나타낸다.

　　㉡ 접속선은 좌우방향, 즉 제어전원 모선 사이에 횡선(가로선)으로 나타낸다.

　　㉢ 신호의 흐름은 좌에서 우로 흐르도록 배열한다.

　　㉣ 시퀀스 동작의 흐름은 위에서 아래로 흐르도록 배열한다.

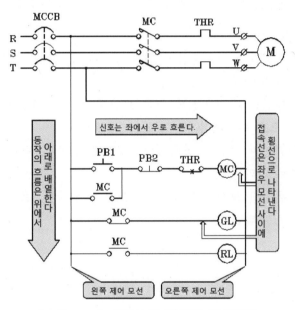

[그림 1-17] 가로쓰기 방식의 전개방법

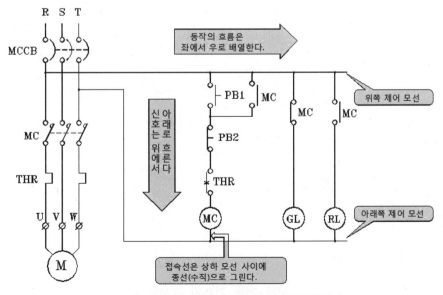

[그림 1-18] 세로쓰기 방식의 전개방법

② 세로쓰기

    ㉠ 세로쓰기, 종서는 그림 1-18에 나타낸 바와 같이 제어전원 모선을 수평 평행하게 나타낸다.

    ㉡ 접속선은 상하방향, 즉 제어전원 모선 사이에 종선(세로선)으로 나타낸다.

    ㉢ 신호의 흐름은 위에서 아래로 흐르도록 배열한다.

    ㉣ 시퀀스 동작의 흐름은 좌에서 우로 흐르도록 배열한다.

3) 전원 모선을 잡는 법

    ① 종서에서 교류전원 모선은 R상을 위쪽 모선에, S 또는 T상을 아래쪽 모선으로 하여 횡선으로 나타낸다.

    ② 횡서에서 교류전원 모선은 R을 왼쪽 모선에, S 또는 T상(相)을 오른쪽 모선으로 하여 종선으로 나타낸다.

    ③ 종서에서 직류전원 모선은 양극 P(+) 모선을 위쪽에, 음극 N(−) 모선을 아래쪽에 횡선으로 나타낸다.

    ④ 횡서에서 직류전원 모선은 양극 P(+) 모선을 왼쪽에, 음극 N(−) 모선을 오른쪽에 종선으로 나타낸다.

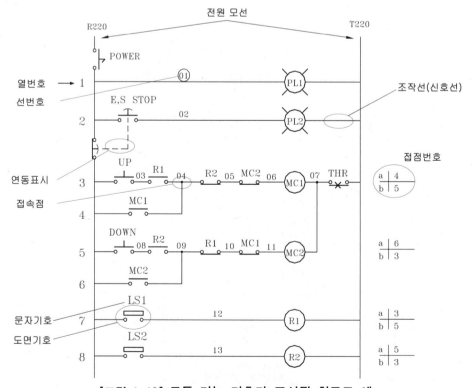

[그림 1-19] 모든 기능 기호가 표시된 회로도 예

4) 개폐 접점을 갖는 기기의 그림기호 표현법

① 수동조작의 기기는 손을 뗀 상태로 나타낸다.

② 전원은 모두 차단한 상태로 나타낸다.

③ 복귀를 요하는 것은 복귀된 상태로 나타낸다.

5) 기타 주의사항

① 두 선이 교차하지 않고 접속되어 있는 경우에는 접속점을 찍어야 한다.

② 두 개 이상의 기기 또는 접점이 같이 움직일 때는 연동표시로 점선을 찍어 나타낸다.

③ 단자대(터미널 블록)를 거쳐 배선하는 경우에는 Ø 표시를 넣는다.

④ 문자기호는 대문자로, 접점 구분 문자는 소문자로 표시한다.

2 전기회로용 그림기호 표시법

(1) 전기용 그림기호

전기용 그림기호란 통칭 「심벌」이라고도 하며, 전기기기의 기구 관계를 생략하고, 기능이 되는 일부 요소를 간단화하여, 그 동작상태를 쉽게 이해할 수 있게 한 것이다.

우리나라에서는 공업규격 KS C 0102에 정해져 있으며, 일반적으로 시퀀스도에는 이것이 사용되고 있다. 그리고 이 규격은 전기회로의 접속관계를 나타내는 도면에 사용하는 그림기호를 정한 것인데, 기본이 되는 그림기호는 일반적으로 전기회로도에 적용하고, 전력용 그림기호는 주로 전기기계기구를 사용하는 곳에서 전기기계기구의 전기접속의 관계를 표시하는 도면에 적용된다.

(2) IEC 규격

IEC란 International Electrotechnical Commission(국제전기표준회의)으로 불리는 기관의 약칭인데, 이 기관은 전기에 관한 세계 각국 간의 규격을 조정하여 이것을 통일하는 것을 목적으로 1906년에 창립되었으며, 우리나라도 가맹하고 있다. 가맹국은 나라 사정이 허용하는 범위 내에서 각국이 규격을 제정하거나 개정할 때, 가급적 IEC 규격을 존중하여 조화되도록 노력하는 것을 원칙으로 하고 있다.

(3) 주요 전기기기의 그림기호

기기명	그림기호 계열 1	그림기호 계열 2	그림기호를 그리는 법
누름버튼 스위치	(a) IEC (b) (a접점) (b접점)	(a) (b) (a접점) (b접점)	(a) (b)
전지 또는 직류전원	(a) IEC (b) IEC	(c) IEC 3개인 경우	
배선용 차단기 (기중 차단기)	(a) IEC (b)	(a) (b)	
나이프 스위치	(a) IEC (b)	(a) (b)	(a) 30° (b)
리밋 스위치	(a) IEC (b) IEC (a접점) (b접점)	(a) (b) (a접점) (b접점)	• (a)는 동작일 경우에 '폐로' 하는 것에 사용한다. • (b)는 동작일 경우에 '개로' 하는 것에 사용한다.
교류 차단기 (일반)	(a) IEC (b)	(a) (b)	• 기중 차단기인 경우는 한쪽에 OCB의 글자를 쓴다.

기기명	그림기호 계열 1	그림기호 계열 2	그림기호를 그리는 법
전자 릴레이	(a) ‾IEC‾ (a접점) (b) ‾IEC‾ (b접점)	(a) ──○ ○── ○ (a접점) (b) ──○ ○── ○ (b접점)	• (a)는 전자 코일에 전류가 흐르면 '폐로'하는 것에 사용한다. • (b)는 전자 코일에 전류가 흐르면 '개로'하는 것에 사용한다. ├4*l*┤├*l*┤ ├5*l*┤├*l*┤
전동기 발전기	[주] ○	[예] 전동기 Ⓜ ‾IEC‾ 발전기 Ⓖ ‾IEC‾	[주] • ○ 속에 종류를 나타내는 기호를 넣는다. • 특히, 교류·직류의 구별을 필요로 할 때는 아래에 따른다. 〈직류인 경우〉〈교류인 경우〉 ⊖ ～
제어용 전자 코일 전자 릴레이의 전자 코일	(a) ‾IEC‾ 〰〰〰--- (b) ‾IEC‾ ▭---	(a) (b) (c) Ⓘ Ⓘ ○	(a) 전압 코일 ├2*r*┤├2*r*┤ ├──6*r*──┤ *r* (b) 전류 코일 (c) 전압·전류의 구별을 나타낼 필요가 없을 때 예 ─ⓂⒸ─
콘덴서 CH721X 2C205K31 1967	(유극성) (a) ‾IEC‾ (b) ‾IEC‾ ⊣⊢ ⊣⊢ (전해 콘덴서) (1-a) ‾IEC‾ (1-b) ‾IEC‾ (2) ⊣⊦ ⊣⊦ ⊣▨		(a) ├──┤ ↕*l* ├4*l*┤ (b) ├▨─┤ ↕*l* ├4*l*┤

기기명	그림기호 계열		그림기호를 그리는 법
벨 부저	(a) $\overline{\text{IEC}}$	(b) (BEL) (b) (BZ)	(a) l $1.5l$ (b) l $1.5l$
램프	(a) $\overline{\text{IEC}}$ ⊗ (b) ○	[컬러 코드기호] C2-빨강 C5-초록 C3-주황 C6-파랑 C4-노랑 C9-하양 RL-빨강 GL-초록 OL-주황 BL-파랑 YL-노랑 WL-하양	(a) 색을 명시하고 싶을 때는 컬러 코드에 의한 기호를 한쪽에 쓴다. (b) 예 RL ○ 적색 램프
변압기	(a) $\overline{\text{IEC}}$	(b)	(a) r $2r$ $2r$ $8r$ $0.9l$ l l $4l$
정류기	(a) $\overline{\text{IEC}}$ ▷|	(b) $\overline{\text{IEC}}$ |◁	• 화살표는 정삼각형으로 하 여, 직류가 지나는 방향을 나타 낸다. l $2l$ $0.9l$
저항	(a) $\overline{\text{IEC}}$ ▭	(b) $\overline{\text{IEC}}$ ⋀⋀⋀ (c) $\overline{\text{IEC}}$ ⊓⊔⊓⊔	(b) l l $3l$ (c) $2l$ l $6l$ 무유도 저항기를 나타낸다.

기기명	그림기호 계열	그림기호를 그리는 법
퓨즈 (개방형) (포장형)	(a)　　　(b) (c) IEC　(d)　(e)	(a) (b) (d)　(e)

(4) 주요 접점기능 및 조작방식 기호

접점기능 기호 및 조작방식 기호란, 단독으로 사용하는 것이 아니고 계열 1에서 접점기호와 조합해서 사용하는 보조기호를 말한다.

1) 접점기능 기호

접점기능	◁ IEC	부하개폐기능	○ IEC	지연기능	⊂ IEC
차단기능	× IEC	자동트립기능	□ IEC	스프링 복귀 기능	◁ IEC
지연기능	— IEC	리밋 스위치 기능	▽ IEC	잔류기능	○ IEC

2) 조작방식 기호

수동조작 (일반)	┃----- IEC	둥근핸들 조작	⊗----- IEC	캠조작	◖----- IEC
풀조작	┐----- IEC	페달조작	✓----- IEC	전동기조작	Ⓜ----- IEC
비틀기 조작	┌----- IEC	레버조작	╱○----- IEC	공기조작 또는 유압조작	▢----- IEC

누름조작	E----- IEC	분해 손잡이 조작	◇----- IEC	전자조작	⋔----- IEC
제약붙이	⌐┘----- IEC	키조작	☖----- IEC		▭----- IEC
비상용	◖----- IEC	크랭크 조작	⌐----- IEC	기타 방식에 의한 조작	▢----- IEC

(5) 주요 개폐접점의 그림기호

개폐접점 명칭		그림기호				설 명
		계열 1 (IEC)		계열 2 (KS)		
		a접점	b접점	a접점	b접점	
수동조작 개폐기 접점	전력용 접점					접점조작을 개로나 폐로로 수동으로 하는 접점을 말한다. 예 나이프 스위치, 텀블러 스위치는 이것으로 표시한다.
	수동 조작 자동 복귀 접점 (푸시형)					수동조작하면 폐로 또는 개로하지만, 손을 떼면 스프링 등의 힘으로 자동적으로 복귀하는 접점을 말한다. 계열 1에서 누름버튼 스위치의 접점은 대체로 자동복귀하므로 특히 자동복귀의 표시는 불필요하다.
전자 릴레이 접점	계전기 접점					전자 릴레이가 부세(전자 코일에 전류를 보낸다)되면 a접점은 닫히고, b접점은 열리고, 소세(전자 코일에 전류를 끊는다)되면 본래의 상태로 복귀하는 접점을 말한다. 일반 전자 릴레이가 이것에 해당한다.
	수동 복귀 접점					전자 릴레이가 부세되면 폐(a접점) 또는 개(b접점)하지만, 소세해도 기계적 또는 자기적으로 유지해서 다시 수동으로 복귀조작을 하거나, 전자 코일을 부세하지 않으면 본래의 상태로 돌아가지 않는 접점을 말한다. 예 수동복귀의 열동계전기 접점

개폐접점 명칭		그림기호				설 명
		계열 1 (IEC)		계열 2 (KS)		
		a접점	b접점	a접점	b접점	
한 시 릴 레 이 접 점	한시 동작 접점					전자 릴레이 중 소정의 입력이 주어진 후 접점이 폐로 또는 개로하는데, 특히 시간 간격을 둔 것을 시한 릴레이(타이머)라고 한다. • 한시동작 접점 : 시한 릴레이가 동작할 때, 시간 지연(시한)이 생기는 접점을 말한다. • 한시복귀 접점 : 시한 릴레이가 복귀할 때, 시간 지연(시한)을 일으키는 접점을 말한다.
	한시 복귀 접점					

(6) 세계 각 나라의 전기도면기호

명 칭	외국어	한국	독일	일본	미국	영국	비 고
도선(일반)	wire or conductor						
도선의 교차	conductor of close						
도선의 교차 및 접속	conductor or branch or connection						
단자	terminal						
속선							
연결선	connection wire						
저항	resistor	(a) (b) (c)					(b)는 무유도로 나타날 때, (c)는 대조표로 식별할 때
인덕턴스	winding inductor						
콘덴서	capacitor						
전해 콘덴서	polarized electrolytic capacitor						
전지 또는 직류전원	accumulator cell batlery						

명 칭	외국어	한국	독일	일본	미국	영국	비 고
접지	earth (ground)						
외함의 접속	frame or chassis						
퓨즈	fuse	(개방형) (포장형)					사선우상으로 한다.
램프	lamp	a b c					색을 구별할 경우에는 L 대신 색의 기호를 넣는다.
수동조작 단로 개폐기	single throw switch manually operated		old new				
나이프 스위치	knife-switch						
한시접점	make delayed make	(a) (b)		(a) (b)			
	break delayed break	(a) (b)		(a) (b)			
수동 복귀접점	thermal relay conduct	(a) (b)		(a) (b)	(a) (b)		
기계적 접점	flow speed actuator						리밋 스위치
압력 스위치	pressure actuated		P P				
부동 스위치	liquid level actuated		Q Q				
속도 개폐기	over under speed					SP SP'	

명 칭	외국어	한국	독일	일본	미국	영국	비 고
접촉기 접점 및 코일	contactor or coil						
과전류 계전기	thermal relay						
제어기 접점	cam operated						
퓨즈 부착 3극 단로기	triple-pole fused isolator						
계기용 변압기	voltage (potential) transformer						
변류기	current transformer						
리액터	reactor						
벨	bell						
부저	buzzer						
스피커	lound speaker general symbol						
권선형 유도 전동기	three-phase induction motor with slipring rotor				MOT	M3-	
농형 유도 전동기	three-phase induction motor with squirrel cage rotor						
전류계	amperemeter	Ⓐ	Ⓐ				
전압계	voltmeter	Ⓥ	Ⓥ				

명 칭	외국어	한국	독일	일본	미국	영국	비 고
전력량계	single-phase A.C watt hourmeter						
다이오드 또는 정류기	semiconductor diode						
송화기 또는 마이크로폰	microphone						
수화기	ear phone						(b), (c)는 헤드 수화기
증폭기	amplifier						
차단기	circuit breaker						
수동동작 자동 복귀형 접점	manual operating automatic reset contact		old new				
계전기 접점 및 보조 개폐기 접점	make contact (N, O)						
	break contact (N, C)						
절환 접점	change-over contact						
조작 개폐기 잔류 접점	control switchgear residua contact						
기동 보상기	starting compensator	ST CP					
Y-델타 기동기	star-delter starter						

명 칭	외국어	한국	독일	일본	미국	영국	비 고
전류계 절환 스위치	ammeter transfer switch	⊘					
전압계 절환 스위치	voltmeter transfer switch	⊕					
정류기	single-phase bridge-connected rectifier						

3 시퀀스 제어기호

시퀀스 제어기호는 KS C 0103에 한국 공업규격으로 제정되어 있으며, 여기서는 그 내용을 소개한다.

(1) 적용범위

이 규격은 일반 산업의 시퀀스 제어계에 있어서 전기계통의 전개접속도에 사용되는 기기 및 장치의 문자기호, 그림기호 및 전개접속도의 표시방법에 대하여 규정한다.

① 이 규격은 시퀀스 제어계 중의 전기 계통을 대상으로 하고, 그 이외의 부분에 대해서는 규정하지 않는 것을 원칙으로 한다.

② 전력설비에 있어서의 시퀀스 제어는 일단 적용범위 외로 했으나, 지장이 없는 한 이 규격을 준용함이 바람직하다.

③ 시퀀스라 함은 현상이 일어나는 순서를 말하며, 시퀀스 제어라 함은 미리 정해 놓은 순서 또는 일정한 논리에 의하여 정해진 순서에 따라 제어의 각 단계를 순차적으로 진행하는 제어를 말한다.

(2) 기기 및 장치의 문자기호

문자기호는 기기 또는 장치를 표시하는 기기기호와 기기 또는 장치가 하는 기능 등을 표시하는 기능기호의 2종류로 하고, 양자를 조합하여 사용할 때는 기능기호, 기기기호의 순서로 쓰며, 원칙으로는 그 사이에 "──"를 넣는다.

1) 기기기호 : 기기기호의 중요한 것은 다음과 같다.

① 회전기

문자기호	용 어	대응영어
EX	여자기	EXciter
FC	주파수 변환기	Frequency Changer, Frequency Converter
G	발전기	Generator
IM	유도 전동기	Induction Motor
M	전동기	Motor
MG	전동 발전기	Motor-Generator
OPM	조작용 전동기	OPerating Motor
RC	회전 변류기	Rotary Converter
SEX	부여자기	Sub-EXciter
SM	동기 전동기	Synchronous Motor
TG	회전 속도계 발전기	Tachometer Generator

② 변압기 및 정류기류

문자기호	용 어	대응영어
BCT	부싱 변류기	Bushing Current Transformer
BST	승압기	BooSTer
CLX	한류 리액터	Current Limiting Reactor
CT	변류기	Current Transformer
GT	접지 변압기	Grounding Transformer
IR	유도 전압 조정기	Induction Voltage Regulator
LTT	부하 시 탭 전환 변압기	on-Load Tap-changing Transformer
LVR	부하 시 전압 조정기	on-Load Voltage Regulator
PCT	계기용 변압 변류기	Potential Current Transformer, Combined Voltage & Current Transformer
PT	계기용 변압기	Potential Transformer, Voltage Transformer
T	변압기	Transformer
PHS	이상기	PHase Shifter
RF	정류기	RectiFier
ZCT	영상 변류기	Zero-phase-sequence Current Transformer

③ 차단기 및 스위치류

문자기호	용 어	대응영어
ABB	공기 차단기	AirBlast circuit Breaker
ACB	기중 차단기	Air Circuit Breaker
AS	전류계 전환 스위치	Ammeter change-over Switch
BS	버튼 스위치	Botton Switch
CB	차단기	Circuit Breaker
COS	전환 스위치	Change-Over Switch
CS	제어 스위치	Control Switch
DS	단로기	Disconnecting Switch
EMS	비상 스위치	EMergency Switch
F	퓨즈	Fuse
FCB	계자 차단기	Field Circuit Breaker
FLTS	플로우트 스위치	FLoaT Switch
FS	계자 스위치	Field Switch
FTS	발밟음 스위치	FooT Switch
GCB	가스 차단기	Gas Circuit Breaker
HSCB	고속도 차단기	High-Speed Circuit Breaker
KS	나이프 스위치	Knife Switch
LS	리밋 스위치	Limit Switch
LVS	레벨 스위치	LeVel Switch
MBB	자기 차단기	Magnetic Blow-out circuit Breaker
MC	전자 접촉기	electroMagnetic Contactor
MCCB	배선용 차단기	Molded case Circuit Breaker
OCB	기름 차단기	Oil Circuit Breaker
OSS	과속 스위치	Over-Speed Switch
PF	전력 퓨즈	Power Fuse
PRS	압력 스위치	PRessure Switch
RS	회전 스위치	Rotary Switch
S	스위치, 개폐기	Switch
SPS	속도 스위치	SPeed Switch
TS	텀블러 스위치	Tumbler Switch

문자기호	용 어	대응영어
VCB	진공 차단기	Vacuum Circuit Breaker
VCS	진공 스위치	Vacuum Switch
VS	전압계 전환 스위치	Voltmeter change—over Switch
CTR	제어기	ConTRoller
MCTR	주제어기	Master ConTRoller
STT	기동기	STarTer
YDS	스타델타 기동기	Star—Delta Starter

④ 저항기

문자기호	용 어	대응영어
CLR	한류 저항기	Current—Limiting Resistor
DBR	제동 저항기	Dynamic Braking Resistor
DR	방전 저항기	Discharging Resistor
FRH	계자 조정기	Field Regulator, Field Rheostat
GR	접지 저항기	Grounding Resistor
LDR	부하 저항기	Loading Resistor
NGR	중성점 접지 저항기	Neutral Grounding Resistor
R	저항기	Resistor
RH	가감 저항기	Rheostat
STR	기동 저항기	Starting Resistor

⑤ 계전기

문자기호	용 어	대응영어
BR	평형 계전기	Balance Relay
CLR	한류 계전기	Current Limiting Relay
CR	전류 계전기	Current Relay
DFR	차동 계전기	DiFferential Relay
FCR	플리커 계전기	FliCker Relay
FLR	흐름 계전기	FLow Relay
FR	주파수 계전기	Frequency Relay
GR	지락 계전기	Ground Relay

문자기호	용 어	대응영어
KR	유지 계전기	Keep Relay
LFR	계자손실 계전기	Loss of Field Relay, Field Loss Relay
OCR	과전류 계전기	Over-Current Relay
OSR	과속도 계전기	Over-Speed Relay
OPR	결상 계전기	Over-Phase Relay
OVR	과전압 계전기	Over-Voltage Relay
PLR	극성 계전기	PoLarity Relay
PR	플러깅 계전기	Plugging Relay
POR	위치 계전기	POsition Relay
PRR	압력 계전기	PRessure Relay
PWR	전력 계전기	PoWer Relay
R	계전기	Relay
RCR	재폐로 계전기	ReClosing Relay
SOR	탈조(동기이탈) 계전기	Step Out Relay, Out-of-Step Relay
SPR	속도 계전기	SPeed Relay
STR	기동 계전기	STarting Relay
SR	단락 계전기	Short-circuit Relay
SYR	동기투입 계전기	SYchronizing Relay
TDR	시연 계전기	Time Delay Relay
TFR	자유트립 계전기	Trip-Free Relay
THR	열동 계전기	THermal Relay
TLR	한시 계전기	Time-Lag Relay
TR	온도 계전기	Temperature Relay
UVR	부족전압 계전기	Under-Voltage Relay
VCR	진공 계전기	VaCuum Relay
VR	전압 계전기	Voltage Relay

⑥ 계기

문자기호	용 어	대응영어
A	전류계	Ampermeter
F	주파수계	Frequency meter

문자기호	용 어	대응영어
FL	유량계	Flow Meter
GD	검루기	Ground Detector
MDA	최대 수요 전류계	Maximum Demand Ampermeter
MDW	최대 수요 전력계	Maximum Demand Watt-meter
N	회전 속도계	tachometer
PI	위치 지시계	Position Indicator
PF	역률계	Power-Factor meter
PG	압력계	Pressure Gauge
SY	동기 검정기	SYchronoscope, SYchronism indicator
TH	온도계	THermometer
THC	열전대	THermoCouple
V	전압계	Voltmeter
VAR	무효 전력계	VAR meter, reactive power meter
W	전력계	Watt-meter
WH	전력량계	Watt-Hour meter
WLI	수위계	Water Level Indicator

⑦ 기타

문자기호	용 어	대응영어
AN	표시기	ANnunciator
B	전지	Battery
BC	충전기	Battery Charger
BL	벨	BelL
BL	송풍기	BLower
BZ	부저	BuZzer
C	콘덴서	Condenser, Capacitor
CC	폐로코일	Closing Coil
CH	케이블 헤드	Cable Head
DL	더미 부하(의사 부하)	Dummy Load
EL	지락 표시등	Earth Lamp
ET	접지단자	Earth Terminal

문자기호	용 어	대응영어
FI	고장 표시기	Fault Indicator
FLT	필터	FiLTer
H	히터	Heater
HC	유지코일	Holding Coil
HM	유지자석	Holding Magnet
HO	호온	HOrn
IL	조명등	Illuminating Lamp
MB	전자 브레이크	Electromagnetic Brake
MCL	전자 클러치	Electromagnetic CLutch
MCT	전자 카운터	Magnetic CounTer
MOV	전동 밸브	Motor-Operated Valve
OPC	동작코일	Operating Coil
OTC	과전류 트립코일	Over-current Trip Coil
RSTC	복귀코일	ReSeT Coil
SL	표시등	Signal Lamp, Pilot Lamp
SV	전자 밸브	Solenoid Valve
TB	단자대, 단자판	Terminal Block, Terminal Board
TC	트립코일	Trip Coil
TT	시험단자	Testing Terminal
UVC	부족전압 트립코일	Under-Voltage release Coil, Under-Voltage trip Coil

2) 기능기호
기능기호의 중요한 것은 다음과 같다.

문자기호	용 어	대응영어
A	가속·증속	Accelerating
AUT	자동	AUTomatic
AUX	보조	AUXiliary
B	제동	Braking
BW	후방향	BackWard

문자기호	용 어	대응영어
C	제어	Control
CL	닫음	CLose
CO	전환	Change-Over
CRL	미속	CRawLing
CST	코스팅	CoaSTing
DE	감속	DEcelerating
D	하강·아래	Down, lower
DB	발전제동	Dynamic Braking
DEC	감소	DECrease
EB	전기제동	Electric Braking
EM	비상	EMergency
F	정방향	Forward
FW	앞으로	ForWard
H	높다	High
HL	유지	HoLding
HS	고속	High Speed
ICH	인칭	Inching
IL	인터록	Inter-Locking
INC	증가	INCrease
INS	순시	INStant
J	미동	Jogging
L	왼편	Left
L	낮다	Low
LO	록크아웃	Lock-Out
MA	수동	MAnual
MEB	기계제동	MEchanical Braking
OFF	개로, 끊다	open, OFF
ON	폐로, 닫다	close, ON
OP	열다	OPen
P	플러깅	Plugging
R	기록	Recording

문자기호	용 어	대응영어
R	반대로, 역으로	Reverse
R	오른편	Right
RB	재생제동	Regenerative Braking
RG	조정	ReGulating
RN	운전	RuN
RST	복귀	ReSeT
ST	시동	STart
SET	세트	SET
STP	정지	SToP
SY	동기	SYchronizing
U	상승, 위로	raise, Up

3) 무접점 계전기의 문자기호

① 무접점 계전기의 문자기호

무접점 계전기에 대해서는 다음 문자기호를 사용한다.

문자기호	용 어	대응영어
NOT	논리부정	NOT, negation
OR	논리합	OR
AND	논리곱	AND
NOR	노어	NOR
NAND	낸드	NAND
MEM	메모리	MEMory
ORM	복귀기억	Off Return Memory
RM	영구기억	Retentive Memory
FF	플립플롭	Flip Flop
BC	이진 카운터	Binary Counter
SFR	시프트 레지스터	ShiFt Register
TDE	동작시간지연	Time Delay Energizing
TDD	복귀시간지연	Time Delay De-energizing
TDB	시간지연	Time Delay (Both)

문자기호	용 어	대응영어
SMT	슈미트 트리거	SchMidt Trigger
SSM	단안정 멀티 바이브레이터	Single Shot Multi-vibrator
MLV	멀티 바이브레이터	MuLti-Vibrator
AMP	증폭기	AMPlifier

[비고] ORM(복귀기억)은 전원 투입 시의 상태가 항상 출력 "0"이고, RM(영구기억)은 전원 재투입 시도 이전의 상태를 재현
할 수 있다.

② 입출력 문자기호

무접점 계전기의 입출력을 명확히 할 필요가 있을 때는 다음의 문자기호를 사용
한다.

문자기호	용 어	문자기호	용 어
X	정상입력	SE	익스팬드 입력 셋트
Y	역상입력	RE	익스팬드 입력 리셋
Z	보조입력	F	중간 입출력
A	정상출력	JK	절연입력
B	역상출력	LM	영조정 입력
S	셋트입력	PN	직류(바이어스 포함)
R	리셋입력	UVW	교류
XE	익스팬드 입력 정상	0	공통모선 또는 중성점
YE	익스팬드 입력 역상		

[비고] 1. 전원 단자번호에 첨부 숫자를 붙일 때는 전위가 높은 것으로부터 1, 2로 한다.
      2. 정상, 역상의 정의는 그 요소의 기능을 기준으로 하여 정한다.

(3) 기기 및 장치의 그림기호

1) 상세 그림기호

KS C 0102에 정해진 그림기호로서 대부분 상세 전개접속도에 사용된다.

2) 간략 그림기호

① □ 또는 ○ 속에 그 기능이나 장치의 문자기호, 명칭 혹은 약호를 써 넣는
것으로 대부분 간략한 전개접속도에 사용된다.

② KS C 0102에 정해진 그림기호 중 문자 부분이 그 규격의 문자기호와 다를 때
는 이 규격의 문자기호를 사용한다.

(4) 전개접속도 표시방법

1) 전개접속도의 종류

① 상세 전개접속도 및 간략 전개접속도

ㄱ 상세 전개접속도 : 제어계의 시퀀스를 명확히 표시하기 위해서 제어계의 기기와 장치 등의 접속을 상세히 전개하여 표시한 그림이다. 간단히 전개접속도라 불러도 무방하다.

ㄴ 간략 전개접속도 : 제어계의 중요한 기기와 장치 등의 연결을 표시하고, 제어의 중요한 시퀀스를 표시하는 그림이다.

② 세로쓰기와 가로쓰기

ㄱ 그림 위의 요소들의 접속선 방향이 대부분 상하 방향인 전개접속도를 세로쓰기의 전개접속도라 한다.

ㄴ 그림 위의 요소들의 접속선 방향이 대부분 좌우 방향인 전개접속도를 가로쓰기의 전개접속도라 한다.

2) 상세 전개접속도

① 상세 전개접속도에 사용하는 기호

기기 및 장치는 주로 (3)의 1)에 정한 그림기호로 표시하고, 원칙적으로 문자기호를 이에 부가한다. 다만, 접점의 표시는 다음에 정하는 방법에 따른다.

② 구성

제어계의 기기 및 장치 등을 ①에 정한 기호로 표시하고 상호간의 접속을 실선으로 표시한다. 특히 접점 등에 대해서는 제어의 시퀀스를 명확하게 표시한다.

③ 동종의 기기 또는 장치에 대한 보조번호

동종의 기기 또는 장치가 복수개 있어 그들을 구별할 필요가 있을 때는 그 기기 또는 장치의 문자기호에 보조번호를 첨부한다.

④ 보조 계전기에 대한 보조기호

주 계전기의 동작을 보조하는 계전기가 있어 주 계전기와 구별할 필요가 있을 때는 주 계전기의 문자기호에 보조기호를 첨부한다. 보조기호로서는 X, Y, Z 등을 사용한다.

⑤ 접점의 표시

ㄱ 표시법 : 전개속도의 접점을 KS C 0102에 정하는 그림기호를 그가 소속되는 기구의 문자기호를 첨부하여 표시한다. 또 필요에 따라서는 그 기구가 표시되어 있는 그림상의 위치를 적당한 방법으로 부기한다.

ㄴ 기구의 접점의 수 및 위치의 표시 : 기구가 표시되어 있는 그림상의 적당한 장소에 그 기구에 소속되는 접점수와 그 위치를 적당한 방법으로 표시한다. 다만, 위치의 표시는 생략해도 무방하다.

3) 간략 전개접속도

① 간략 전개접속도에 사용하는 기호

기기 및 장치는 주로 (3)의 2)에 정한 그림기호로 표시한다. 다만, 접점의 표시는 ⑤에 정하는 방법에 따른다.

② 구성

제어계의 중요한 기기 및 장치 등을 ①에 정한 기호로 표시하고 상호간의 중요한 접속관계를 실선으로 표시한다.

③ 동종의 기구에 대한 보조번호

2)의 ③에 따른다.

④ 보조 계전기에 대한 보조번호

2)의 ④에 따른다.

⑤ 접점의 표시

2)의 ⑤ ㉠에 정한 방법에 따른다.

CHAPTER

02

시퀀스 제어기기

시퀀스 제어기기

시퀀스 제어장치는 사람으로부터 작업명령을 지령 받아 전기신호로 변환시켜 전달하는 조작부, 조작부로부터 명령을 받아 시퀀스 내용에 따라 명령처리를 실시하는 명령처리부, 명령처리부의 결과에 의해 부하전류를 on-off하는 개폐부, 제어대상 동작 이행 여부를 감시하여 다음 작업을 지시하는 검출부, 제어대상 동작상태를 작업자에게 보고하는 표시·경보부로 구성된다.

그림 2-1은 유접점 시퀀스 제어에 사용되는 각 구성부의 주요 기기를 나타낸 것이다.

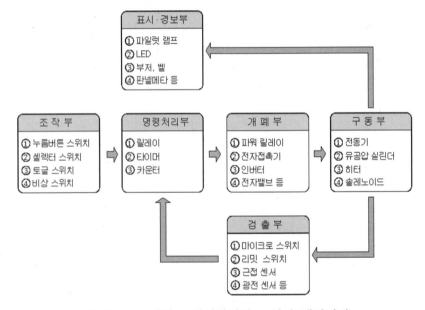

[그림 2-1] 시퀀스 제어장치의 구성과 제어기기

01 조작용 기기

조작용 기기는 시퀀스 제어 시스템에 사람의 의지인 시동, 정지, 리셋, 운전선택 등 작업명령을 부여하는 것이다. 주로 누르거나, 당기거나, 또는 돌리는 등의 사람으로부터의 조작을 기계적 메커니즘을 거쳐 전기신호로 변환하는 기능의 기기를 통틀어 조작용 기기라 한다.

조작용 기기에는 각종 스위치가 사용되는데, 실제로 사용되고 있는 스위치에는 여러 가지 형태의 것이 있으나, 동작기능만으로 보면 복귀형(復歸形) 스위치와 유지형(維持形) 스위치로 구분할 수 있다.

■1 누름버튼 스위치(push button switch)

누름버튼 스위치는 명령 입력용 스위치 중 가장 많이 사용되고 있는 스위치로서, 주로 판넬(control panel) 전면에 장착되어 시동, 정지, 리셋, 비상정지 등의 자동회로의 명령 입력용으로 사용되며 기능이나 모양, 크기에 따라 많은 종류가 있다.

(1) 동작원리

누름버튼 스위치의 동작원리는 그림 2-2에 나타낸 바와 같이 조작부를 손으로 누르면 접점상태가 변하는 것으로, 조작력을 제거하면 내장된 스프링에 의해 자동적으로 초기상태로 복귀하는 스위치로서 수동조작 자동 복귀형 스위치라고도 한다.

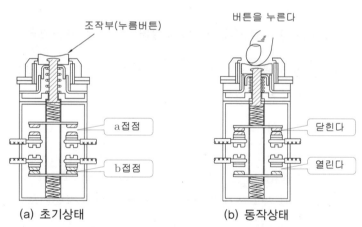

[그림 2-2] 누름버튼 스위치의 구조와 동작원리

(2) 종류

① **형상에 따라** : 원형, 사각형, 버섯형의 종류가 있다.
② **기능에 따라** : 표준형, 램프 내장형, 한시 동작형이 있다.
③ **크기에 따라** : 12Ø, 16Ø, 22Ø, 25Ø, 30Ø가 있다.
④ **정격에 따라** : 3A, 5A, 7A, 10A, 15A 등으로 제작된다.
⑤ **접점수에 따라** : 기본 1a 1b 접점에서부터 4a 4b 또는 1c 접점형 2c 접점형으로 제작된다.

⑥ 버튼의 색상에 따라 : 녹색, 적색, 황색, 백색 등으로 제작되며 기능에 따른 버튼의 색상은 표 2-1과 같다.

[표 2-1] 버튼 색상에 따른 기능 분류

색 상	기 능	적용 예
녹색	시동	시스템의 시동, 전동기의 시동
적색	정지	시스템의 정지, 전동기의 정지
	비상정지	모든 시스템의 정지
황색	리셋	시스템의 리셋
백색	상기 색상에서 규정되지 않은 이외의 동작	

(3) 도면기호 작성법

① 가로쓰기(횡서) 방식에서 a접점은 고정접점 위에 띄어서 그리고, b접점은 고정접점 밑에 붙여서 그린다.

(a) a접점   (b) b접점

[그림 2-3] 가로쓰기 방식의 누름버튼 스위치 도면기호

② 세로쓰기(종서) 방식에서 a접점은 고정접점 오른쪽에 띄어서 그리고, b접점은 고정접점 왼쪽에 붙여서 그린다.

(a) a접점   (b) b접점

[그림 2-4] 세로쓰기 방식의 누름버튼 스위치 도면기호

③ 그리는 비율

전기회로에 나타내는 도면기호는 그 크기 비율이 KS 규격으로 정해져 있으며, 누름버튼 스위치의 그리는 비율은 그림 2-5와 같다.

그림에서 고정접점을 원으로 나타내는데, 원의 크기가 1mm이면 가동접점의 크기는 5mm, 조작부의 크기는 2.5mm로 그린다는 의미이다.

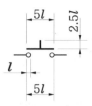

[그림 2-5] 누름버튼 스위치 작도법

④ 비상정지 스위치는 버섯형 버튼을 사용해야 하며, 도면기호로 나타낼 때에는 누름조작 기호 상단에 원호를 붙여 그린다.

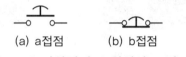

(a) a접점   (b) b접점
[그림 2-6] 비상정지 스위치의 도면기호

(4) 접점의 위치

스위치에서 a접점 또는 b접점의 표기는 고정접점 단자에 a접점은 NO로, b접점은 NC로 표기하지만 최근에는 스위치 프레임이나 플런저의 색상으로 구분하는데 a접점은 녹색으로, b접점은 적색으로 나타낸다.

• a접점 : 프레임의 색상이 녹색이거나, 고정접점 단자에 NO라고 표기되어 있다.
• b접점 : 프레임의 색상이 적색이거나, 고정접점 단자에 NC라고 표기되어 있다.
[그림 2-7] 접점의 위치 표시

2 유지형 스위치

유지형 스위치는 일명 잔류접점 스위치로 조작 후 조작력을 제거하면 반대 조작이 있을 때까지 조작했을 때의 접점상태를 유지하는 스위치로서, 시퀀스에서는 전원의 on-off나 자동운전-수동운전의 선택, 단동 사이클-연동 사이클 운전선택, 수동조작 등의 용도로 주로 사용되며, 간단한 회로에서는 운전-정지나 정회전-역회전과 같은 명령 지령용으로 사용된다.

(1) 셀렉터 스위치

조작부를 비틀어서 조작하는 형태의 스위치를 셀렉터(selector) 스위치라고 하며, 판넬 전면에서 전원의 on-off나 자동운전-수동운전 모드 선택 스위치로 많이 사용된다.

동작의 형태는 2단이나 3단이 주로 사용되는데 최대 16단까지도 판매되고 있으며, 크기는 누름버튼 스위치와 같이 12∅부터 30∅까지 제작되고 있다.

(a) 셀렉터 스위치   (b) 토글 스위치

[그림 2-8] 유지형 스위치

(2) 토글 스위치

올리거나 내리는 등의 형태로 조작하는 스위치를 토글(toggle) 스위치라고 하며, 그 사진을 그림 2-8의 (b)에 나타냈다.

시퀀스 회로에서 주로 수동운전용 조작 스위치로 많이 사용되며, 소형의 기계장치에서 셀렉터 스위치 대신에 전원 on-off 스위치로 사용하기도 한다.

크기는 6∅와 12∅ 두 가지로만 제작되며, 동작형태는 2단 또는 3단으로 주로 제작된다.

(3) 도면기호 작성법

유지형 스위치의 도면기호는 그림 2-9에 나타낸 것과 같이 누름버튼 스위치 조작기호에 레버모양을 추가하여 나타내며, 그리는 비율이나 a, b접점의 도시방향 등은 모두 누름버튼 스위치와 같은 형식, 비율로 그린다.

(a) a접점   (b) b접점

[그림 2-9] 유지형 스위치의 도면기호

3 조작용 스위치의 선정기준

조작용 스위치는 인간과 직접 관련되는 기기로서, 선정 시에는 다른 제어기기와는 달리 조작의 용이성이나 견고성, 기계나 장치와의 조화성 등을 충분히 검토하여 선정

하여야 한다.

표 2-2는 조작용 스위치를 구조적인 측면으로 분류하여 선정 시 검토항목을 나타낸 것이다.

[표 2-2] 조작용 스위치의 선정 시 고려항목

검토부분	체크 포인트
조작부와 표시부	• 조작은 쉽고, 강도는 적당한가? • 동작기능은 적당한가? • 동작 확인은 어떻게 하는가? • 램프 전압과 수명은? • 표시부의 색상은 기능과 적당한가?
접점부	• 접점의 수는? • 부하에 대한 접점용량은 충분한가? • 수명 및 절연내력은?
취부 및 단자부	• 취부의 용이성 및 취부 강도는? • 단자부의 접속방법은? • 단자의 배치와 단자 간의 거리는?

02 검출용 기기

검출용 기기는 제어장치에서 사람의 감각기관인 눈과 귀, 피부 등의 역할을 하는 부분으로서 제어대상의 상태인 위치, 레벨, 온도, 압력, 힘, 속도 등을 검출하여 제어 시스템에 정보를 전달하는 중요한 기기로서 센서(sensor)라고 한다.

검출용 기기는 검출 물체와 접촉하여 검출하는 접촉식과 접촉하지 않고 검출하는 비접촉식이 있다. 접촉식 기기의 대표적인 것에는 마이크로 스위치와 리밋 스위치가 있고, 비접촉식은 스위치라는 명칭보다는 센서라고 부르는 경우가 많으며, 한 권의 책으로도 다 열거할 수 없을 만큼 여러 가지 센서가 있다.

표 2-3은 센서를 분류하는 방법 중에 인간의 감각기관, 즉 오감인 시각, 촉각, 청각, 후각, 미각에 대비하여 센서와의 관계를 나타낸 것이고, 표 2-4는 검출원리로 이용되고 있는 물리현상과 검출센서의 종류를 나타낸 것이다. 이들 중 자동화 기계에서 비교적 많이 사용되고 있는 것은 근접 스위치와 광전센서 등이다.

[표 2-3] 인간의 감각기관과 센서의 대비

인간의 오감	대상기관	대비 센서	구 분
시각	눈	광센서	물리센서
촉각	피부	압력센서, 감온센서	
청각	귀	음파센서	
후각	코	가스센서	화학센서
미각	혀	이온센서, 바이오 센서	

[표 2-4] 비접촉 검출센서의 검출방법

전달매체	물리현상	검출센서
전자장(電磁場)	검출코일의 인덕턴스의 변화	고주파 발진형 근접 스위치
정전장(靜電場)	커패시턴스의 변화	정전 용량형 근접 스위치
자기(磁氣)	자기력	자기형 근접 스위치
광(光)	광기전력 효과, 발광효과	광전센서
음파(音波)	도플러 효과	초음파 센서

1 마이크로 스위치

소형의 기계 위치 검출센서로 개발되어 소형이라는 의미로 마이크로 스위치라 불리게 되었으며, 크기에 따라 소형의 V형과 일반형의 Z형 두 종류가 있다.

[그림 2-10] 마이크로 스위치(V형) 사진

(1) 구조원리

마이크로 스위치의 내부구조는 그림 2-11에 보인 것과 같이 통상 판스프링 재를 사용하고 액추에이터에 의해 스냅 액션하는 가동접점 기구부, 가동접점이 반전할 때 접촉 또는 단락되어 전기회로의 개폐를 유지하는 고정 접점부, 전기적인 입출력을 접속하는 단자부, 그리고 기구를 보호하고 절연성능이 우수한 합성수지 케이스의 하우징부로 구성되어 있다.

단자는 통상 3개가 있고 COM(common : 공통 단자), NC(b접점 단자), NO(a접점 단자)로 c접점 구조로 되어 있다.

검출부인 액추에이터의 형상은 제조사에 따라 10여 종류 이상이 있다.

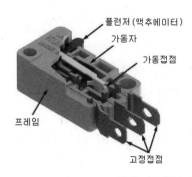

[그림 2-11] 마이크로 스위치의 내부 구조도

(2) 특징

본래 마이크로 스위치는 미국 하니웰사의 제품명으로 시작되어 이제는 일반 관용어로 되었으며, 3.2mm 이하의 미소한 접점 간격과 작은 형상에도 불구하고 큰 출력을 가지는 신뢰할 수 있는 개폐기로서 다음과 같은 특징이 있다.

1) 장점

① 소형이면서 대용량을 개폐할 수 있다.
② 스냅 액션 기구를 채용하고 있으므로 반복 정밀도가 높다.
③ 응차의 움직임이 있으므로 진동, 충격에 강하다.
④ 기종이 풍부하기 때문에 선택범위가 넓다.
⑤ 기능 대비 경제성이 높다.

2) 단점

① 가동하는 접점을 사용하고 있으므로 접점 바운싱이나 채터링이 있다.
② 전자부품과 같은 고체화 소자에 비해서 수명이 비교적 짧다.
③ 동작 시나 복귀 시에 소리가 난다(이것은 때로는 장점이 되기도 한다).
④ 구조적으로 완전히 밀폐가 아니기 때문에 사용 환경에 제한되는 것도 있다(특히 가스 분위기에서).
⑤ 납땜 단자의 기종에서 작업성에 주의를 기울여야 한다(단자부는 완전 밀폐가 아니기 때문에).

(3) 동작 특성

마이크로 스위치에서 가장 중요한 기구는 스냅 액션 기구이다. 스냅 액션이란 스위치의 접점이 어떤 위치에서 다른 위치로 빨리 반전하는 것이고, 접점의 움직임은 상대적으로 액추에이터의 움직임과 관계없이 동작하는 것을 의미한다. 현재 사용되고 있는 스냅 액션 기구는 판스프링 방식과 코일 스프링 방식으로 크게 나누어진다.

이 중에서 고감도, 고정밀도를 얻을 수 있는 판스프링 방식이 많이 채용되고 있다.

마이크로 스위치를 선정할 때는 액추에이터의 형상이나 접점의 개폐능력이 당연히 중요시되지만, 마이크로 스위치가 동작하는 데 필요한 힘이나 접점이 개폐될 때까지의 동작거리 등의 동작 특성도 검토하지 않으면 안 된다.

마이크로 스위치의 용도가 기계 가동부의 위치검출이 아닌 가벼운 물체의 유무검출이나 컨베이어상의 통과검출을 위한 용도 등에 이 동작 특성을 정확히 검토하지 않으면 기능을 수행하지 못할 수도 있다.

그림 2-12는 마이크로 스위치의 동작 특성도와 그 개요를 나타낸 것으로 이것은 다음 항의 리밋 스위치와도 같다.

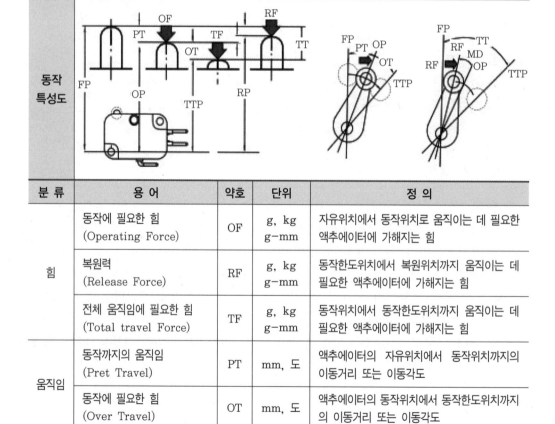

분 류	용 어	약호	단위	정 의
힘	동작에 필요한 힘 (Operating Force)	OF	g, kg g-mm	자유위치에서 동작위치로 움직이는 데 필요한 액추에이터에 가해지는 힘
	복원력 (Release Force)	RF	g, kg g-mm	동작한도위치에서 복원위치까지 움직이는 데 필요한 액추에이터에 가해지는 힘
	전체 움직임에 필요한 힘 (Total travel Force)	TF	g, kg g-mm	동작위치에서 동작한도위치까지 움직이는 데 필요한 액추에이터에 가해지는 힘
움직임	동작까지의 움직임 (Pret Travel)	PT	mm, 도	액추에이터의 자유위치에서 동작위치까지의 이동거리 또는 이동각도
	동작에 필요한 힘 (Over Travel)	OT	mm, 도	액추에이터의 동작위치에서 동작한도위치까지의 이동거리 또는 이동각도

분 류	용 어	약호	단위	정 의
움직임	응차의 움직임 (Movement Differential)	MD	mm, 도	액추에이터의 동작위치에서 복원위치까지의 이동거리 또는 이동각도
	전체의 움직임 (Total Travel)	TT	mm, 도	액추에이터의 자유위치에서 동작한도위치까지의 이동거리 또는 이동각도
위치	자유위치 (Free Position)	FP	mm, 도	외부에서 힘이 가해지지 않았을 때 동작부의 위치
	동작위치 (Operating Position)	OP	mm, 도	액추에이터에 외력이 가해져 가동접점이 자유위치 상태로부터 정확히 반전할 때의 액추에이터의 위치
	복원위치 (Release Position)	RP	mm, 도	액추에이터에 외력을 감소시켜 가동접점이 동작위치 상태에서 자유위치 상태로 정확히 반전할 때의 액추에이터의 위치
	동작한도위치 (Total Travel Position)	TTP	mm, 도	액추에이터가 액추에이터 멈춤위치에 도달한 때의 액추에이터의 위치

[그림 2-12] 마이크로 스위치의 동작 특성도

(4) 도면기호 작성법

마이크로 스위치나 리밋 스위치의 도면기호는 직사각형으로 나타내며, 가로쓰기(횡서) 방식에서 a접점은 고정접점 위에 띄어서 그리고, b접점은 고정접점 밑에 붙여서 그린다. 세로쓰기(종서) 방식에서 a접점은 고정접점 오른쪽에 띄어서 그리고, b접점은 고정접점 왼쪽에 붙여서 그린다.

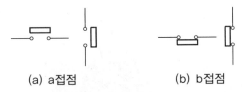

(a) a접점   (b) b접점

[그림 2-13] 마이크로 스위치의 도면기호

2 리밋 스위치

마이크로 스위치는 합성수지 케이스 내에 주요 기구부를 내장하고 있기 때문에 밀봉되지 않고 제품의 강도가 약해 설치 환경에 제약을 받는다. 그래서 마이크로 스위치를 물, 기름, 먼지, 외력(外力) 등으로부터 보호하기 위해 금속 케이스나 수지 케이스에 조립해 넣은 것을 리밋 스위치라 한다.

즉, 리밋 스위치는 견고한 다이캐스트 케이스에 마이크로 스위치를 내장한 것으로 밀봉되어 내수(耐水), 내유(耐油), 방진(防塵)구조이기 때문에 내구성이 요구되는 장소나 외력으로부터 기계적 보호가 필요한 생산설비와 공장 자동화 설비 등에 사용된다. 따라서 리밋 스위치를 봉입형(封入形) 마이크로 스위치라 한다.

[그림 2-14] 리밋 스위치의 사진

(1) 리밋 스위치의 구조원리

리밋 스위치의 주요 구조는 그림 2-15에 나타낸 것과 같이 금속 케이스 내부에 마이크로 스위치가 내장되어 있고, 외부의 액추에이터에 물리적 힘이 가해지면 레버가 샤프트를 회전시키고 샤프트의 회전량으로 플런저가 상하 이동하여 내장 마이크로 스위치를 동작시키는 구조이다.

액추에이터의 형상에 따라서 기본형 외에 다양한 형식이 있으며, 전기적 고장이 발생되면 리밋 스위치 내장용 마이크로 스위치를 교체하여 사용하도록 되어 있다.

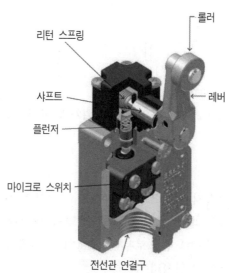

[그림 2-15] 리밋 스위치의 구조도

(2) 도면기호 작성법

리밋 스위치의 도면기호 작성법은 그림 2-13의 마이크로 스위치와 동일하며, 문자 기호는 LS로 표시한다.

3 근접 스위치(proximity switch)

(1) 근접 스위치의 개요와 특징

근접 스위치는 자동화용 센서로서 광전센서와 함께 가장 많이 사용되고 있는 센서이다. 근접 스위치는 종래의 마이크로 스위치나 리밋 스위치의 기계적인 접촉부를 없애고 접촉하지 않고도 검출 물체의 유무를 검출할 수 있고, 고속 응답성과 내환경성이 뛰어나므로 광범위한 용도에 적용되고 있다.

근접 스위치는 동작원리에 따라 고주파 발진형, 정전 용량형, 자기형, 차동 코일형 등 다수의 종류가 있고, 기계적인 스위치에 비해 고속응답, 긴 수명, 고신뢰성, 방수, 방유, 방폭 등의 구조이어서 공작기계, 섬유기계, 물류 및 포장 시스템, 자동차 및 항공산업 등 전 산업분야에 걸쳐 이용되고 있으며 근접 스위치의 대표적 특징을 요약하면 다음과 같다.

① 비접촉으로 검출하기 때문에 검출대상에 영향을 주지 않는다.
② 응답속도가 빠르다.
③ 무접점 출력회로이므로 수명이 길고 보수가 불필요하다.
④ 방수, 방유, 방폭구조이어서 내환경성이 우수하다.
⑤ 검출대상의 재질이나 색에 의한 영향을 받지 않는다(정전 용량형).
⑥ 물체의 유무검출뿐만 아니라 재질 판단도 가능하다(고주파 발진형).

[그림 2-16] 근접 스위치의 사진

(2) 검출원리에 따른 종류

근접 스위치는 검출원리나 구조 형상에 따라 또한 출력 형식에 따라 여러 가지 형식이 있어 종류가 매우 다양하다.

표 2-5는 검출원리에 따른 근접 스위치의 종류와 특성을 나타낸 것으로, 4가지 형식 중 가장 많이 사용되고 있는 것은 고주파 발진형과 정전 용량형이다.

1) 고주파 발진형 근접 스위치

고주파 발진형 근접 스위치의 검출원리는 그림 2-17에 나타낸 바와 같이 발진회로의 발진코일을 검출헤드로 사용한다. 이 헤드는 항상 고주파 자계를 발진하고 있는데 검출체(금속)가 헤드 가까이에 접근하면 전자유도(電磁誘導) 현상에 의해 검출체 내부에 와전류가 흐른다. 이 와전류는 검출코일에서 발생하는 자속의 변화를 방해하는 방향으로 발생하게 되어 내부 발진회로의 발진 진폭이 감쇠하거나 또는 정지하게 된다. 이 상태를 이용하여 검출체 유무를 검출하는 것이다.

따라서 고주파 발진형 근접 스위치의 검출 가능한 물체는 금속에 한정하며, 금속에서도 자성의 영향에 따라 검출거리가 변화하기 때문에 검출거리 선정에 주의가 필요하다.

[표 2-5] 검출원리에 따른 근접 스위치의 종류

형 식	검출소자	검출원리	장단점
고주파 발진형	코일 (자계)	고주파 자계에 의한 검출코일의 임피던스 또는 발진 주파수의 변화를 검출 (전자유도작용)	• 금속체 검출에 적합 • 응답속도가 빠르다. • 내환경성이 우수하다.
정전 용량형	전극 (자계)	전계(電界) 내의 정전용량 변화에 따라 발진이 개시하거나 정지하는 발진회로를 검출(정전유도작용)	• 금속, 비금속 모두 검출 • 고주파 발진형에 비해 응답이 늦다. • 물방울 등의 부착에 약하다.
자기형	리드 스위치 (자계)	영구자석의 흡인력을 이용하여 리드 스위치 등을 구동하여 검출	• 조작 전원이 불필요 • 저코스트 • 접점 수명이 제한적이다.
차동 코일형	코일 (자계)	검출 물체에서 생기는 전류로 자속을 검출코일과 비교코일의 차로 검출	• 장거리 금속체 검출에 적합 • 자성체, 비자성체 모두 검출

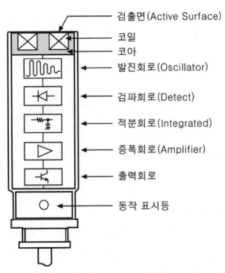

검출면(Active Surface)

코일

코아

발진회로(Oscillator)

검파회로(Detect)

적분회로(Integrated)

증폭회로(Amplifier)

출력회로

동작 표시등

[그림 2-17] 고주파 발진형 근접 스위치의 원리도

2) 정전 용량형 근접 스위치

정전 용량형 근접 스위치의 검출원리는 그림 2-18의 (a)에 나타낸 것과 같이 극판에 +전압을 인가하면 극판면에는 +전하가, 대지면에는 -전하가 발생하여 극판과 대지 사이에 전계가 발생하게 된다.

물체가 극판 쪽으로 접근하면 (b) 그림과 같이 정전유도를 받아서 물체 내부에 있는 전하들이 극판 쪽으로는 -전하가, 반대쪽으로는 +전하가 이동하게 되는데 이 현상을 분극현상이라 한다.

즉, 물체가 극판 쪽에서 멀어지면 분극현상이 약해져서 정전용량이 적어지고, 반대로 극판 쪽으로 가까워지면 분극현상이 커져 극판면의 +전하가 증가하여 정전용량이 커지는데 이 변화량을 검출하여 물체의 유무를 판단하는 것이다.

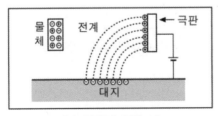

(a) 물체가 없을 때

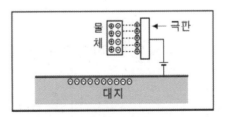

(b) 물체가 있을 때

[그림 2-18] 정전 용량형의 검출원리

따라서 정전 용량형 근접 스위치는 분극현상을 이용하고 있으므로 검출 가능한 물체는 금속에 한하지 않고 플라스틱, 목재, 종이, 액체는 물론 기타 유전(誘電)물질이면 모두 검출할 수 있다.

다만, 검출거리는 검출체의 유전계수에 따라 차이가 나는데 이것은 검출체가 근접한 경우에는 전극 간의 매질의 유전율 ε이 증가하게 되어 정전용량도 증가하기 때문이다. 유전율 ε는 다음과 같이 나타내고 유전체 고유의 비유전율 ε_s에 의존한다.

$$\varepsilon = \varepsilon_0 \cdot \varepsilon_s$$

일반적인 재질별 유전계수는 공기=1, 나무=6~8, 스티로폼=1.2, 유리=5~10, 물=80 정도이다.

(3) 출력형식과 배선 시 유의사항

근접 스위치는 검출원리에 따른 종류 외에도 외관 형상에 따라 원형, 사각형, 장방형 등이 있으며, 출력형식과 배선형식에 따라서도 여러 종류가 있다.

일반적인 근접 스위치의 출력형태는 사용 전원에 따라 직류형식과 교류형식으로 나뉘지며, 배선수에 따라서 2선식과 3선식이 있고, 직류형식에는 PLC나 카운터 등에 직접 연결할 수 있는 NPN 형식 트랜지스터 출력형식과 PNP 형식 트랜지스터 출력형식이 있다. 또한 이 형식 중에서도 검출체가 있을 때 출력을 내는 NO(Normal Open)형과 검출체가 없을 때 출력이 ON되는 NC(Normal Close)형으로 나눠진다.

그림 2-19는 PLC의 DC 입력모듈에서 콤먼의 극성이 +인 싱크콤먼 방식에 접속 가능한 NPN 출력형 근접 스위치를 접속한 예를 나타낸 것이고, 그림 2-20은 입력모듈

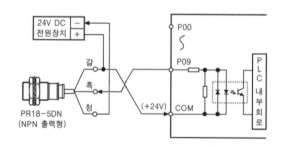

[그림 2-19] NPN 출력형 근접 스위치와 PLC와의 접속 관계도

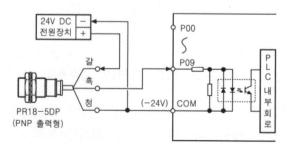

[그림 2-20] PNP 출력형 근접 스위치와 PLC와의 접속 관계도

의 콤먼 극성이 −인 소스콤먼인 입력모듈에 접속 가능한 PNP 출력형 근접 스위치를 접속한 관계를 보여준 것이다.

직류 2선식 근접 스위치를 PLC에 접속할 때는 PLC의 입력 사양과 근접 스위치의 사양이 맞을 때만 가능하므로 선정이나 배선 시 검토가 필요하다.

즉, 그림 2-21과 같이 직류 2선식 근접 스위치를 PLC에 접속할 때는 다음 내용을 만족해야 한다.

① PLC의 on 전압과 근접 스위치의 잔류전압의 관계

    : PLC의 on 전압 ≤ 전원전압 − 근접 스위치의 잔류전압

② PLC의 off 전류와 근접 스위치의 누설전류 관계

    : PLC의 off 전류 ≥ 근접 스위치의 누설전류

③ PLC의 on 전류와 근접 스위치의 제어출력 관계

    : 근접 스위치의 제어출력 최소값 ≤ PLC의 on 전류

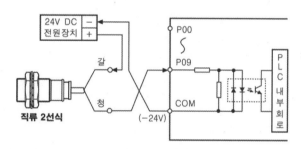

[그림 2-21] 직류 2선식 근접 스위치와 PLC와의 접속 관계도

4 광전센서

[그림 2-22] 광전센서

검출용 센서 중에 응용하는 물리적 현상에 따라 광을 매체로서 응용한 것을 광센서 또는 광전센서(포토센서)라고 한다.

광전센서는 투광기의 광원으로부터의 광을 수광기에서 받아 검출체의 접근에 의해 광의 변화를 검출하여 스위칭 동작을 얻어내는 센서로서, 빛을 투과시키는 물체를 제

외하고는 모든 물체의 검출이 가능하다. 또한, 검출거리도 10mm에서부터 수십 m에 이르는 것까지로 근접 스위치에 비해 현저히 길고, 검출기능도 물체의 유무나 통과여부 등의 간단한 검출에서부터 물체의 대소분별, 형태 판단, 색채 판단 등 고도의 검출을 할 수 있으므로 자동제어, 계측, 품질관리 등 모든 산업분야에 활용되고 있다.

(1) 광전센서의 특징

① 비접촉방식으로 물체를 검출한다.

광전센서는 검출 물체와 접촉하지 않고 물체를 검출하므로 검출 물체 등에 물리적 손상이나 영향을 주지 않는다.

② 검출거리가 길다.

광전센서는 검출거리가 수 mm에서 수십 m 정도로 검출센서 중 검출거리가 가장 길다.

③ 검출 물체의 대상이 넓다.

검출 물체의 표면반사량, 투과량 등 빛의 변화를 감지해 물체를 검출하기 때문에 다양한 물체가 검출대상이 된다.

④ 응답속도가 빠르다.

검출매체로 빛을 이용하기 때문에 사람의 눈으로 인식 불가능한 물체의 고속 이동도 검출할 수 있다.

⑤ 물체의 판별력이 뛰어나다.

광전센서에서 사용하는 변조광은 직진성이 뛰어나고 파장이 짧아 물체의 크기, 위치, 두께 등 고정도의 검출이 가능하다.

⑥ 자기(磁氣)와 진동의 영향을 적게 받는다.

광전센서는 광을 매체로 물체를 검출하기 때문에 자기와 진동 등의 영향과는 무관하게 물체를 검출할 수 있다.

⑦ 색체 판별이 가능하다.

색의 특정 파장에 대한 흡수효과를 이용하여 광전센서로 수광되는 반사광량의 차이에 의해 색상의 판별이 가능하다.

(2) 광전센서의 종류

1) 투과형 광전센서

그림 2-23에 나타낸 바와 같이 투광기와 수광기로 구성되며, 설치할 때는 광축이 일치하도록 일직선상에 마주보도록 해야 한다.

동작원리는 광축이 일치하여 있기 때문에 투광기로부터 나온 빛은 수광기에 입사되는데, 만일 검출체가 접근하여 빛을 차단하면 수광기에서 검출신호가 발생한다. 이 투과형 광전센서는 검출거리가 가장 길고, 검출 정도도 높으나 투명 물체의 검출은 곤란하다.

[그림 2-23] 투과형 광전센서

2) 미러반사형 광전센서

그림 2-24에 나타낸 바와 같이 투광기와 수광기가 하나의 케이스로 조립되어 있고, 반사경으로 미러를 사용한다. 동작원리는 투광기와 미러 사이에 미러보다 반사율이 낮은 물체가 광을 차단하면 출력신호를 낸다. 이 형식의 광전센서는 광축 조정은 쉬우나, 반사율이 높은 물체는 검출이 곤란하다.

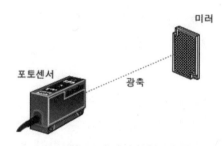

[그림 2-24] 미러반사형 광전센서

3) 직접반사형 광전센서

직접반사형 광전센서는 미러반사형처럼 투광기와 수광기가 하나의 케이스에 내장되어 있으며, 투광기로부터 나온 빛은 검출 물체에 직접 부딪혀 그 표면에 반사하고, 수광기는 그 반사광을 받아 출력신호를 발생시키는 것으로 그 원리를 그림 2-25에 나타냈다.

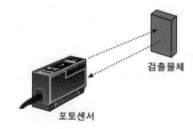

[그림 2-25] 직접반사형 광전센서

4) 화이버형 광전센서

[그림 2-26] 화이버형 광전센서

광전센서는 전원회로, 검출회로, 증폭회로, 표시회로 등이 하나의 프레임으로 구성되어 있으므로 좁은 장소에 설치가 곤란하다. 따라서 검출부를 분리하여 좁은 장소에 설치 가능하도록 개발된 센서가 광화이버 센서, 화이버형 광전센서라 부른다.

광화이버 센서란 광전센서 본체(앰프)의 투·수광부에 광화이버 광학계를 조합시켜 물체의 유무검출 및 마크검출을 할 수 있도록 한 광전센서의 일종으로, 광화이버 케이블의 유연한 성질을 이용하여 광을 목적하는 장소에 자유자재로 보낼 수 있다는 특성 때문에 전용기에서 많이 사용되고 있다.

(3) 출력형식에 따른 종류

광전센서의 출력형태는 무접점 출력과 유접점 출력으로 구분된다. 또한 검출 물체가 있어 물체를 검출한 상태에서 출력이 on되는 노멀 오픈(normal open)형과 물체를 검출하면 출력이 off되는 노멀 클로즈(normal close)형이 있다. 그리고 센서의 전원에 따라서도 DC 전원형과 AC 전원형, 또는 프리 전압용 등의 다양한 종류가 있다.

광전센서에는 수광부에 빛이 입광(light)되면 출력을 on시키거나, 차광(dark)되면 출력을 on시킬 수 있으며 그 관계를 그림 2-27의 타임차트에, 배선 예를 그림 2-28에 나타냈다.

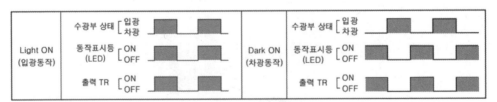

[그림 2-27] 입광동작과 차광동작의 관계

그림 2-28에서 입광 시 on시키려면 백색의 콘트롤선을 0V인 청색선에, 차광 시 on시키려면 +V인 갈색선에 접속해야 한다.

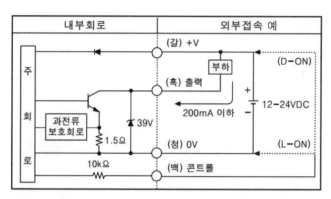

[그림 2-28] NPN 오픈 콜렉터형 광전센서의 배선도 예

03 명령처리용 기기

유접점 제어방식의 명령처리부에서 신호처리를 목적으로 사용되는 기기로는 릴레이, 타이머, 카운터 등이 있다.

1 릴레이(relay)

릴레이란 KS 명칭으로는 전자 계전기(電磁 繼電器)라 하며, 전자코일에 전원을 주어 형성된 자석의 힘으로 가동접점을 움직여서 접점을 개폐시키는 기능을 가진 신호처리기기로서 유접점의 핵심 신호처리기기이면서 PLC 출력모듈의 증폭소자로 사용되기도 하고, 소용량 모터 등의 부하 개폐기로도 사용된다.

(1) 릴레이의 동작원리

릴레이의 동작원리는 그림 2-29에 나타낸 (a) 그림과 같이 초기상태에서는 가동접점이 고정접점 b접점과 연결되어 있으며, 코일에 전류를 인가하면 (b) 그림과 같이 철심이 전자석이 되어 가동접점이 붙어 있는 가동철편을 끌어당기게 된다. 따라서 가동철편 선단부의 가동접점이 이동하여 고정접점 a접점에 붙게 되고, 고정접점 b접점은 끊어지게 된다. 그리고 코일에 인가했던 전류를 차단하면 전자력이 소멸되어 가동철편은 복귀 스프링에 의해 원상태로 복귀되므로 가동접점은 b접점과 접촉한다.

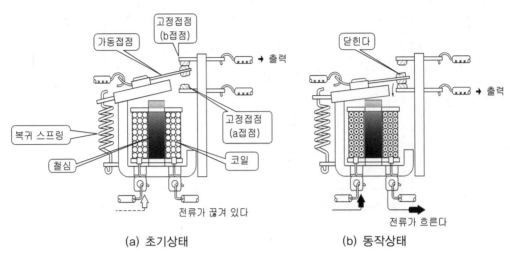

(a) 초기상태   (b) 동작상태

[그림 2-29] 릴레이의 동작원리

이와 같이 전자 릴레이는 코일에 인가되는 전류의 on-off에 따라 가동접점이 a접점
과 또는 b접점과 접촉하여 회로에서의 전기신호를 연결시켜 주거나 차단시키는 역할
을 하는 신호처리기기이다.

(2) 릴레이의 종류

1) 제어용 릴레이(힌지형 릴레이)

제어용 릴레이는 비교적 양호한 환경에서 사용되는 릴레이로, 일반 제어회로의 신
호처리용으로 가장 많이 사용되고 있다. 구조적으로 접점이 힌지점을 가지고 원호운
동을 한다 하여 힌지형 릴레이, 또는 미니츄어 릴레이라고도 하며, 접점수는 2c 또는
4c 접점형이 일반적이며, 접점 용량은 AC 250V, DC 24V 이하에서 정격전류 2.5~
10A 정도이고, 응답시간은 12~15ms 정도로 비교적 빠른 편이다.

(a) 미니츄어 릴레이   (b) 플런저형 릴레이   (c) 기판용 릴레이

[그림 2-30] 릴레이의 종류

2) 플런저형 릴레이

플런저형 릴레이는 플런저형 마그네트를 사용한 전자 접촉기에서 발달된 것으로 IEC 규격에서는 컨덕터형 릴레이라고 명칭되어 있다.

외관은 합성수지 몰드를 사용한 대형의 케이스에 접점부를 구동하는 E형 마그네트 전자석을 많이 사용하고, 절연내력을 양호하게 하기 위해 접점부는 명확히 분리되어 있어 600V에 대응하는 절연거리를 확보하는 것과 정격전류 6A에서 50A까지로 개폐 성능은 정격전류 10배 이상의 전류까지 개폐 가능한 고성능이다. 그리고 외부기기와 접속하는 접점 단자부는 통상 나사단자 구조가 대부분이다.

3) 기판용 릴레이

기판용 릴레이는 구조적으로는 힌지형 릴레이와 동일하나 프린트 기판에 직접 탑재되도록 설계된 박형의 릴레이로, 여자코일의 소비전력은 트랜지스터나 IC 등으로 직접 구동시키도록 1VA 이하가 대부분이다. 접점 용량은 약전 회로용의 mA의 것에서부터 강전 회로용의 250V 15A의 것까지 종류가 다양하다.

(3) 릴레이의 대표적 기능

1) 분기기능

릴레이 코일 1개의 입력신호에 대해 출력접점수를 많게 하면 신호가 분기되어 동시에 몇 개의 기기를 제어할 수 있다. 그림 2-31이 이 예로써 입력신호 1회로에 의해 3개의 출력신호가 얻어진다.

제어 목적으로 사용되는 미니츄어 릴레이는 4c 접점이 주로 사용된다.

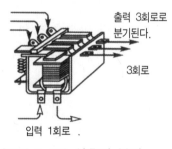

[그림 2-31] 신호의 분기

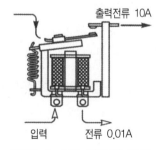

[그림 2-32] 신호의 증폭

2) 증폭기능

릴레이 코일에 흘려지는 전류를 on·off함에 따라 출력접점 회로에서는 큰 전류를 개폐할 수 있다. 즉 코일의 소비전력을 입력으로 할 때 출력인 접점에는 입력의 몇 백 배에 해당하는 전류를 인가할 수 있다. 이 점 때문에 PLC 출력모듈에서 증폭소자로 사용되기도 하고, 제어장치 외부에서 2차 증폭요소로 많이 사용되고 있다.

제어용 릴레이의 경우 코일 정격이 AC 200V인 경우 소비전류는 10mA 정도이고, 접점 용량은 5A 정도이므로 입력에 대한 출력의 증폭효과는 500배라고 할 수 있다.

3) 변환기능

릴레이의 코일부와 접점부는 전기적으로 분리되어 있기 때문에 각각 다른 성질의 신호를 취급할 수 있다. 센서의 출력 +극성을 -극성으로, 60Hz의 주파수를 50Hz의 주파수로 변경할 수 있으며, 그림 2-33은 코일의 입력은 DC 전원으로, 접점의 출력은 AC 전원으로 사용하고 있기 때문에 직류신호를 교류신호로 변환하는 꼴이 된다.

4) 반전기능

그림 2-34의 예에서와 같이 릴레이의 b접점을 이용하면 입력이 off일 때 출력은 on되고, 입력이 on되면 출력이 off되므로 신호를 반전시킬 수 있다.

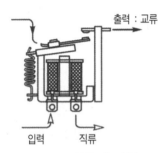

[그림 2-33] 신호의 변환

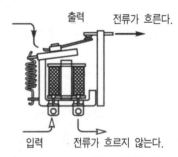

[그림 2-34] 신호의 반전

5) 메모리 기능

릴레이는 자신의 접점에 의해 입력상태의 유지가 가능하여 동작신호를 기억할 수 있다. 이것은 릴레이의 a접점을 사용하여 자기유지회로를 구성함으로써 이 기능이 얻어진다.

실제로 전동기의 구동회로나 싱글 전자밸브의 구동회로는 모두 자기유지회로이다.

(4) 릴레이 선정 시 검토항목과 용어의 설명

릴레이를 선정할 때는 기종의 특성을 살리고 충분한 성능을 얻기 위해서 다음 항목을 충분히 검토하여야 한다.

① 정격전압

코일에 인가하는 조작입력의 기준이 되는 전압으로서 AC에는 110V, 220V용이 있고, DC에는 5, 12, 24V 등이 있다.

② 접점수

릴레이가 가지고 있는 접점의 수를 말하며, 4c 접점형, 2a2b 접점형 등으로 표시한다.

③ 접점 용량

접점의 성능을 나타내는 기준이 되는 값으로 접점 전압과 접점 전류의 조합으로 나타낸다. 1A, 2.5A, 5A, 10A 등으로 나타낸다.

④ 동작시간

릴레이의 응답성을 나타내는 기준값으로 입력에 대한 출력의 지연시간을 말한다. 12ms, 15ms 등으로 나타낸다.

⑤ 설치방법

릴레이를 사용하기 위해 설치하는 방법은 그 릴레이의 접점단자 형식에 따라 결정되어지는데, 릴레이의 접점단자 형식에는 크게 프린트 기판 취부형, 플러그 인형, 나사 취부형 등이 있다.

프린트 기판 취부형은 말 그대로 기판에 장착한 후 납땜을 하여 사용하는 형식이고, 플러그 인형은 릴레이 전용의 소켓에 장착한 후 터미널 등을 이용하여 배선하는 방식이다. 나사 취부형은 릴레이를 직접 판넬에 고정하여 사용하는 형식을 말한다.

(5) 릴레이 소켓의 종류와 배열

릴레이 소켓은 릴레이 핀의 형상과 릴레이 설치방법에 따라 그림 2-35의 종류가 있으며, 핀 단자의 배열은 그림 2-36과 같다.

[그림 2-35] 릴레이 소켓의 종류

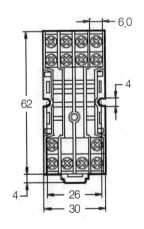

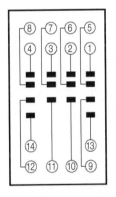

• ①, ②, ③, ④번 : b접점 단자
• ⑤, ⑥, ⑦, ⑧번 : a접점 단자
• ⑨, ⑩, ⑪, ⑫번 : c접점 단자
• ⑬, ⑭번 : 코일 전원 단자

[그림 2-36] 릴레이 소켓의 핀 배열

(6) 도면기호 작성법

릴레이를 회로도에 나타낼 때에는 코일과 접점을 각각 분리해서 나타내며, 코일은 원으로 나타내고 문자기호는 R로 표시한다.

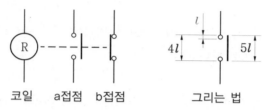

[그림 2-37] 릴레이의 도면기호 작성법

(7) 회로의 동작원리

그림 2-38의 회로도는 시동 스위치 조작으로 릴레이 코일을 구동하여 자기유지시키고 릴레이의 a접점과 b접점에 의해 램프를 각각 on, off시키는 회로도로 동작원리는 다음과 같다.

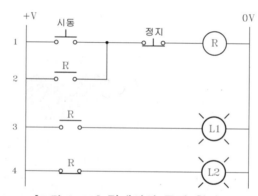

[그림 2-38] 릴레이의 동작 원리도

① 초기상태에서 1열의 시동 스위치가 a접점이므로 릴레이 코일 R은 off 상태여서 2열과 3열의 a접점은 열려 있어서 램프 L1은 소등상태에 있고, b접점으로 연결된 4열의 L2는 점등되어 있다.

② 시동 스위치 PB를 누르면 정지 스위치가 b접점이므로 릴레이 코일 R이 동작(여자)한다.

> +V 전원 → 시동 스위치 PB on → 정지 스위치 b접점 → R코일 → 0V 전원

③ ②의 동작에 의해 2열의 a접점이 닫혀 자기유지가 성립되고, 3열의 a접점도 닫혀 램프 L1이 점등한다.

> ● +V 전원 → R(a)접점 on → 정지 스위치 b접점 → R코일 → 0V 전원
> ● +V 전원 → R(a)접점 on → L1 램프 점등 → 0V 전원

④ ②의 동작에 의해 4열의 b접점이 열리므로 램프 L2가 소등된다.

+V 전원 → R(b)접점 off → L2 램프 소등 → 0V 전원

⑤ 시동 스위치에서 손을 떼도 2열의 자기유지 라인에 의해 동작상태는 계속 유지되고, 정지 스위치를 on하면 릴레이 코일이 복귀됨에 따라 접점도 초기상태로 복귀되어 ①의 상태로 된다.

(8) 실제 배선도

앞서 설명한 릴레이의 동작회로에 선번호를 부여한 회로가 그림 2-39의 회로이다. 이 회로에서 릴레이 관련 부분만 릴레이 소켓에 배선한 것이 그림 2-40이다.

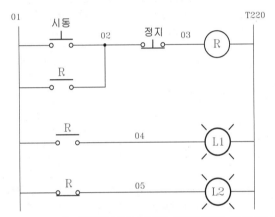

[그림 2-39] 선번호가 부여된 릴레이의 동작회로

[그림 2-40] 릴레이 소켓에 전기배선을 실시한 예

2 타이머

시간처리요소 타이머는 타임 릴레이(time relay)라고도 하며, 입력신호가 주어지고 설정시간 경과 후에 출력 접점을 on, off시키는 신호처리기기로서 타임제어의 주된 신호처리기기이다.

타이머는 시간을 만들어내는 원리에 따라 전자식, 모터식, 계수식, 공기식 타이머가 있으며, 표 2-6은 이 4가지 타이머의 특징을 비교 정리한 것이다.

[표 2-6] 타이머의 종류와 특성

분 류	전자식 타이머	모터식 타이머	계수식 타이머	공기식 타이머
조작전압	AC 110, 220V DC 12, 24, 48V 등	AC 110V 220V	AC 110V 220V	AC 110, 220V DC 12, 24, 48V 등
설정시간	0.05~180초	1초~24시간	5~999.9초	1~180초
시한 특성	ON, OFF	ON	ON	ON, OFF
설정시간 오차	±1~3%	±1~2%	±0.002초	±1~3%
수명	길다	보통	길다	짧다

특징	• 고빈도, 단시간
	  설정에 적합
	• 소형
		• 장시간 사용에 적합
		• 온도차에 따른 오차
		  가 없다.
			• 고정도용
			• 동작의 감시 가능
				• 정밀하지 않은 짧은
				  시간의 타이밍용

(1) 전자식 타이머

전자식 타이머는 콘덴서 C와 저항 R의 직렬 또는 병렬회로에서의 충전 또는 방전에 소요되는 시간을 이용한 것으로, CR식 타이머라고도 한다.

그림 2-41은 on 딜레이 타이머의 원리로 입력을 on시키면 가변저항에 의해 제한된 전류가 콘덴서 충전되고, 시간이 경과되어 콘덴서의 전위가 일정 레벨까지 도달되면 출력신호를 내어 내장된 릴레이를 on시켜 접점을 동작시키는 원리이다.

설정시간은 저항값이나 콘덴서 용량에 의해 결정지어지는데 통상 조정이 용이한 저항값의 조절로 실시한다.

전자식 타이머는 아날로그 타이머라 하기도 하며, 크기에 따라 릴레이 소켓에 장착하여 사용하는 소형과 원형 핀 소켓에 사용하는 일반형이 있다. 아날로그 타이머의 외관 사진은 그림 2-42에 나타냈다.

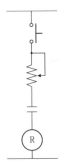

[그림 2-41] CR식 타이머의 원리도

[그림 2-42] 아날로그 타이머

(2) 계수식 타이머

계수식 타이머는 입력전원의 주파수를 반도체의 계수회로에 의해 계수하여 0.1초, 1초, 10초, 100초의 각 단에서 주파수를 체감하여 시간을 얻어내고 외부 스위치에 설정된 값과 계수값이 일치하면 출력을 내는 원리로서, 디지털 타이머라고도 한다.

마이컴 회로에 의해 주파수를 미분·적분하여 시간을 만들어내므로 정밀도가 높고 디지털 표시가 용이하기 때문에 판넬 전면에 시간의 감시가 용이하다는 장점이 있으나 아날로그 타이머에 비해 가격이 고가이다.

(3) 용도별 타이머

타이머에는 용도에 따라 많이 사용되고 있는 것으로는 전동기의 감압 기동법의 하나인 Y-△ 기동회로에 사용되는 그림 2-44의 Y-△ 타이머가 있고, 그림 2-45와 같은 플리커 회로에서 on시간과 off시간 설정을 위해 사용되는 플리커 타이머나 트윈 타이머 등이 있다.

[그림 2-43] 디지털 타이머　　**[그림 2-44] Y-△ 타이머**　　**[그림 2-45] 트윈 타이머**

(4) 동작형태에 따른 타이머의 종류

타이머에는 동작형태에 따라 설정시간 경과 후에 출력이 on되는 온 딜레이(on-delay)형과 반대로 입력을 on시키면 출력이 on되어 있다가 설정시간 후에 출력이 off되는 오프 딜레이(off-delay)형이 있으며, 이 양자의 기능을 합해 놓은 온-오프 딜레이형 등이 있다. 이들의 접점기호와 그 동작관계를 표 2-7에 나타냈다.

[표 2-7] 타이머의 접점과 동작차트

명 칭	접점기호	동 작
코일		
순시 a접점		
순시 b접점		
on 딜레이 a접점		
on 딜레이 b접점		
off 딜레이 a접점		
off 딜레이 b접점		

(5) 타이머에 관한 용어 설명과 선정 시 주의사항

① 반복 정밀도

타이머의 선정 시에 설정시간 오차에 따른 적합한 기종을 선정하는 것도 중요하지만, 선정된 타이머의 반복 정밀도도 제어용 타이머로서 중요하다.

$$반복오차 = \frac{\frac{1}{2}(실측\ 최대치 - 실측\ 최소치)}{최대\ 눈금치} \times 100\%$$

② 전압 특성과 허용범위

조작전압이 변동될 때 특성 변화와 그 특성이나 동작을 보증하는 전압의 허용범위이며, 허용전압 변동범위는 일반적으로 정격전압의 약 85~110%이다.

③ 수명

타이머의 수명에는 기구(機構)의 수명을 표시하는 기계적 수명과 출력 접점의 수명을 나타내는 전기적 수명으로 분류된다. 전기적 수명은 접점의 개폐전압, 전류, 부하조건 등에 따라 변화하지만 통상 문제가 되는 것은 기계적 수명이다.

④ 서지전압 특성

모터식이나 공기식 타이머는 크게 문제되지 않으나 전자식 타이머에서는 서지전압에 대한 보호가 타이머의 성능은 물론 수명을 좌우하는 요인이므로 선정 시에는 서지전압에 대한 내량(耐量)을 확인할 필요가 있다.

⑤ 복귀시간

타이머의 복귀시간이 지나치게 늦으면 반복 사용 시 입력을 제거한 후, 다시 동작하는 시간이 짧으면 타이머가 완전히 초기화되지 않고 동작되어 문제가 발생한다. 특히 CR식 타이머에서는 콘덴서의 방전시간이 있어 복귀 후 일정 시간의 정지시간이 필요하다.

(6) 타이머 소켓 배선 실제

타이머 소켓에서 소형 타이머인 타이밍 릴레이는 릴레이 소켓과 동일하게 사용하며, 일반 타이머는 그림 2-46에 나타낸 플러그 핀 소켓을 사용하는데 8핀 소켓과 11핀 소켓 두 종류가 있다.

타이머의 핀 접속도는 타이머 프레임 측면에 인쇄되어 있으며, 8핀 소켓용 접속도 예를 그림 2-47에 나타냈다.

[그림 2-46] 8핀 타이머 소켓과 11핀 타이머 소켓

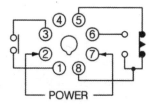

[그림 2-47] 8핀 타이머의 접속도

3 카운터

카운터(counter)는 입력신호의 여부에 따라 수(數)를 계수하는 신호처리기기를 말하는 것으로, 공작기계나 자동화 기기 등에서 기계의 동작횟수 카운트나 생산수량 카운트의 목적으로 사용된다.

[그림 2-48] 카운터

(1) 구조에 따른 카운터의 종류

1) 전자(電子) 카운터

각 기능의 구성요소에 IC, 트랜지스터, 마이콤 등을 주요소로 한 카운터로서, 접점의 개폐신호는 물론 무접점의 펄스를 계수할 수 있는 방식이다. 기능이 많고 수명이 길며, 고속 동작이 가능하므로 대부분 이 전자 카운터를 사용한다.

2) 전자(電磁) 카운터

내장된 전자석의 흡인력에 의해 계수기의 구조를 구동하는 카운터로, 리밋 스위치나 광전센서의 릴레이 접점에 의한 신호로 계수하는 방식을 말한다. 사용이 간편하고 가격이 비교적 싸지만, 수명이 짧고 고속 계수가 불가능하므로 점차 사용이 줄어들고 있다.

3) 회전식 카운터

외부에서 물리적인 힘을 가해서 계수기의 구조를 직접 구동하는 방식을 말한다.

(2) 기능에 의한 분류

1) 토탈(total) 카운터

계수치를 표시하는 표시 전용의 카운터로서, 적산 카운터라고 부르기도 한다.
생산량 및 사용량 등의 적산 표시에 주로 사용되고 있다.

2) 프리셋(preset) 카운터

계수치를 표시하는 것 외에도 미리 설정한 값(프리셋 값)까지 계수하였을 때 제어출력을 내보내는 카운터이다. 설정치는 1단, 2단이 주로 사용되고 있으며, 그 이상의 기능을 가진 것도 있다.
정량, 정수 등의 각종 계수 제어회로에 사용되고 있다.

3) 메저(measure) 카운터

계수치를 표시하는 것 외에도 1개의 입력신호에 대해 n개의 숫자를 증가시키고 싶은 경우나, n개의 입력신호에 대해서 1씩 숫자를 계수하고 싶은 경우에 사용되는 카운터를 말한다.

(3) 계수방식에 의한 분류

1) 가산식 카운터

0에서부터 시작하여 입력신호가 입력될 때마다 1씩 증가하는 카운터로 현재값이 설정값이 되면 출력을 내는 카운터이다.

2) 감산식 카운터

설정값의 수치에서부터 시작하여 입력신호가 입력될 때마다 1씩 감소시켜 현재값이 0이 되면 출력을 내는 카운터를 말한다.

3) 가감산식 카운터

가산과 감산을 1대에 조합시킨 카운터로 0에서 시작하는 형식과 소정의 수치에서 시작하는 형식이 있다.

(4) 카운터에 관한 용어 이해

① 펄스(pulse)

짧은 주기의 on-off신호를 말하며, 정상상태로부터 진폭이 변화하여 유한의 시간만큼 지속된 후 원래의 상태로 복귀하는 파형을 말한다.

② 카운트(count)

펄스를 가하여 계수하는 것

③ CPS(Count Per Second)

계수속도를 표시하는 단위로, 초당 펄스수를 말한다.

④ 듀티비(duty ratio)

계수 입력신호의 on 시간과 off 시간의 비율을 말한다.

⑤ 최고 계수속도(maximum counting speed)

듀티비가 1 : 1인 입력펄스로 카운터를 동작시켰을 때 미스 카운트가 생기지 않고 출력부가 확실히 동작하는 범위를 정한 계수속도의 최고치를 말한다.

⑥ 카운트 업(count up)

카운트 된 수치가 설정치에 이르러 출력부가 동작하는 상태를 말한다.

⑦ 접점신호 입력

리밋 스위치, 누름버튼 스위치, 릴레이 등의 접점에 의한 신호입력을 말한다.

(5) 카운터 접속도

카운터는 주로 판넬 전면에 장착하여 사용되므로 소켓 배선보다 카운터에 나있는 접속단자로 배선한다.

카운터의 접속 배선도는 카운터 프레임 측면에 인쇄되어 있는데 그림 2-49는 오토닉스사 FX 카운터의 접속도를 나타낸 것이고, 그림 2-50은 카운트 입력으로 센서를 사용했을 때 접속관계를 보인 것이다.

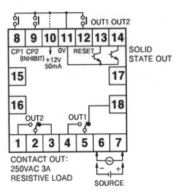
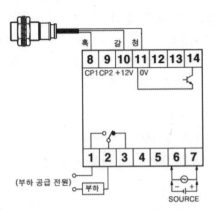

[그림 2-49] FX 카운터 접속도   [그림 2-50] 카운터 배선 예

04 표시 · 경보용 기기

표시 · 경보용 기기는 기기의 동작상태나 시스템의 운전상황 등을 표시 · 경보하기 위한 기기로서 각종의 램프나 LED, 벨, 부저, 판넬메타 등이 있다.

1 표시등(pilot lamp)

전원 표시등, 운전 표시등, 정지 표시등, 비상정지 표시등, 정회전 표시등, 역회전 표시등 등의 목적으로 사용되는 표시등은 시각을 통해 인식할 수 있도록 상태를 표시해 주는데, 광원으로는 일반적으로 백열전구나 LED가 사용된다.

[그림 2-51] 표시등

사용 전원전압과 취부외경 등으로 규격을 나타내고 램프의 형상에는 원형과 사각형이 있으며, 색상에는 녹색, 적색, 황색, 주황색, 흰색 등이 주로 사용되고 있다.
표 2-8은 표시등의 색상에 따른 기능과 문자기호 관계를 나타낸 것이다.

[표 2-8] 표시등의 색상과 기능 관계

램프 색상	기 능	문자기호 및 설명
적색	운전 중 점등 표시	RL, 장비가 정상운전을 하면 점등
녹색	정지 중 점등 표시	GL, 장비가 정상운전에서 정지하면 점등
황색	장비 이상 시 점등(고장)	YL, 장비의 고장이나 이상 시 점등
백색	전원 표시	WL, 전원이 투입되면 점등
주황색	장비 고장 시 점등(경보)	OL, 장비 이상 시 점등하면서 경보울림 및 표시

2 LED 표시등

광원으로 LED(Light Emission Diode)를 사용한 것으로 LED란 전류가 흐르면 광을 발생시키는 소자로 정방향의 전류에 대해서만 작동한다. 발광 다이오드는 백열전구에 비해 저전압, 저전류로 발광하는데, 발광량은 적으나 응답이 빠르고 수명이 길다는 장점이 있다.

크기가 소형이면서 주로 제어장치나 기기에 조립되어 동작상태 등을 표시해 주는 기기로 많이 사용된다.

3 벨과 부저

벨이나 부저는 기계나 장치에 트러블이 발생되었을 때나 소정의 동작이 종료했을 때 그 상태를 작업자에게 알리는 경보기기이다.

벨은 주로 중대한 고장이나 화재와 같은 위험한 경보용으로 사용되며, 부저는 경미한 고장이나 작업완료 경보용 등으로 사용된다.

그림 2-53은 표시·경보용 기기의 도면기호를 나타낸 것이다.

[그림 2-52] 각종 부저

(a) 표시등   (b) 부저   (c) 벨

[그림 2-53] 표시·경보용 기기의 도면기호

4 판넬메타

(1) 전압 측정용 판넬메타(Volt-Meter)

판넬 전면에 장착하여 회로의 인가전압을 표시하는 메타의 일종이다. 동력을 사용하는 제어반의 경우는 반드시 전압을 확인 점검할 수 있는 이 볼트메타를 사용하는 것이 일반적이다.

볼트메타에는 측정 전압의 표시만 하는 기능의 표시 전용 볼트메타와 전압의 상한값이나 하한값을 설정하여 전압이 변동하여 상하한 값에 도달되면 출력을 내는 1단 또는 2단 설정 출력형이 있다.

즉, 볼트메타는 다음과 같은 종류로 분류된다.

① 측정 전원에 따라 : AC 전압계, DC 전압계
② 기능에 따라 : 표시 전용, 1단 설정용, 2단 설정용
③ 측정범위에 따라 : 10V, 50V, 100V, 300V, 500V
④ 크기에 따라 : 48×24mm, 72×36mm, 96×48mm

그림 2-54는 볼트메타의 사진을 나타낸 것이고, 그림 2-55는 접속도를 나타낸 것이다.

[그림 2-54] 볼트메타

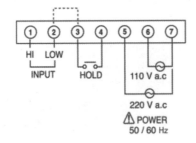

[그림 2-55] 볼트메타의 접속도 예(한영NUX BS6)

(2) 전류 측정용 판넬메타(Ampere-Meter)

볼트메타와 더불어 판넬 전면에 장착하여 회로의 인가 전류를 표시하는 메타의 일종이다. 동력을 사용하는 제어반의 경우는 반드시 전류를 확인 점검할 수 있는 이 암페어 메타를 사용하는 것이 일반적이다.

[그림 2-56] 암페어 메타

암페어 메타에도 측정 전류를 표시만 하는 기능인 표시 전용 암페어 메타와 전류의 상한값이나 하한값을 설정하여 전압이 변동하여 상하한 값에 도달되면 출력을 내는 1단 또는 2단 설정 출력형의 종류가 있으며, 크기별 종류도 볼트메타와 동일하다.

전류의 측정은 전압의 측정과 달리 직렬 측정이기 때문에 측정 전류가 5A 이하인 경우는 그림 2-57과 같이 전류계를 설치하여 전류를 측정하고, 측정 전류가 5A 이상인 경우는 전류 변환기(CT)를 사용하여 전류를 측정한다.

전류 변환기의 선정은 예를 들어 측정 전류가 300A인 경우는 300/5A의 전류 변환기를 선정하고, 전류계는 5A/300A를 선정하면 된다.

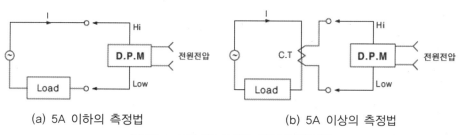

(a) 5A 이하의 측정법   (b) 5A 이상의 측정법

[그림 2-57] 전류계의 전류측정방법

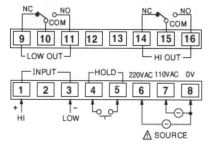

[그림 2-58] 2단 설정용 전류계의 배선 예(오토닉스사 M4W2P)

(3) 회전계(Tachometer)

인적·물적 자원 절감 및 능률 향상은 생산기계나 설비에 주어진 영원한 주제이다. 또 기계에 따라서는 최대 효율로 운전해야 하는 속도가 정해져 있다. 따라서 기계가 현재 어떤 조건에서 운전되고 있는지 알 필요가 있고, 이때 기계의 운전속도 중 하나인 회전수를 측정하는 계측장치를 회전계라 한다.

[그림 2-59] 회전계

회전계는 마이컴 회로에 의해 측정 물체가 1회전하는 데 소요되는 시간을 측정하여 이 측정시간의 역수를 구하여 연산을 하는데, 이와 같은 연산방식을 주기측정 연산방식이라 한다.

회전계는 종류에 따라 단순히 회전속도(rpm)만을 표시해주는 표시 전용과 목표치의 회전수가 되는 상한치와 하한치 등을 설정하여 기계의 회전수가 정해진 범위를 초과하면 그에 대응되는 적절한 조치를 할 수 있는 제어기능 내장형이 있다.

또한 회전계에 이용할 수 있는 센서로는 근접 스위치, 광전센서, 치차센서, 로터리 엔코더 등이 있으며, 회전계의 일반적인 용도는 다음과 같다.

① 일반 산업기계 및 각종 회전물체의 회전수를 측정하여 회전 감시 및 제어
② AC, DC 모터의 회전 감시 및 제어
③ 데이터에 의한 상한·하한치 설정에 의한 이상 경보 출력 및 제어

(4) 속도계(Line Speed Meter)

[그림 2-60] 속도계

속도계란 생산라인의 속도를 계측하는 제어기기로서, 생산라인에서 생산수량 측정이나 각종 물류속도의 감시 및 제어를 위해 사용된다.

측정원리는 앞서 설명한 회전계와 동일한 주기측정 연산방식에 의해 이루어지고, 측정된 데이터를 내부의 마이컴 회로에 의해 연산하여 디스플레이 장치에 의해 표시되는데, 그 단위는 분당 진행거리인 [m/min]이 사용된다.

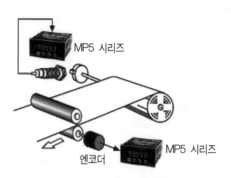

[그림 2-61] 속도계의 측정원리

속도계는 그림 2-61에 나타낸 바와 같이 각종의 검출센서(근접 스위치, 광전센서, 로터리 엔코더)에 의해 구동축의 회전수를 측정하고, 미리 설정된 롤러의 원주값을 기초로 속도를 표시해 준다.

일례로 그림에서 롤러의 원주거리가 628mm이고 회전수가 12rpm이라 하면, 628×12=7,536mm/min이 되므로 이 값이 회전계에 표시된다.

속도계의 일반적인 용도는 다음과 같다.

① 일반 산업기계 및 각종 물류의 속도 감시 및 제어
② 생산라인의 생산수량 측정
③ 컨베이어류, 필름류, 종이류, 전선류 및 각종 시트류 등 연속 생산라인 생산품의 생산속도 측정

그 밖의 판넬 전면에 장착되어 각종 상태를 측정 표시하는 메타에는 장비의 기동시간을 관리하기 위한 시간기록계(hour meter), 온도를 측정하여 표시하는 온도 표시계, 습도를 표시하는 습도 표시계 등이 있다.

05 구동용 기기

구동용 기기는 명령처리부의 제어명령에 따라 제어대상을 구동시키는 것으로, 제어대상을 조작하기 위해 파워를 증폭시키거나 변환시키는 기능 외에도 안전대책, 비상대책을 도모하는 것이 그 목적이다. 제어대상의 조작에 있어서는 제어대상의 종류, 규모, 조작량의 종류에 따라 구동용 기기에 요구되는 역할이 다양하다.

표 2-9는 실제로 요구되는 각종 조작량에 대해서 구체적인 조작명령의 구분을 나타
낸 것이다.

[표 2-9] 제어대상에 대한 구동용 기기와 명령의 구분

제어대상 (액추에이터)	구동기기 (신호변환, 증폭기기)	제어신호	최종 제어량
유공압 실린더	전자 밸브	유체	변위 (힘)
전동 액추에이터	전자 접촉기 SSR	전기	
전동기	전자 개폐기 인버터	전기	속도
유공압 모터	전자 밸브	유체	
전자 밸브	릴레이 전자 접촉기	전기	유량 (압력)
마스터 밸브	파일럿 밸브	유체	
전열선(히터)	전자 접촉기 SSR TPR	전기	열량 (온도)
열교환기	전자 밸브	전기	

1 전자 접촉기(Electro Magnetic Contact)

[그림 2-62] 전자 접촉기

전자 접촉기는 전동기나 저항부하의 개폐에 널리 사용되고 있는 기기이다. 원리상
으로 보면 플런저형 릴레이이며, 큰 개폐전류와 고 개폐빈도, 긴 수명이 요구되기 때
문에 전자석의 충돌 시 충격 완화, 접점면에 아크(arc) 잔류 방지 등 구조상 배려가
되어 있는 릴레이의 일종이다.

전자 접촉기는 가동접점과 고정접점으로 구성되는 접촉자부, 조작코일과 철심으로 구성되는 전자석부로 구성되어 있으며, 릴레이와 가장 큰 차이점은 부하 개폐용의 주접점과 자기유지나 인터록을 위한 보조접점이 있다는 것이다.

전자 접촉기는 코일의 종류에 따라 교류형과 직류형으로 구별되며, 주접점의 극수에 따라 2극형, 3극형, 4극형으로 나뉜다. 용도별로는 표준형 전자 접촉기 외에도 모터 정역회전용으로 기계적 인터록이 결합된 가역형 전자 접촉기, 정전기억용의 래치형 전자 접촉기, 순간정전이나 전압강하에도 접촉기가 떨어지지 않는 지연석방형 전자 접촉기 등이 있다. LS산전과 현대중공업, 대륙, 상원, 동아전기, 진흥전기사 등에서 제조 출시하고 있다.

(1) 전자 접촉기의 주요 구조

① 케이스

합성수지로 몰드한 것으로 각 구성품을 취부하는 역할을 한다.

② 전자코일

코일을 보빈에 여러 번 감은 것으로, 이 코일에 전류를 흐르게 하여 플런저를 전자석으로 만드는 역할을 한다. AC 코일과 DC 코일 두 종류가 있다.

③ 플런저

전자코일에 의해 형성된 자력으로 가동철편을 움직여 주접점과 보조접점을 가동시키는 역할을 한다.

④ 주접점

주회로의 전류를 개폐하는 부분으로 고정접점과 가동접점을 조합하여 한 쌍이 되며, 통상 3개의 a접점 형식인 3극형이 가장 많으며, 단상 회로의 부하 개폐용인 2극형과 4회로 개폐용인 4극형도 있다.

⑤ 보조접점

자기유지나 인터록 접점, 전자 접촉기 동작신호 전송용 등의 제어회로 전류를 개폐하는 접점을 말하며, 1a1b 접점 형식과 2a2b 접점 형식이 주종이다.

⑥ 접점 스프링

가동접점을 누름으로써 고정접점과의 접촉압력을 얻는 역할을 한다.

⑦ 복귀 스프링

전자코일에 전류가 차단되었을 때 고정접점에 흡착되어 있는 가동접점을 초기 상태로 되돌리는 역할을 한다.

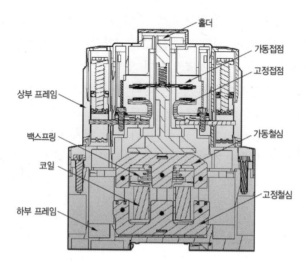

[그림 2-63] 전자 접촉기의 구조

(2) 전자 접촉기의 표시법

전자 접촉기의 특성은 개폐 용량, 개폐 빈도, 수명 등으로 표시하며, 표시기호는 그림 2-64에 나타낸 바와 같이 코일은 원으로 그리고 문자기호는 MC로 나타내며, 접점에는 주접점과 보조접점이 있는데 양자를 구별하여 표시한다.

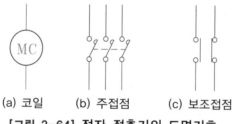

(a) 코일 (b) 주접점 (c) 보조접점

[그림 2-64] 전자 접촉기의 도면기호

(3) 설치 및 사용 환경

전자 접촉기를 부하 용량에 최적인 것을 선정하는 것도 기술적으로 중요하지만 그 설치와 사용 환경 조건을 지키는 것도 중요한 기술이라 할 수 있다.

① 전자 접촉기의 설치장소는 건조하고 진동이 적은 장소에 부착하여야 한다.
② 전자 접촉기의 부착은 수직부착을 원칙으로 하며, 각 방향으로 ±30°까지 사용 가능하다.
③ 횡부착이나 수평부착의 경우에는 정상부착 상태에 비하여 수명 저하나 각종 특성이 저하되는 현상이 발생할 수 있으므로 가급적 피해야 한다.
④ **주위 온도** : 기준 20℃, 범위 −25~+40℃, 단 1일 24시간 평균치가 35℃를 초과하지 않아야 한다.

⑤ 제어반 내의 최고 온도 : 55℃
⑥ 습도 : RH 45~85%, 단 급격한 온도 변화로 결로하지 않아야 한다.
⑦ 내진동 : 10~55Hz 2G 이하
⑧ 내충격 : 5G 이하

(4) 가역형 전자 접촉기

[그림 2-65] 가역형 전자 접촉기

가역형 전자 접촉기란 일반 전자 접촉기 2대를 신뢰성 높은 기계적 인터록 유닛을 이용하여 조합 구성한 것으로서 모터의 정역운전과 역상제동 및 상용, 비상용 절환용 등에 사용하는 전자 접촉기이다.

가역형 전자 접촉기로 모터의 정역회전 운전에서와 같이 서로 상반된 동작의 경우는 좌우 전자 접촉기의 내측(기계적 인터록 측)의 b접점으로 전기적 인터록을 병행하여 사용하는 것이 안전상 필요하다.

그림 2-66은 가역형 전자 접촉기의 기계적 인터록 유닛의 동작원리도로, (a) 그림은 두 개의 전자 접촉기가 모두 off 상태로 복귀 스프링에 의해 레버 선단이 개방상태로 있다. 한 쪽의 전자 접촉기가 동작되면 (b) 그림과 같이 크로스바에 의해 레버핀

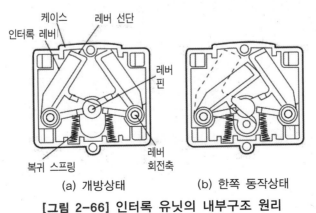

[그림 2-66] 인터록 유닛의 내부구조 원리

이 아래로 내려가면서 인터록 레버가 회전축을 중심으로 회전하여 레버 선단이 상호 교차되므로 다른 쪽 전자 접촉기가 여자되더라도 레버 선단이 교차되어 있어 동작을 못하게 하는 원리이다.

(5) 전자 접촉기의 각부 명칭

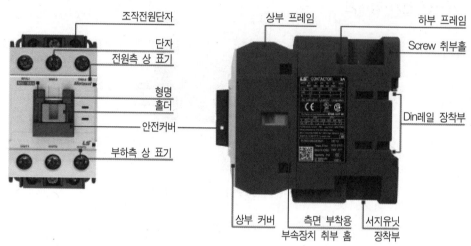

[그림 2-67] 전자 접촉기의 각부 명칭

(6) 전자 접촉기의 형명 표시 예

전자 접촉기의 형식 표기법은 제조사마다 약간의 차이는 있으나 대부분 그림 2-68 과 같이 표기하고 있다.

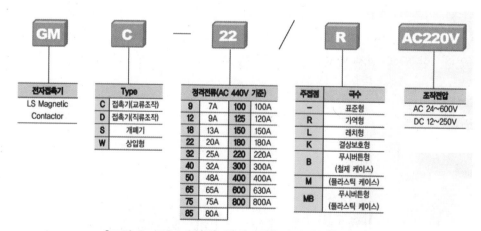

[그림 2-68] LS산전 전자 접촉기의 형명 표기법

2 전자 개폐기(Electro Magnetic Switch)

전자 개폐기는 전자 접촉기에 과전류 보호장치를 부착한 것으로, 주로 전동기 회로를 규정 사용 상태에서 빈번히 개폐하는 것을 목적으로 사용되며, 차단 가능한 이상 과전류를 차단하여 보호하는 것을 목적으로 한다.

과전류 보호장치로는 열동형 계전기와 전자식 과전류 보호기(EOCR)를 주로 사용하고 있다.

전자 개폐기는 제작 시점부터 하나의 몸통으로 조립되어 나온 것도 있으나 그림 2-69에 나타낸 바와 같이 전자 접촉기의 주회로 단자에 열동형 계전기를 직결하여 사용하기도 한다.

(전자 접촉기) + (열동형 계전기) = (전자 개폐기)

[그림 2-69] 전자 개폐기

여기서 열동형 계전기(熱動形 繼電器)란 그림 2-70에 나타낸 구조로, 주로 전동기의 과부하로 인한 소손을 방지하는 목적으로 사용되며, 서멀 릴레이(Thermal Relay)라고도 한다.

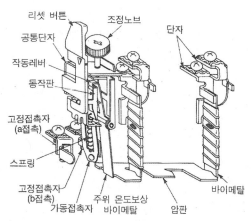

[그림 2-70] 열동형 계전기의 내부 구조도

주요 구조는 스트립형의 히터와 바이메탈(bimetal)을 조합한 열동 소자 및 접점부로 구성되는데 히터로부터의 열을 바이메탈에 가하고, 그 열팽창의 차이로 완곡하는 작용으로 접점이 개폐되게 되어 있다.

[그림 2-71] 전자 접촉기에 열동 계전기가 조립되어 배선된 예

3 인버터

[그림 2-72] 인버터 사진

(1) 인버터의 정의

회전용 동력원으로 많이 사용되고 있는 교류 농형 유도 전동기는 회전자의 구조가 간단하고 견고하며, 가격이 저렴하고 보수도 용이하므로 모든 산업분야에서 가장 많이 사용되고 있다.

그러나 교류 유도 전동기는 직류 전동기에 비해 가변속 운전이 어려워 대부분은 상용전원으로 일정하게 회전시키는 용도에 한정되게 사용하고, 기타의 제어에는 각종 제어기구 및 조절장치를 병행 사용하거나 DC 모터, 서보 모터 등에 의존하는 경향이 었다. 다만, 이와 같은 시스템에서는 시스템의 복잡성과 에너지 손실, 소모, 보수, 설치 등의 문제점을 안고 있기 때문에 이 점을 해소하기 위해 90년대 중반에 유도 전동기의 가변속 제어기술의 개발에 의해 탄생한 것이 인버터이다.

인버터는 전기적으로는 직류전력을 교류전력으로 변환하는 전력 변환기로서, 직류로부터 원하는 크기의 전압 및 주파수를 갖는 교류를 발생시키는 장치이다. 즉 인버터란 상용전원으로부터 공급된 전력을 받아 자체 내에서 전압과 주파수를 가변시켜 전동기에 공급함으로써 전동기의 속도를 고효율로 제어하는 일련의 제어기를 말한다.

(2) 인버터의 구성과 원리

[그림 2-73] 인버터의 구성원리도

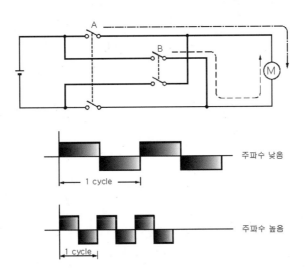

[그림 2-74] 인버터부에 직류를 교류로 변환하는 원리

인버터는 그림 2-73에 나타낸 바와 같이 컨버터(converter)부와 인버터(inverter)부 및 제어회로부로 구성되어 있다.

외부의 상용전원을 컨버터가 받아 직류전원으로 변환하고, 평활회로부에서 리플(ripple)을 제거한 후 다시 인버터부에서 교류로 변환하여 교류전력인 전압과 주파수를 제어한다.

교류를 직류로 변환하는 순변환장치를 컨버터라 하고, 직류를 교류로 변환하는 역변환장치를 인버터라 하는데, 범용 인버터 장치에서는 컨버터부도 포함된 장치 전체를 일컬어서 인버터라 한다.

인버터는 제어된 직류전원을 교류전원으로 만드는 장치인데 그 기본원리는 그림 2-74와 같다. 그림의 예는 단상 브리지 회로로서 직류전력을 2개의 스위칭 작용에 의해 교류전력으로 변환하는 과정을 나타낸 것이다. 그림의 회로에서 A 스위치를 on시키면 모터에는 일점쇄선의 화살표 방향으로 전류가 흐르게 되고, B 스위치를 on시키면 점선의 화살표 방향으로 전류가 흐르게 된다. 즉 A, B 2개의 스위치를 번갈아 on-off하면 모터에는 화살표로 나타내는 일점쇄선과 점선의 방향으로 전류가 번갈아 흐르는데 이것이 교류이다.

이와 같이 인버터는 직류를 교류로 변환하는 과정에서 전압과 주파수를 변화시키는데 주파수를 on-off하는 시간을 바꾸는 것에 따라서 주파수를 가변한다. 예를 들면 A 스위치를 0.5초 on, B 스위치를 0.5초 on시키는 동작을 반복하면 1초 동안에 1회 방향이 반전한 교류, 즉 주파수가 1Hz인 교류가 되는 것이다.

(3) 인버터의 사용 목적

① 에너지 절약

팬이나 펌프 등의 요구 유량조절이나 교반기 등에서 부하상태에 따라서 회전수를 최적으로 제어함으로써 구동전력의 절감, 자동화 장치나 반송기의 정지 정밀도 향상, 라인속도의 제어 등에 의해 에너지 절약을 실현할 수 있다.

② 제품 품질의 향상

제조에 가장 적합한 라인속도의 실현과 가공에 최적한 회전속도를 제어함으로써 제품 품질이 향상된다.

③ 생산성 향상

제품 품종에 맞는 최적의 속도를 실현하고 고속운전 등에 의해 생산성이 향상된다.

④ 설비의 소형화

고속화에 의한 설비의 소형화와 운전상태를 고려한 기계사양에 의한 여유율을 줄임으로써 소형화가 실현된다.

⑤ 승차감의 향상

엘리베이터나 전동차 등에서 부드러운 가감속 운전에 의해 승차감을 향상시킬 수 있다.

⑥ 보수성의 향상

기계에 무리를 주지 않고 기동과 정지, 무부하 시의 저속운전 등에 의해 설비의 고장이 적고 수명이 연장된다.

(4) 인버터 적용 시 얻어지는 이점

① 가격이 싸고 보수가 용이한 유도 전동기를 가변속 운전으로 사용할 수 있다.

② 유도 전동기의 가변속 제어로 DC 모터를 사용할 때 브러시나 슬립링 등이 필요 없어 보수성과 내환경성이 우수하다.

③ 연속적인 광범위 가감속 운전이 가능하다.

④ 가감속 운전에 의해 시동전류가 저하된다. – 직입(전전압) 기동 시 발생하는 시동전류를 억제함으로써 직입 기동 시에 발생하는 전원 전압강하의 대책이 된다.

⑤ 시동과 정지가 소프트하게 이루어지므로 기계설비에 충격을 주지 않는다.

⑥ 회생제동이나 직류제동에 의한 전기적 제동이 용이하다.

⑦ 1대의 인버터로 여러 대의 전동기를 운전하는 병렬운전이 가능해진다.

⑧ 운전효율이 높아진다.

⑨ 고속운전이 가능해진다.

⑩ 전력이 절감되므로 에너지를 절약할 수 있다.

⑪ 회전속도 제어에 의한 품질이 향상된다.

⑫ 공조설비의 적절한 제어에 의해 쾌적한 환경을 만들 수 있다.

(5) 인버터 용량 선정법

적용 전동기	단상 200V 계열	3상 200V 계열	3상 400V 계열
0.4kW (0.5HP)	SV004iG5A-1	SV004iG5A-2	SV004iG5A-4
0.75kW (1HP)	SV008iG5A-1	SV008iG5A-2	SV008iG5A-4
1.5kW (2HP)	SV015iG5A-1	SV015iG5A-2	SV015iG5A-4
2.2kW (3HP)		SV022iG5A-2	SV022iG5A-4
3.7kW (5HP)		SV037iG5A-2	SV037iG5A-4
4.0kW (5.4HP)		SV040iG5A-2	SV040iG5A-4
5.5kW (7.5HP)		SV055iG5A-2	SV055iG5A-4
7.5kW (10HP)		SV075iG5A-2	SV075iG5A-4
11.0kW (15HP)		SV110iG5A-2	SV110iG5A-4
15.0kW (20HP)		SV150iG5A-2	SV150iG5A-4
18.5kW (25HP)		SV185iG5A-2	SV185iG5A-4
22.0kW (30HP)		SV220iG5A-2	SV220iG5A-4

[그림 2-75] LS산전의 인버터 형식

인버터의 기종은 모터의 용량에 맞게 제작되므로 일반적인 인버터의 선정은 모터의 정격출력에 해당되는 인버터 기종을 선정하면 된다.

그림 2-75는 LS산전의 인버터 형식 예를 나타낸 것이다. 1마력 전동기인 정격이 0.75kW의 경우 3상 220V인 경우는 SV008iG5A-2를 사용하고, 3상 380V인 경우에는 SV008iG5A-4모델을 사용하면 된다.

다만 특수 전동기나 여러 대의 전동기를 1대의 인버터로 병렬운전하는 경우에는 전동기 정격전류 합계의 1.1배가 인버터의 정격 출력전류 이하가 되도록 선정하여야 한다. 또한 큰 시동토크가 필요할 때 토크 부스트를 조정하여도 충분하지 않은 경우에는 인버터의 용량을 한 단계 높은 기종으로 선정하는 것이 좋으며, 가감속 시간을 짧게 하는 경우에도 인버터 용량을 한 단계 높이는 것이 좋다.

(6) 인버터의 설치 및 배선
1) 인버터 설치 시 주의사항
① 인버터는 진동이 없고 중량에 견딜 수 있는 평면의 설치면에 볼트로 흔들림 없이 수직으로 설치하여야 한다.

② 인버터는 사용 중 고온이 되므로 난연성 재질면에 설치하여야 한다.

③ 인버터는 발열체이므로 열 포화 현상을 막기 위해 다른 기기나 벽면과는 최소 100mm 이상 거리를 두어야 한다.

④ 인버터의 수명은 주위 온도에 큰 영향을 받으므로 설치하는 장소의 주위 온도가 허용온도 -10~50℃를 초과하지 않도록 하여야 한다.

⑤ 여러 대의 인버터를 설치할 경우 상·하로 설치하는 것은 피하여야 한다.

2) 배선 시 주의사항
① 배선을 하기 전에는 반드시 인버터 전원이 꺼져 있는지 확인하여야 한다.

② 운전 후 인버터 전원을 차단했을 때는 인버터 표시부가 꺼지고 나서 약 10분 후에 배선하여야 한다.

③ 전원과 전동기 출력단자는 절연 캡이 있는 압착단자를 사용하여야 한다.

④ 배선 시 인버터 내부에 전선조각이 들어가지 않도록 하여야 하며, 시운전 전에 전선조각이나 찌꺼기가 남아 있는지 반드시 확인하여야 한다.

⑤ 전체적인 배선길이는 200m 이내가 되도록 하여야 한다.

(7) 인버터 운전법

1) 키패드에 의한 운전법

구 분	표 시	기능 명칭	기능 설명
KEY	RUN	운전 키	운전 지령
	STOP/RESET	정지/리셋 키	STOP : 운전 시 정지 지령, RESET : 고장 시 리셋 지령
	▲	업 키	코드를 이동하거나 파라미터 설정값을 증가시킬 때 사용
	▼	다운 키	코드를 이동하거나 파라미터 설정값을 감소시킬 때 사용
	▶	우 시프트 키	그룹 간의 이동이나 파라미터 설정 시 자릿수를 우측으로 이동할 때 사용
	◀	좌 시프트 키	그룹 간의 이동이나 파라미터 설정 시 자릿수를 좌측으로 이동할 때 사용
	●	엔터 키	파라미터 값을 변경할 때나 변경된 파라미터를 저장하고자 할 때 사용
LED	FWD	정방향 표시	정방향 운전 중일 때 점등한다.
	REV	역방향 표시	역방향 운전 중일 때 점등한다.
	RUN	운전중 표시	가감속 중인 경우 점멸하며, 정속인 경우는 점등한다.
	SET	설정중 표시	파라미터를 설정 중에 점등한다.

[그림 2-76] 인버터 키패드(로더)와 그 기능

인버터에는 파라미터 설정이나 운전상황 모니터링을 위한 키패드가 장착되어 있으며, 이 키패드(로더라고도 함)를 직접 조작하여 인버터를 운전-정지할 수 있다.

이 운전법은 시운전에 앞서 모터의 회전방향 확인이나 각종 운전조건의 파라미터 값이 올바르게 설정되었는지 확인하기 위한 운전법이며, 때때로 간단한 제어인 경우 운전-정지의 조작을 이 키패드로 실시하는 경우도 있다.

2) 단자대 입력에 의한 운전

릴레이 회로나 PLC의 회로로 운전-정지나 정회전-역회전, 비상정지 등의 명령신호를 인버터의 단자대에 입력하여 운전하는 방법으로 많이 사용되는 운전법이다.

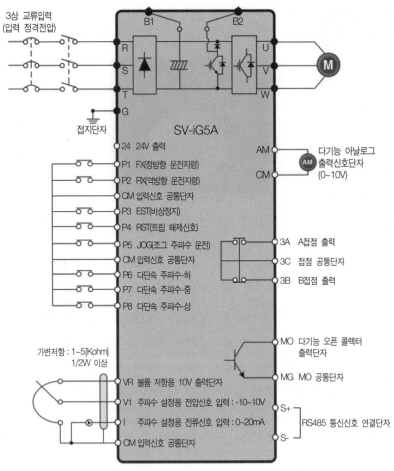

[그림 2-77] 인버터 결선도 예

① 단자대의 기능

　㉠ R, S, T는 인버터 전원 입력단자이다. 차단기를 통해 인버터가 허용하는 전원 규격 범위 내의 정격전압을 연결한다.

　㉡ U, V, W단자는 인버터의 출력단자로 모터와 연결하는 단자이다.

　㉢ B1, B2는 모터 정지 시 감속하지 않고 긴급제동 시 사용하는 제동저항을 연결하는 단자이다. 긴급제동을 하지 않을 때에는 반드시 접속할 필요는 없다.

　㉣ G는 인버터 접지단자로서 용량에 따라 3종 접지나 특3종 접지를 실시한다.

　㉤ P1~P8까지의 단자는 다기능 입력단자이다. 정회전 지령, 역회전 지령, 비상정지, 조그, 리셋, 다단속 지령신호를 접속하기 위한 단자이다.

ⓑ CM은 접점 공통단자이다.

ⓐ VR은 외부 볼륨 저항용 전원단자이다.

ⓞ VI는 전압 운전용 입력단자이다.

ⓩ I는 전류 운전용 입력단자이다.

ⓩ AM은 다기능 출력단자이다.

ⓣ MO는 다기능 오픈 콜렉터 출력단자이다.

ⓔ MG는 MO 공통단자이다.

ⓟ 3A는 다기능 릴레이 출력 a접점 단자이다.

ⓗ 3B는 다기능 릴레이 출력 b접점 단자이다.

ⓣ 3C는 다기능 릴레이 출력 공통단자이다.

② 정회전-역회전 제어의 예

운전지령과 주파수 지령을 단자대 입력에 의해 정회전-역회전 운전을 하기 위
한 인버터 결선도를 그림 2-78의 회로에 나타냈고, LS산전 iG5계열 인버터의
운전 파라미터 설정법을 표 2-10에 나타냈다.

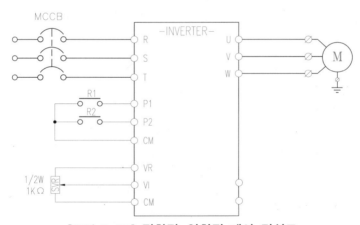

[그림 2-78] 정회전-역회전 제어 결선도

[표 2-10] 정회전-역회전 제어 파라미터 설정표

운전순서	설정항목	코드번호	기능 설명	출하치	변경 후
1	운전지령 설정 (DRV 그룹)	Drv	단자대를 on, off함으로써 전동기의 운전을 제어한다.	1(FX/RX-1) (단자대 운전-1)	1(FX/RX-1) (단자대 운전-1)
2	아날로그 입력 설정 (DRV 그룹)	Frq	가변저항으로 주파수를 조절하도록 변경한다.	0(keypad-1) (키패드 지령)	3(V1:0~10V) (아날로그 전압지령)
3	가감속 시간 설정 (DRV 그룹)	ACC dEC	가속시간은 ACC에서 10sec로, 감속시간은 dEC에서 20sec로 설정한다.	5sec(가속) 10sec(감속)	10sec(가속) 20sec(감속)

운전순서	설정항목	코드번호	기능 설명	출하치	변경 후
4	정방향 운전 설정 (P1 : FX)	I17	초기치는 FX(정운전)로 되어 있으며, 필요에 따라 다른 기능으로 선택할 수 있다(매뉴얼, 카달로그 참조).	FX (정운전)	FX (정운전)
5	역방향 운전 설정 (P2 : RX)	I18	초기치는 RX(역운전)로 되어 있으며, 필요에 따라 다른 기능으로 선택할 수 있다(매뉴얼, 카달로그 참조)	RX (역운전)	RX (역운전)

③ 다단속 운전 예

최대 주파수를 80Hz로 올려 고속운전을 하고 다단속 입력 단자대를 이용하여 저속, 중속, 고속의 3단계 운전을 하기 위한 인버터 결선도를 그림 2-79에 나타냈다.

다단속 운전을 위해서는 다단속 단자대에 명령지령을 위한 신호입력이 필요하고 파라미터에서 각 주파수를 설정하여야 하며, 여기서는 저속을 20Hz, 중속을 50Hz로, 고속을 80Hz로 설정하였다. 이때는 인버터 최고 주파수를 변경하여야 하며 그 예를 표 2-11의 파라미터 설정표로 나타냈다.

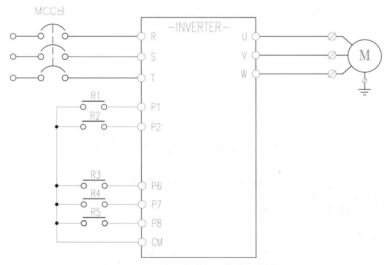

[그림 2-79] 다단속 제어 결선도

[표 2-11] 다단속 제어의 파라미터 설정표

운전순서	설정항목	코드번호	기능 설명	출하치	변경 후
1	최대 주파수 변경 (FU1 그룹)	F21	최대 주파수를 변경한다.	60Hz	80Hz
2	저속 설정 (DRV 그룹)	st1	저속(다단 1속)의 주파수를 설정한다.	10Hz	20Hz
3	중속 설정 (DRV 그룹)	st2	중속(다단 2속)의 주파수를 설정한다.	20Hz	50Hz
4	고속 설정 (I/O 그룹)	I30	고속(다단 4속)의 주파수를 설정한다.	30Hz	80Hz
5	정방향 운전 설정 (P1 : FX)	I17	초기치는 FX(정운전)로 되어 있으며, 필요에 따라 다른 기능으로 선택할 수 있다(매뉴얼, 카달로그 참조).	FX (정운전)	FX (정운전)
6	역방향 운전 설정 (P2 : RX)	I18	초기치는 RX(역운전)로 되어 있으며, 필요에 따라 다른 기능으로 선택할 수 있다(매뉴얼, 카달로그 참조).	RX (역운전)	RX (역운전)

④ 통신에 의한 운전법

인버터는 PLC는 물론 PC나 FA 컴퓨터 등과 RS-485나 이더넷, 프로피버스, 디바이스넷 통신을 통해 인버터의 운전, 모니터링, 파라미터 읽기, 쓰기를 할 수 있다.

PLC와 인버터의 통신 운전을 위해서는 PLC에 통신모듈이 장착되어 있어야 하며, 통신방식에 따라 통신모듈 1매당 16대 또는 32대의 인버터를 접속하여 약 1,200m까지 전송할 수 있기 때문에 여러 대의 인버터가 분산 설치되어 있는 경우라면 PLC 통신에 의한 운전이 경제적일 수 있다.

4 SSR

유접점의 전자 릴레이가 전자력에 의한 동작으로 이루어지는 방식인 반면 SSR은 기계적인 가동접점 구조가 없는 무접점 릴레이로서, 반도체 스위칭 소자를 합성수지로 몰딩된 상태로 스위칭이 이루어지는 방식으로 완전히 고체화된 전자 개폐기이다.

SSR(Solid State Relay)은 전자 릴레이에 비해 신뢰성이 높고 수명이 길며, 노이즈(EMI)와 충격에 강하고, 소신호로 동작하며 응답속도가 빠른 우수한 특성을 지니고 있어 산업기기, 사무기기 등의 광범위한 분야에서 정밀제어 시 사용하기에 적합하다.

[그림 2-80] SSR의 외관

(1) SSR의 원리

SSR 입력 측에 동작전압(pick-up 전압) 이상의 높은 신호가 인가되면 포토커플러가 동작하여 트리거 회로에 의해 스위칭 소자(TRIAC 또는 SCR 등)가 턴-온되어 출력 측에 전류가 흐르고, 입력전압이 복귀전압(drop-out 전압) 이하의 낮은 신호가 되면 스위칭 소자가 턴-오프된다.

여기에서 포토커플러는 광결합 소자로서 신호전달 및 1, 2차 간 절연유지 회로이며, CR Snubber는 on/off시 전압 상승률(dV/dt) 및 과도전압을 억제하여 스위칭 소자를 보호하기 위한 회로이다.

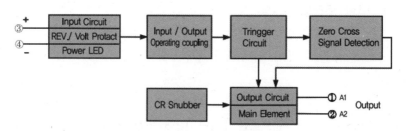

[그림 2-81] SSR의 제어계 구성도

(2) SSR의 특징

① 완전한 고체형이다(solid state).

유접점의 릴레이와 같이 전자력에 의한 기계적인 동작으로 접점이 동작하는 방식이 아닌 전자 소자에 의한 무접점 동작으로 일반 릴레이에서의 아크 발생이나 채터링, 접점 바운싱이 일어나지 않고, 고 신뢰도와 긴 수명을 가지고 있으며 내부는 합성수지 몰딩되어 동작음이 전혀 없다.

② 포토커플러로 입출력 사이의 절연

SSR 입력과 출력의 전기적 절연을 위해 포토커플러를 사용하여 입력과 출력 사이를 절연시키고, 부하 측의 노이즈가 입력 측으로 전달되는 것을 차단한다.

③ 소신호 동작

광소자 결합으로 입력신호에 저전압, 저전류를 인가해도 SSR이 동작하므로 DTL, TTL, C-MOS 및 선형 IC 등으로도 직접 구동할 수 있다.

④ 제로 크로스 기능 회로 내장

제로 크로스(zero cross) 회로 내장형은 SSR 입력 측에 신호가 인가되어도 부하전원 전압의 영점 부근에서 스위칭이 이루어지기 때문에 턴-온 시 돌입전류 및 노이즈(EMI)를 억제시킨다.

⑤ 위상제어 가능

전자 릴레이는 턴-온 시간이 길고 채터링이 발생하여 위상제어가 불가능한 반면 SSR은 스위칭이 빠르고 위상제어가 가능하다.

⑥ 수지 몰딩화

난연성 수지로 완전 몰딩되어 습기, 먼지, 가스 등에 영향을 받지 않으며 진동이나 충격 등에도 강하다.

⑦ 높은 신뢰성

반도체 스위치 사용으로 아크, 서지 등의 노이즈 발생 및 동작음이 없으며, 전자 릴레이와 달리 기계적인 접점 마모가 없어 수명이 길고 신뢰성이 높다.

[표 2-12] SSR과 릴레이의 특성 비교

항 목	SSR	전자 릴레이
입력동작전력	수 mW 이하	수 mW~수W
입력전압범위	Free voltage 가능	정격전압 ±10%
부하전원 전압범위	스위칭 소자의 정격에 따름	광범위
절연전압	내전압 2500VAC	고전압
누설전류	수 mA	전혀 없음
제로 크로스 기능	가능	불가능
접점 열손실	접합열 발생	접점 불량 시 발생
동작속도	10ms 이내	15ms 이상
접촉 신뢰성	접촉 불량 없음	접촉 불량 발생
아크 발생	전혀 없음	발생 가능
노이즈, 서지 발생	전혀 없음	유도부하 시 발생
수명	반영구적	수 십만 회
동작음	전혀 없음	있음
습기, 먼지, 가스	영향 없음	접촉 불량, 폭발의 원인
진동, 충격	강함	오동작, 파괴의 원인

(3) SSR의 응용 분야

SSR은 히터 부하나 모터 부하, 솔레노이드 부하를 주로 on-off시키는 개폐기 용도로 주로 사용되며, 다음과 같은 산업분야에서 많이 사용된다.

① 공장 자동화(FA) 설비

전기로, CNC 공작기계, 시퀀스 제어기, 공작기계, 항온기, 초음파 세척기 등

② 교통/조명제어기

교통신호기, 철도신호기, 전광표시판, 디머 컨트롤 등

③ 사무 자동화(OA)

컴퓨터 주변기기, 복사기, 팩스 등

④ 가정 자동화(HA)

에어컨, 냉장고, 식기세척기, 전자레인지 등

⑤ 기타

엘리베이터, 자동문, 의료기, 사진현상기 등

(4) SSR 배선 예

SSR은 크게 극수에 따라 단상형과 3상형으로 제작되고, 입력전원에 따라서 AC 전원용과 DC 전원용이 있다.

그림 2-82는 SSR의 배선 예를 나타낸 것이다.

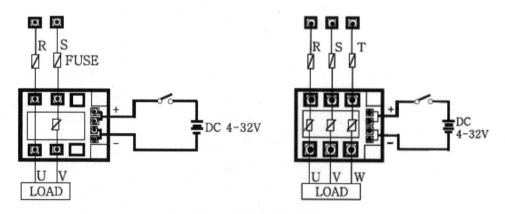

[그림 2-82] SSR의 결선도

5 전력조정기(TPR)

[그림 2-83] TPR의 외관

전력조정기 TPR은 Thyristor Power Regulator의 약자로서, SCR이나 triac과 같은 반도체 소자를 사용하여 부하동력을 제어하는 제어기이다.

히터나 모터 등의 대전력 구동기를 위상제어나 사이클 제어를 통한 전력제어기로서 단독으로 사용하는 경우보다는 온도조절기 등과 같이 사용한다.

(1) TPR의 제어원리

AC 전원은 50Hz나 60Hz의 주파수를 가지고 있는데 60Hz 1/2사이클의 시간은 8.33ms이며 위상각은 0~180°의 값을 가진다. 위상제어 방식은 1/2사이클을 입력신호에 따라 비례적으로 그림 2-84와 같이 분할제어하여 출력시키는 방식으로, AC파형에 따라 아주 미세하게 제어하므로 AC 전원을 직접 제어할 수 있어 AC 모터나 히터, 밸브 등을 비교적 쉽게 제어할 수 있는 특징이 있다.

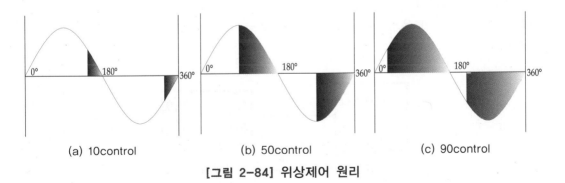

(a) 10control　　　(b) 50control　　　(c) 90control

[그림 2-84] 위상제어 원리

사이클 제어방식이란 부하전원을 일정한 임의 주기 동안에 입력 제어신호에 따라 일정한 비율로 그림 2-85에 보인 것과 같이 on-off주기를 반복하여 부하에 인가되는 전력을 제어하는 방식을 말한다. 이 방식은 부하전원을 on-off할 때 AC의 제로점에서 항상 on 또는 off하므로 위상제어 방식에 비하여 노이즈가 발생하지 않으며, 부하제어 직진성이 양호하다. 그러나 유도성 부하에는 사용할 수 없는 단점이 있다.

표 2-13에 위상제어 방식과 사이클 제어 방식의 특징을 나타냈다.

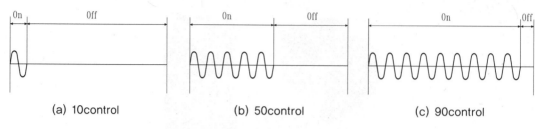

[그림 2-85] 사이클 제어의 원리

[표 2-13] TPR의 제어방식별 특징 비교

항 목	위상제어	사이클 제어
유도성 부하	가능	불가능
저항성 부하	가능	가능
제어 직진성	직진성이 부족함	양호함
노이즈	전자파 및 고조파 발생	전혀 없음
히터의 영향	절연물 파괴의 원인이 됨	전혀 없음
부하계측 제어용	가능함	불가능함
제어회로 구성	복잡함	간단함

(2) 전력제어 방식의 종류

1) on-off 제어방식

그림 2-86과 같이 온도조절계(TIC)와 SSR 또는 전자 접촉기를 사용하여 on-off 제어하는 방식이다.

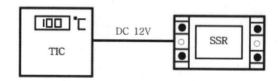

[그림 2-86] on-off 제어원리

2) 아날로그 제어방식

온도조절계(TIC)의 출력값을 컨버터 유닛을 거쳐 SSR을 사용하여 비례제어 방식으로 비교적 저가형으로 구성할 수 있다.

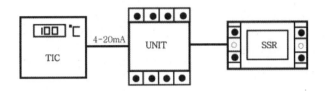

[그림 2-87] 아날로그 제어원리

3) TPR 제어방식

온도조절계(TIC)의 출력값으로 TPR을 구동하여 정밀도 높은 비례제어를 할 수 있다.

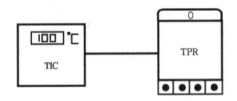

[그림 2-88] TPR 제어원리

6 솔레노이드

[그림 2-89] 솔레노이드

　솔레노이드는 전기식 직선운동 요소로 그림 2-89와 같이 코일을 원통형으로 감은 고정철심과 자성체(금속)로 만들어진 가동철심으로 구성되어 있다. 이 코일에 전류가 흐르면 자계를 발생하여 가동철심과 고정철심이 각각 자석이 되어 코일에 감긴 양에 따라 흡인력이 발생한다.

　자계를 발생시키려 하는 힘을 기자력이라 하며, 이 기자력에 의해 생긴 흡인력이 가동철심의 무게와 스프링 힘의 합보다 크면 고정철심에 흡착한다. 이와 같은 솔레노이드는 솔레노이드 자체만으로 직선운동 액추에이터로도 사용하지만, 유체인 물이나 가스, 공기압이나 유압 등의 유량이나 흐름방향을 제어하기 위한 밸브의 조작력으로도 많이 사용되고 있다.

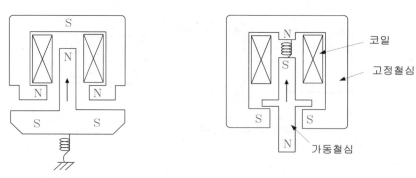

[그림 2-90] 솔레노이드의 구조원리

솔레노이드는 코일의 구동전원에 따라 AC 솔레노이드와 DC 솔레노이드가 있으며, 직류는 전류의 흐름방향이 일정하고 크기도 일정하다. 직류 솔레노이드는 이 직류를 사용하기 때문에 전류를 옴의 법칙으로 계산할 수 있고, 이 전류에 코일의 길이를 곱하면 흡인력이 얻어진다.

$$\text{기자력 } F = \text{권수 } N \times \text{전류 } I\,[\text{AT}] \left(\text{단, } I = \frac{V}{R}\right)$$

따라서 흐르는 전류는 일정하므로 저항치가 변하지 않는 한 흡인력도 일정하게 되지만, 저항치는 온도에 따라 변화하기 때문에 코일의 발열이나 주변 온도가 높아지면 흡인력이 떨어진다.

교류는 시간과 함께 전류의 방향과 크기가 변하는 주파수 50Hz와 60Hz를 사용한다.

유도부하라고 불리는 코일에 전류를 인가하면 인덕턴스 L이라고 불리는 교류에서 생기는 저항이 코일의 직류저항 R보다도 영향이 크다. 이 L은 스트로크(가동철심과 고정철심의 틈새)의 제곱에 반비례하기 때문에 스트로크가 크면 대전류가 흐르게 된다. 따라서 같은 크기의 직류 솔레노이드에 비해 흡인력 특성도 크게 뒤지지 않아 긴 스트로크의 솔레노이드에 적합하다.

7 유공압 전자밸브

(1) 전자밸브의 개요

전자(電磁)밸브란 방향제어 밸브와 전자석(電磁石)을 일체화시켜 전자석에 전류를 통전(on)시키거나 또는 단전(off)시키는 동작에 의해 유체 흐름을 변환시키는 밸브의 총칭으로, 일반적으로 솔레노이드 밸브라 부르기도 한다.

[그림 2-91] 전자밸브

유공압용 전자밸브는 크게 나누어 전자석 부분과 밸브 부분으로 구성되어 있으며, 전자석의 힘으로 밸브가 직접 변환되는 직동식과 파일럿 밸브가 내장된 간접식(파일럿 작동형)이 있다.

(2) 전자밸브의 분류

전자밸브는 포트의 수와 제어위치의 수, 조작방식, 복귀방식, 기타 기능으로 조합되어 분류된다.

[표 2-14] 전자석의 종류에 따른 분류

구 분	종 류	특 징
조작방식	직동형	• 응답성이 좋다. • 소비전력이 크다.
	파일럿형	• 소비전력이 작다. • 응답성이 느리다. • 동작이 조용하다.
전자석의 종류	T플런저형	• 형상이 크고, 소비전력이 크다. • 흡인력이 커서 행정길이를 크게 할 수 있다. • 스풀형의 직동식에 많이 사용된다.
	I플런저형	• 크기가 소형이다. • 파일럿 작동형에 주로 채용된다.
전원의 종류	DC 전원형	• 작동이 원활하다. • 스위칭이 용이하다. • 사용 수명이 길다. • 소음이 적다.
	AC 전원형	• 스위칭 시간이 빠르다. • 흡인력이 세다. • 잡음이 생긴다.

1) 포트(port)의 수에 따른 분류

전자밸브는 배관 연결구의 수가 기본적인 기능으로서, 이를 나타내는 것이 포트의 수이며, 포트수에 따라서 표 2-15와 같은 종류가 있다.

[표 2-15] 전자밸브의 포트의 수에 따른 종류

포트수	내 용
2	공급 포트 1개, 출구 1개
3	공급 포트 1개, 배기 포트 1개, 출구 1개
4	공급 포트 1개, 배기 포트 1개, 출구 2개
5	공급 포트 1개, 배기 포트 2개, 출구 2개

2) 제어위치의 수

제어위치란 유체의 흐름 상태를 결정하는 밸브 본체의 전환위치의 수를 말하며, 유공압 밸브는 보통 2위치와 3위치가 대부분이다.

표 2-16은 포트의 수와 제어위치의 수를 조합한 전자밸브의 종류를 나타낸 것이다.

[표 2-16] 전자밸브의 기능에 의한 분류

포트수	제어위치	접속구의 기능	용 도
2	2	입구(P) 1개와 출구(A) 1개인 밸브	차단밸브
3	2	입구(P) 1개와 출구(A) 1개, 배기구(R) 1개 등 총 3개인 밸브	단동 실린더나 일방향 회전형의 유공압 모터 등의 방향제어
3	3		단동 실린더 등의 중간 정지
4	2	입구(P) 1개, 출구(A, B) 2개, 배기구(R) 1개 등 총 4개인 밸브	복동 실린더나 요동형 액추에이터, 양방향 회전형의 유공압 모터 등의 방향제어
4	3		복동 실린더나 요동형 액추에이터, 양방향 회전형의 유공압 모터 등의 방향제어나 중간 정지
5	2	입구(P) 1개, 출구(A, B) 2개, 배기구(R_1, R_2) 2개 등 총 5개인 밸브	4포트 2위치 밸브와 기능 동일
5	3		4포트 3위치 밸브와 기능 동일

3) 조작방식에 따른 분류

전자밸브에서 유체흐름의 방향을 변환시키거나 차단시키기 위해서는 밸브의 제어위치를 전환시켜야 하고, 밸브의 제어위치를 전환시키는 것을 밸브의 조작이라 한다. 밸브의 조작방식에는 사람의 힘인 인력조작방식과 기계력 조작방식, 공기압 조작방식, 전자조작방식으로 구분되고, 전자조작방식을 전자밸브라 한다.

4) 밸브의 복귀방식에 따른 분류

전자밸브는 조작력이나 제어신호를 제거하면 초기상태로 복귀되어야 한다. 이 조작을 밸브의 복귀방식이라 하며, 유공압 전자밸브의 복귀방식에는 크게 스프링 복귀방식, 공기압 복귀방식, 디텐드 방식 등이 있다.

5) 정상상태에서의 흐름의 형식

전자밸브에 조작력이나 제어신호를 가하지 않은 상태를 그 밸브의 정상상태 또는 초기상태라 한다.

정상위치에서 밸브가 열려 있는 상태를 정상상태 열림형(normally open type)이라 하고, 정상상태에서 닫혀 있는 밸브는 정상상태 닫힘형(normally closed type)이라 한다. 단, 이 구별은 2포트와 3포트 밸브에서만 존재한다.

6) 중립위치에서의 흐름의 형식

유공압 실린더의 중간 정지나 기계의 조정작업을 위해 3위치나 4위치 밸브를 사용하는 경우, 밸브의 제어위치 중 중앙위치를 중립위치라 하며, 공압밸브에는 이 중립위치에서 흐름의 형식에 따라 표 2-17에서 보인 것과 같이 올포트 블록(클로즈드 센터)형, PAB 접속(프레셔 센터)형, ABR 접속(엑조스트 센터)형이 있다.

올포트 블록형은 중앙위치에서 모든 포트가 닫혀 있는 상태이고, PAB 접속형은 중앙위치에서 A, B포트에 압력을 가하고 있으며, ABR 접속형은 중앙위치에서 A, B포트가 배기 포트에 연결되어 모두 배기됨을 의미한다.

(3) 전자밸브의 기호

전자밸브는 방향제어 밸브와 같이 포트의 수나 제어위치의 수, 솔레노이드의 수, 중립위치에서 흐름의 형식, 장착방법에 따라 여러 가지로 분류되며 그 일반적 분류방법에 따른 전자밸브의 종류를 표 2-17에 나타냈다.

[표 2-17] 전자밸브의 일반적 분류와 도면기호

구 분		기 호	내 용
주 관로가 접속되는 포트의 수	2포트 밸브		두 개의 작동 유체의 통로 개구부가 있는 전자밸브
	3포트 밸브		세 개의 작동 유체의 통로 개구부가 있는 전자밸브
	4포트 밸브		네 개의 작동 유체의 통로 개구부가 있는 전자밸브
	5포트 밸브		다섯 개의 작동 유체의 통로 개구부가 있는 전자밸브
제어위치의 수	2위치 밸브	a b	두 개의 밸브 몸통 위치를 갖춘 전자밸브
	3위치 밸브	a b c	세 개의 밸브 몸통 위치를 갖춘 전자밸브
	4위치 밸브	a b c d	네 개의 밸브 몸통 위치를 갖춘 전자밸브

구 분		기 호	내 용
중앙위치에서 흐름의 형식	올포트 블록		3위치 밸브에서 중앙위치의 모든 포트가 닫혀 있는 형식
	PAB 접속 (프레셔 센터)		3위치 밸브에서 중앙위치 상태가 P, A, B포트가 접속되어 있는 형식
	ABR 접속 (엑조스트 센터)		3위치 밸브에서 중앙위치 상태가 A, B, R포트가 접속되어 있는 형식
정상위치에서 흐름의 형식	상시 닫힘 (normal close)		정상위치가 닫힌 위치인 상태
	상시 열림 (normal open)		정상위치가 열린 위치인 상태
솔레노이드의 수	싱글 솔레노이드		코일이 한 개 있는 전자밸브
	더블 솔레노이드		코일이 두 개 있는 전자밸브
조작형식	직동식		한 뭉치로 조립된 전자석에 의한 조작방식
	파일럿 작동식		전자석으로 파일럿 밸브를 조작하여 그 공기압으로 조작하는 방식

(4) 전자밸브의 내부 구조도

그림 2-92는 5포트 2위치 더블 솔레노이드 방식 전자밸브의 구조를 나타냈다. 이와 같은 5포트 전자밸브는 전기-공압제어에서 복동 실린더의 제어나, 공압 모터 또는 공압 요동형 액추에이터의 방향제어에 많이 쓰이고 있으며 동작원리는 다음과 같다.

먼저 (a) 그림은 좌측 솔레노이드에 전류를 인가하였을 때로 플런저가 전자석에 의해 흡인되어 내부 공기통로를 열어 주기 때문에 밸브의 스풀은 공압에 의해 우측으로 밀려 있고, 공기의 통로는 P포트는 A포트에 이어져 있고, B포트의 공기는 R2포트로 배기되고 있는 상태이다. 물론 이 상태에서 솔레노이드에 인가했던 전류를 차단하여도 밸브는 그림상태를 유지한다. 이것은 이 밸브가 플립플롭형의 메모리 밸브이기 때문이다. 또한 좌측 솔레노이드 전류를 차단하고 반대로 우측의 솔레노이드에 전류를 인가하면 (b) 그림과 같이 압축공기는 P에서 B포트로 통하게 되고, A포트는 R1포트를 통해 배기된다.

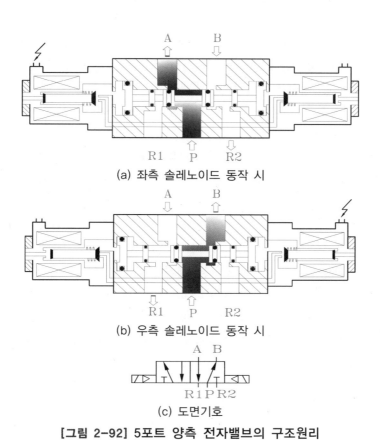

(a) 좌측 솔레노이드 동작 시

(b) 우측 솔레노이드 동작 시

(c) 도면기호

[그림 2-92] 5포트 양측 전자밸브의 구조원리

06 기타 기기

1 배선용 차단기

(1) 배선용 차단기의 개요와 특징

[그림 2-93] 배선용 차단기

131

배선용 차단기(MCCB ; Molded-Case Circuit Breaker)는 저압 배선의 보호를 목적으로 한 차단기이다. 동일한 보호 목적을 가진 퓨즈가 용단 특성의 산포, 재사용의 어려움이 있는데 비해, 배선용 차단기는 개폐기구를 가지며 동작 후에는 리셋 투입에 의해 계속해서 사용할 수 있는 재용성, 과전류에 대한 적합한 보호 성능 산포가 적은 동작 특성을 가지며 또한 큰 차단용량을 갖는 특징이 있다.

그 밖의 용도로는 전자 접촉기만큼의 동작횟수를 가지고 있지는 않으나, 개폐를 그다지 필요로 하지 않는 시동-정지가 적은 특정 용도의 전동기의 조작 및 보호용으로 사용되고 있다.

이와 같은 배선용 차단기는 "전동기의 과부하 보호장치의 설치와 전동기용 차단기의 선정"이란 전기시설 보안에 관한 전기설비기술기준에 의무적으로 설치하도록 규정하고 있는데, 그 내용은 "실내에 시설하는 정격출력이 0.2kW를 넘는 전동기에는 소손(燒損) 방지를 위해 특별한 경우를 제외하고 전동기용 퓨즈, 열동 계전기, 전동기 보호용 배선용 차단기, 유도형 계전기 등의 전동기용 과부하 보호장치를 사용하든지 과부하 시 경보를 발생시키는 장치를 사용하지 않으면 안 된다"이다.

배선용 차단기의 특징은 다음과 같다.

① 소형이면서, 전류용량과 차단용량이 크다.
② 몰드 내에 개폐부, 계전기구부를 내장시킨 데드 프론트 구조이다.
③ 일단 동작하여도 리셋하여 재투입하면 계속해서 사용할 수 있다.
④ 과전류역의 동작 특성은 반한시 특성의 열동요소, 대전류역은 순시동작의 전자요소를 가지며, 보호해야 할 대상의 기기가 요구하는 보호 특성에 합치한 동작 특성을 가지고 있다.

(2) 배선용 차단기의 구조와 동작
① 소호장치
병렬로 배치된 소호 Grid에 의하여 대전류를 차단할 때 접점 간의 아크를 분산·냉각시켜 효과적으로 소호할 수 있는 구조이다.
② 한류작용장치
단락전류에 의한 전자 반발력과 구동구조에 의해 단락 시 회로의 임피던스를 크게 증가시킴에 따라 단락전류 피크치를 크게 한류시킨다.
③ 과전류 트립장치
선로에 이상 과전류가 흐르면 회로를 차단하는 역할을 하며, 열동 전자식과 완전 전자식, 전자식의 세 종류가 있다.
④ 핸들
수동으로 on-off시켜 전원의 투입, 차단동작을 시키며, 사고 전류에 의해 자동

차단 시 핸들은 on과 off의 중간위치에 있게 된다. 차단기가 트립된 경우에는 사고 원인을 제거한 후 핸들을 off로 한번 움직여 리셋시킨 후 on 조작하면 재투입된다.

⑤ 부속장치 부착용 보조커버

내부에 보조접점이나 경보기구 등의 부속장치를 장착할 수 있는 공간으로 옵션의 부속장치를 사용자가 용도에 맞게 구입하여 장착 설치할 수 있다.

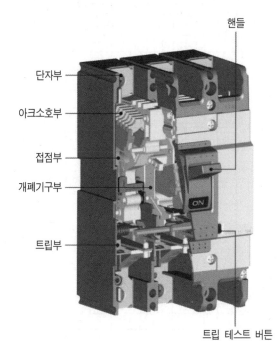

[그림 2-94] 배선용 차단기의 내부구조

(3) 배선용 차단기의 특성 및 성능

1) 과전류 트립 특성

배선용 차단기의 과전류 트립 특성에는 순시 트립 특성, 시연 트립 특성, 단한시 트립 특성의 3종류가 있다.

① 순시 트립 특성

단락전류가 흐르는 경우 순시에 회로를 차단하는 특성으로, 순시 트립 전류 가조정 차단기에는 전자 개폐기나 저압 기중차단기 등과의 동작 협조가 용이하게 얻어지는 이점이 있다.

② 시연 트립 특성

과전류 범위에서는 전류의 크기에 반비례하는 특성을 가지고 있으며, KS C 8321에서는 기준 주위온도(40℃)에 있어서 정격전류의 100%에는 동작하지 않

지만 125%, 200%의 전류에서는 규정된 동작시간 내에서 동작하도록 규정되어
있다.

③ 단한시 트립 특성

저압 배선선로의 선택차단 협조를 고려하여 단시간의 동작시간지연을 갖는 트
립 특성을 말한다.

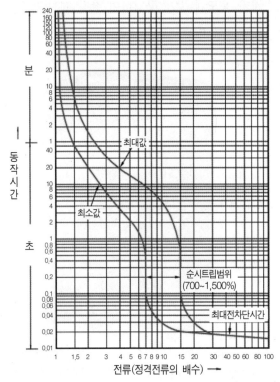

[그림 2-95] 배선용 차단기의 과전류 트립 특성

2) 동작특성곡선

동작특성곡선은 그림 2-95에 나타낸 바와 같이 과전류의 크기와 동작시간의 관계를
나타낸 것이다. 전류의 크기는 동일 프레임 내의 여러 개의 정격전류를 나타내기 때
문에 정격전류에 대한 비율(%)로 나타내고, 동작시간은 차단시간으로 나타내고 있으
므로 동작시간이 그 범위 내에 있는가를 표시한다.

3) 주위온도에 의한 영향

KS, IEC 규격 등에 따라 배선용 차단기의 사용 주위온도는 40℃를 기준으로 하여
조정되어 있다. 열동 전자식의 경우 주위온도가 40℃보다 높게 되는 경우 최소 트립
전류가 감소하게 되고, 40℃보다 낮은 경우에는 증가한다.

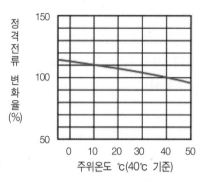

[그림 2-96] 열동 전자식의 주위온도 보정곡선 예

[표 2-18] 주위온도별 정격전류 보정표(LS산전 Metasol MCCB)

Ampere Frame	정격 전류	차단기 형명	정격 전류	사용 주위온도별 정격전류 보정표(A)						
				10℃	20℃	30℃	40℃	45℃	50℃	55℃
30	3	ABS30c	3	3	3	3	3	3	3	3
	5		5	5	5	5	5	5	5	4
	10		10	10	10	10	10	10	9	9
	15		15	15	15	15	15	15	14	13
	20		20	20	20	20	20	19	19	18
	30		30	30	30	30	30	29	28	27
50	40	ABN50c ABS50c	40	40	40	40	40	39	38	36
	50		50	50	50	50	50	49	47	45
60	60	ABS60c	60	60	60	60	60	58	56	55
100	75	ABN100c	75	75	75	75	75	73	71	68
	100		100	100	100	100	100	97	94	91
125	125	ABS125c	125	125	125	125	125	121	116	107
250	150	ABN250c ABS250c ABH250c	150	150	150	150	150	145	140	128
	175		175	175	175	175	175	169	163	150
	200		200	200	200	200	200	193	186	171
	225		225	225	225	225	225	217	209	193
	250		250	250	250	250	250	241	233	214

이것은 바이메탈이 동작하는 온도는 일정한 온도에 도달하면 트립기구부를 해제하게끔 설정되어 있으므로 주위온도가 높게 되는 경우는 작은 과전류로도 동작온도에 달할 수 있기 때문인 것이다. 따라서 그림 2-96에 나타낸 것과 같은 온도보정곡선에 정격전류를 보정하여 선정할 필요가 있다.

(4) 배선용 차단기의 선정법

배선용 차단기를 선정할 때는 부하에 따라 선정기준이 다르다. 예로 전등, 전열회로용 차단기를 선정할 때는 최대 사용 전류가 차단기 정격전류의 80%가 넘지 않도록 하여야 하며, 고주파 성분이 포함된 통전전류는 인버터 입력전류의 약 1.4배의 정격전류이다.

전동기 등을 부하로 하는 회로의 배선용 차단기를 선정할 때는 표 2-19와 같은 방법에 의해 선정한다.

[표 2-19] 전동기 회로용 차단기의 선정

부하의 종류 (I_L : 전동기 이외의 부하전류, I_M : 전동기의 부하전류)	전선의 허용전류 : I_W	차단기의 정격전류 : I_b
$\sum I_M \leq \sum I_L$의 경우	$I_W \geq \sum I_M + \sum I_L$	$I_b \leq 3\sum I_M + \sum I_L$ 또는 $I_b \leq 2.5 I_W$ 두 개의 식 중에서 작은 값으로 한다. 단, $I_W > 100A$일 때 차단기의 표준정격 전류치에 해당하지 않는 경우에는 바로 위의 정격으로 해도 무방함.
$\sum I_M > \sum I_L$, $\sum I_M \leq 50A$의 경우	$I_W \geq 1.25\sum I_M + \sum I_L$	
$\sum I_M > \sum I_L$, $\sum I_M > 50A$의 경우	$I_W \geq 1.1\sum I_M + \sum I_L$	

(5) 배선용 차단기의 설치와 사용상 주의사항

1) 전원 측/부하 측 접속

배선용 차단기의 배선 시 전원 측과 부하 측을 확인하여 접속하여야 한다. 만일 전원 측과 부하 측이 역접속한 경우에는 차단성능이 저하되므로 반드시 정상접속으로 배선하여야 한다.

2) 부착 시 절연거리

배선용 차단기를 부착할 때는 도체부분과의 거리, 인접 차단기와의 거리 등이 제한

되므로 반드시 메이커에서 제공하는 기술적 데이터를 참고하여 규정 치수 이상이 되도록 설치하여야 한다.

3) 부착 각도에 의한 영향

배선용 차단기의 표준 부착은 수직부착이 기준이며, 경사부착이나 역수평부착의 경우에는 동작전류가 변화된다. 특히 완전 전자식에서는 Oil Dash Port 내의 플런저가 받는 중력의 영향으로 부착 각도에 의하여 동작전류가 크게 변화한다.

부착각도 AF	수직	수평	역수평	후경사 15℃	후경사 45℃	전경사 15℃	전경사 45℃
300~100AF	100%	120%	80%	105%	110%	95%	85%

[그림 2-97] 배선용 차단기의 부착 각도에 의한 정격전류 보정률

(6) 배선용 차단기의 보수 및 점검

배선용 차단기를 설치한 후 통전을 실시하기 전에 다음 사항을 점검 실시한 후 전원을 투입하여야 한다.

① 단자 주위에 나사, 가공물, 전선의 절단물 등 도전물이 남아있지 않을 것
② 커버나 케이스에 균열, 파손이 없을 것
③ 커버 및 케이스 단자부에 이슬맺힘이 없을 것
④ 500V 절연저항계로 절연저항(판정기준 5MΩ 이상)을 측정할 것
⑤ 도전 접속부가 확실하게 체결되어 있을 것

[표 2-20] 배선용 차단기의 수명과 교체주기

정 도	환 경	구체적인 예	교환주기(년)
표준 사용 상태	청결하고 건조한 장소	방진, 공조가 된 전기실	약 10~15
	실내에 먼지는 있으나 부식성 가스가 없는 장소	방진, 공조가 안 되는 개별 전기실의 배전반	약 7~10
악환경 상태	아황산, 유화수소, 염분, 고습 등 가스가 포함되고 먼지가 적은 장소	지열발전소, 오수처리장, 제철, 제지, 펄프공장	약 3~7
	부식성 가스, 먼지 등이 특히 많은 장소	화학약품 공장, 채석 광산 등	약 1~3

보수, 점검에 있어서는 차단기의 설치환경에 따라 점검이 필요하며, 차단기의 수명은 설치환경에 영향을 받으므로 전문가의 진단이 필요하나 대체적으로는 표 2-20의 교체주기를 기준으로 한다.

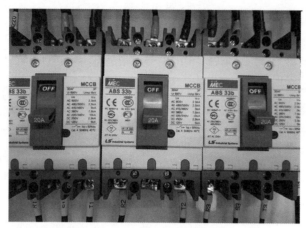

[그림 2-98] 배선용 차단기 설치 배선

(7) 배선용 차단기의 도면기호

배선용 차단기를 전기회로에 나타낼 때에는 문자기호는 MCCB로 나타내며, 도면기호는 그림 2-99에 나타낸 바와 같이 그린다.

그리는 비율은 KS 규격으로 정해져 있으며, 배선용 차단기의 도면기호를 그리는 비율은 그림 2-100과 같다.

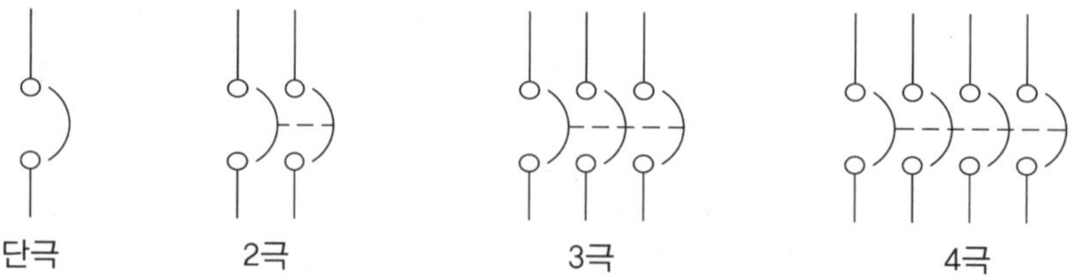

단극   2극   3극   4극

[그림 2-99] 배선용 차단기의 도면기호 표시법

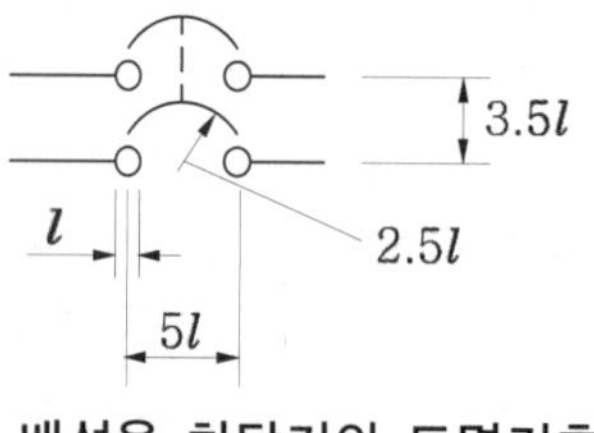

3.5l

l

2.5l

5l

[그림 2-100] 배선용 차단기의 도면기호 그리는 비율

2 누전차단기

누전차단기(ELCB ; Earth Leakage Circuit Breaker)는 전기기기에서 발생하기 쉬운 누전, 감전 등의 재해를 방지할 목적으로 누전이 발생하기 쉬운 곳에 설치하며, 누전이나 감전 등의 이상이 발생하면 지락전류를 검출하여 회로를 차단시키는 안전기기의 일종이다.

누전차단기는 그림 2-101에 그 구조와 구성을 나타낸 바와 같이 배선용 차단기의 구조에 누전검출장치가 내장되어 누전이나 감전 등에 의해 지락전류가 발생하면 누전검출부가 이상전류를 검출하고 2차측으로 유기된 전압이 증폭부(IC)에서 증폭되어 구동부의 사이리스터로 전달되면, 사이리스터가 구동되어 전자장치를 동작시키고 이에 의해 기구부가 열려 회로를 차단하게 된다.

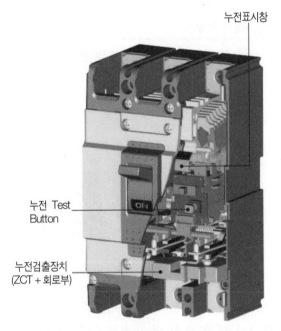

누전표시창
누전 Test Button
누전검출장치 (ZCT + 회로부)

[그림 2-101] 누전차단기의 구조

누전검출부의 원리는 그림 2-102에 나타낸 바와 같이 정상상태에서는 (a) 그림과 같이 누전검출부로 유입되는 전류와 유출되는 전류가 같기 때문에 정상 사용이 가능하지만, 누전이나 감전에 의해 지락전류가 발생되면 (b) 그림과 같이 누전검출부로 들어가는 전류와 나가는 전류에 차이가 발생되므로, 누전검출부의 2차측에 출력이 발생되어 전자회로부에 신호를 전달시켜 기구부를 동작시키게 된다.

누전차단기는 전기회로에 나타낼 때 도면기호는 배선용 차단기와 동일하게 표시하며, 문자기호는 ELCB로 나타낸다.

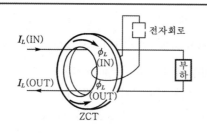

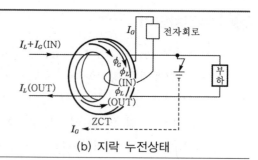

(a) 정상상태	(b) 지락 누전상태
I_L(IN) : ZCT로 들어가는 전류 　　　ϕ_L(IN) → 자속 I_L(OUT) : ZCT에서 나가는 전류 　　　ϕ_L(OUT) → 자속 ϕ_L(IN)과 ϕ_L(OUT)이 같기 때문에 ZCT 2차측에 출력이 발생되지 않아 정상 사용이 가능하다.	I_G : 지락, 누락전류 지락전류(I_G)에 의해서 들어가는 전류와 나가는 전류의 차이가 발생한다. ZCT 2차에 출력을 발생시켜서 출력이 누전차단기의 전자회로부에 전달되어 차단한다.

[그림 2-102] 누전검출부의 동작원리

3 회로보호기

[그림 2-103] 회로보호기

　회로보호기(CP ; Circuit Protector)는 기본적으로 소형의 배선용 차단기라 할 수 있으며, 주로 제어회로 구간의 배선 보호 및 과전류 등을 보호할 목적으로 사용된다.

　회로보호기는 배선용 차단기에 비해 정격전류가 작은 0.3A, 0.5A부터 크게는 20~30A까지 소전류 단위가 제공되고, 차단용량이 3kA 이하로 적고 과전류 동작 특성이 용도에 따라 다양하다.

4 SMPS

　스위칭 모드 파워 서플라이(SMPS ; Switching Mode Power Supply)는 전력용 반도체 소자를 스위치로 사용하여 입력전압을 구형파 형태의 전압으로 변환한 후, 필터를 통하여 제어된 직류 출력전압을 얻는 장치로서, 반도체 소자의 스위칭 프로세서를 이용하여 전력의 흐름을 제어한다. 리니어 방식의 전원공급장치에 비해 효율이 높고 내구성이 강하며, 소형, 경량화에 유리한 안정화 전원장치이다.

[그림 2-104] SMPS

 SMPS의 기본 구성은 교류 입력전원으로부터 입력 정류 평활회로를 통해 얻은 직류 입력전압을 직류 출력전압으로 변환하는 DC-DC 컨버터, 출력전압을 안정화시키는 귀환제어회로 등으로 되어 있다.

 귀환제어회로는 다시 출력전압의 오차를 증폭하는 오차 증폭기, 증폭된 오차와 삼각파를 비교하여 구동펄스를 생성하는 비교기, DC-DC 컨버터의 주 스위치를 구동하는 구동회로 등으로 구성되어 있고, DC-DC 컨버터는 주 스위치와 환류 다이오드, 2차의 저역 통과 필터인 LC 필터 등으로 구성되어 있다. 여기서 DC-DC 컨버터는 전력의 변환을 담당하는 주요 부분으로서 입출력 변환비의 크기 및 회로 구성에 따라 많은 종류의 컨버터로 분류된다.

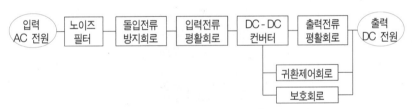

[그림 2-105] SMPS 기본 구성도

5 변압기

[그림 2-106] 변압기

변압기(Transformer)는 전기기기 중에 제일 많이 또한 제일 널리 사용되고 있는 기기이며, 송전(送電)계통이나 배전(配電)계통의 일부로서 교류전압을 승압하거나 강압하여 경제적인 송배전(送配電)을 통하여 산업설비나 공장, 가정에 필요한 전압을 공급하는 용도로 사용된다.

발전소(수력, 화력 및 원자력 등)로부터 발전된 전력을 수용가까지 전달하기 위하여 요구되는 전압, 전류를 직접 보내려면 여러 가지 난점이 있다. 즉 낮은 전압으로는 필요로 하는 대용량의 발전기를 제작할 수가 없으며, 그렇다고 해서 대전류가 흐르는 송배전을 발전소로부터 수백 km 떨어진 전력 수용가까지 건설하는 것은 비경제적인 문제가 된다. 따라서 이러한 전력을 경제적으로 보내기 위하여 여러 가지의 변압기를 각 송배전 단계에서 필요로 하고 있다. 우리나라에서 채택하고 있는 각 단계별 변압 순서는 다음과 같다.

먼저 발전소의 발전에 의해 11~25kV급의 전압을 발전시키며, 이 전압은 발전소용 체승 변압기(Step-up Transformer)로 66kV, 154kV 및 345kV로 승압하여 필요한 지역으로 송전선을 통하여 송전된다.

송전된 전압은 변전소에서 체강 변압기(Step-down Transformer)를 통해 154kV 혹은 23kV급으로 강압시켜, 배전선로와 연결되어 공장 및 큰 빌딩에 전력을 공급하게 된다. 이와 같이 각 단계에서 여러 종류의 크고 작은 용량의 변압기가 사용된다.

(1) 변압기 원리 및 구조

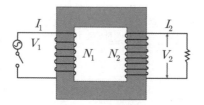

[그림 2-107] 변압기의 원리

그림 2-107과 같이 1개의 철심(코어)에 2개의 권선(winding)을 감고 한쪽 권선에 교류전압을 인가하면 교번 자기력이 발생한다. 이 교번 자기력선속이 다른 권선을 지나가면 전자유도작용에 의해서 권선에 유도 기전력이 발생하고, 권선에 유도되는 기전력의 크기는 감은 횟수에 비례한다. 전원 측에 접속하는 권선을 1차 권선(primary winding), 부하 측에 접속하는 권선을 2차 권선(secondary winding)이라 한다.

1차 권선에 교류전류를 흘리면 철심을 통과하는 자속이 변화하게 되어 전자유도작용에 의한 유도 기전력이 2차 권선에 발생된다. 이때 유도 기전력은 자기회로를 통과하는 자속의 변화 속도와 양쪽에 감겨 있는 권수에 따라 달라진다.

1차 측의 주파수를 일정하게 하면 2차 측도 같은 주파수가 된다. 2차 권선수가 1차 권선수보다 적으면 2차 전압이 1차 전압보다 낮게 된다. 반대로 2차 권선수가 많으면 1차 전압보다 2차 전압이 커진다. 전자를 강압기(step-down transformer)라 하고, 후자를 승압기(step-up transformer)라 한다.

2차 권선에 흐르는 전류의 양은 연결된 부하에 따라 달라지며 2차 전류에 의해 1차 전류가 달라진다. 변압기는 1차 권선에 공급된 전력을 최소의 손실로 2차 권선에 전달하는 전기기기이다.

강압기인 경우 전압은 1차 측이, 전류는 2차 측이 크다. 전압, 전류, 권수 사이의 관계를 나타낸 것이 다음의 식이고, 이 식을 권수비(turn ratio) 또는 변압비(transformer ratio)라 부른다.

$$\frac{V_1}{V_2} = \frac{N_1}{N_2} = \frac{I_2}{I_1}$$

여기서, V_1 : 1차 전압[V]

V_2 : 2차 전압[V]

N_1 : 1차 권선수[회]

N_2 : 2차 권선수[회]

I_1 : 1차 전류[A]

I_2 : 2차 전류[A]

변압기는 전원의 상수에 따라 단상과 3상 변압기로 나뉘며, 철심의 구조에 따라 내철형, 외철형, 권철심형으로 나뉜다. 또한 권선 하나로 1차와 2차를 공동으로 사용하는 단권 변압기가 있는데, 이는 변압비가 2보다 작은 범위 내에서 승압 및 강압을 할 때 효율이 좋아 가정용 전압 조정기로 사용된다.

(2) 전원의 종류

1) 단상 2선식(110V, 220V)

일반 가정용으로 주로 사용하며, 2차 결선방식에 따라 110V/220V의 전압이 유도된다.

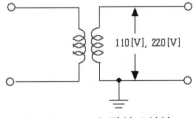

[그림 2-108] 단상 2선식

2) 단상 3선식(110V, 220V)

일반 가정의 전등 부하 또는 소규모 공장에서 사용하며, 한 장소에 두 종류의 전압이 필요한 경우에 채택한다. 단점으로는 중성선이 단선되면 부하가 적게 걸린 단자(저항이 큰 쪽의 단자)의 전압이 많이 걸리게 되어 과전압에 의한 사고 발생 위험이 있다.

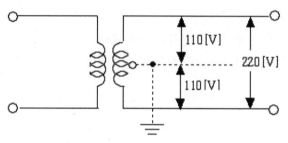

[그림 2-109] 단상 3선식

3) 3상 3선식(220V)

1대 고장 시 V결선이 가능하여 고압 수용가의 구내 배전설비에 많이 사용한다. 선전류가 상전류의 배가 되는 결선법으로 전류가 선로에 많이 흐르게 되므로 배전선로의 결선방식으로는 거의 사용하지 않는다.

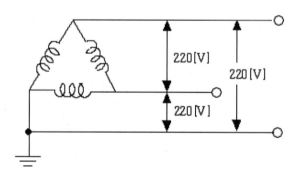

[그림 2-110] 3상 3선식

4) 3상 4선식(220V, 380V)

동력과 전등 부하를 동시에 사용하는 수용가에서 사용한다. 변압기 용량은 3대 모두 동일 용량을 사용하는 방식과 1대의 용량은 크게, 나머지 2대의 용량은 작게 구성하는 방식이 있다. 이 경우 1대는 동력 전용으로, 2대는 전등·동력 공용으로 나누어 사용하는데, 단점으로는 중성선이 단선되면 단상 부하에 과전압이 인가될 수 있다.

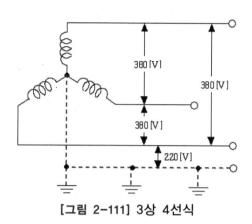

[그림 2-111] 3상 4선식

(3) 산업용 변압기

산업용 변압기란 통상 기계설비의 동력용이나 제어회로용으로 사용되는 것으로, 송배전용과는 달리 용량이 작고 효율이 높은 변압기로서 단상용과 3상용, 단권형과 복권형으로 제작된다.

1차 전압은 220V에서 500V가 주류이고, 2차 전압은 110V, 220V이거나 DC의 경우는 12V, 24V, 100V 등이 대표적이다.

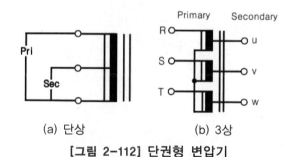

(a) 단상   (b) 3상

[그림 2-112] 단권형 변압기

(a) 단상   (b) 3상

[그림 2-113] 복권형 변압기

CHAPTER

03

시퀀스
제어회로

CHAPTER 03

시퀀스 제어회로

01 시퀀스 기본회로 이해

　아무리 복잡한 시퀀스 응용회로를 살펴보더라도 그 하나하나는 여러 가지 기본회로 가 조합되어 목적에 맞게 구성되어 있음을 알 수 있다. 따라서 시퀀스의 기본회로를 알지 못하고는 응용회로를 설계할 수도 없고, 해독 또한 불가능하다.

　여기서는 유접점 시퀀스의 기본회로에 대하여 그 종류와 기능, 동작원리에 대하여 알아본다.

1 ON 회로

　입력이 on하면 출력이 on되고, 입력이 off되면 동시에 출력도 off되는 회로를 ON 회로라고 하며, 릴레이의 a접점을 이용하므로 a접점 회로라고도 한다.

　그림 3-1의 (a)가 회로도이고, (b)는 타임차트로서 회로도에서 누름버튼 PB스위치 를 눌러 on시키면 릴레이 코일 R에 전류가 흘러 코일이 여자(勵磁)되고, 그 결과 2열 의 a접점 R이 닫히고 출력인 파일럿 램프 L이 점등된다.

　누름버튼 PB스위치에서 손을 떼면 전류가 끊겨 릴레이 코일이 소자(消磁)되면 a접 점 R이 복귀되어 출력인 L이 소등되는 원리이다.

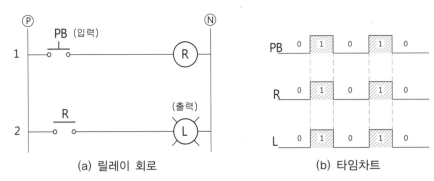

(a) 릴레이 회로　　　　　　　　(b) 타임차트

[그림 3-1] ON 회로

[동작 설명]

① 1열의 누름버튼 스위치 PB를 누르면

Ⓟ전원 – PB스위치 – R코일 – Ⓝ전원이 되어 코일이 여자되고, 그 결과 2열의 R a접점이 닫혀 출력 L이 on된다.

② 누름버튼 스위치 PB에서 손을 떼면

Ⓟ전원과 Ⓝ전원이 끊겨 릴레이 코일이 복귀되고 R접점도 열려 출력 L이 off 된다.

2 OFF 회로

입력이 on되면 출력이 off되고, 입력이 off되면 출력이 on되는 회로를 OFF 회로라고 하며, 릴레이의 b접점을 이용하므로 b접점 회로라고도 한다.

그림 3-2의 (a)가 회로도이고, (b)는 타임차트로서 회로도에서 누름버튼 PB스위치를 누르지 않은 상태에서는 릴레이 코일이 off되어 있으므로 2열의 b접점에 의해 출력이 on되고, 누름버튼 PB스위치를 on시키면 릴레이 코일 R이 여자되고, 그 결과 b접점은 열리므로 출력이 off되는 회로이다.

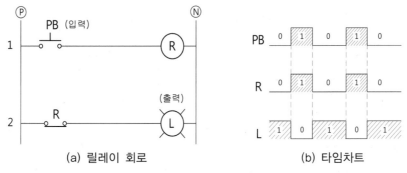

(a) 릴레이 회로   (b) 타임차트

[그림 3-2] OFF 회로

[동작 설명]

① 누름버튼 스위치 PB를 누르면

Ⓟ전원 – PB스위치 – R코일 – Ⓝ전원이 되어 코일이 여자되고, 그 결과 R의 b접점이 열려 출력 L이 off된다.

② 누름버튼 스위치 PB에서 손을 떼면

Ⓟ전원과 Ⓝ전원이 끊겨 릴레이 코일이 복귀되고, 그 결과 R b접점이 닫히게 되어 출력 L이 on된다.

3 AND 회로

여러 개의 입력과 한 개의 출력을 가진 회로에서 모든 입력이 on될 때에만 출력이 on되는 회로를 AND 회로라고 하며, 직렬 스위치 회로와 같다.

그림 3-3은 두 개의 입력 PB1과 PB2가 모두 on일 때에만 릴레이 코일 R이 여자되고 R접점이 닫혀 램프가 On되는 AND 회로이다.

실제 응용회로는 대다수가 AND 회로로 구성되며, AND에 접속되는 신호의 수가 많아지면 동작의 신뢰도가 높아진다고 할 수 있다.

또한 AND 회로는 한 대의 프레스에 여러 명의 작업자가 함께 작업할 때, 안전을 위해 각 작업자마다 프레스 기동용 누름버튼 스위치를 설치하여 모든 작업자가 스위치를 누를 때에만 동작되도록 하는 경우에 적용된다. 또 기계의 각 부분이 소정의 위치까지 진행되지 않으면 다음 동작으로 이행을 금지하는 경우 등 응용범위가 넓은 회로이다.

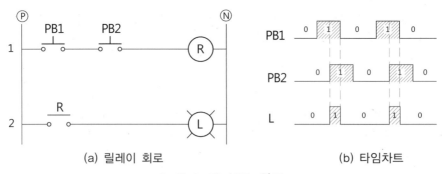

(a) 릴레이 회로   (b) 타임차트

[그림 3-3] AND 회로

[동작 설명]
① **입력 PB1, PB2가 off일 때**(누름버튼 스위치 PB1, PB2를 누르지 않았을 때)
입력 PB1, PB2가 열려 있으므로 릴레이 코일 R이 작동하지 않고 따라서 2열의 a접점인 R도 열려 있기 때문에 램프 L은 off되어 있다.
② **입력 PB1만 on일 때**(누름버튼 스위치 PB1만 눌렀을 때)
입력 PB2가 열려 있으므로 릴레이 코일 R이 작동하지 않고 따라서 a접점인 R도 작동하지 않기 때문에 램프 L은 off되어 있다.
③ **입력 PB2만 on일 때**(누름버튼 스위치 PB2만 눌렀을 때)
입력 PB1이 열려 있으므로 릴레이 코일 R이 작동하지 않고 따라서 a접점인 R도 작동하지 않기 때문에 램프 L은 off되어 있다.
④ **입력 PB1과 PB2가 모두 on일 때**
전원 Ⓟ – PB1(on) – PB2(on) – R – 전원 Ⓝ 회로가 연결되어 릴레이 코일이 여자되고 그 결과 2열의 R a접점도 닫혀 램프 L이 on된다.

4 OR 회로

OR 회로는 여러 개의 입력신호를 가진 회로에서 하나 또는 그 이상의 신호가 on되었을 때 출력이 on되는 회로로서 병렬회로라고 한다.

일례로 그림 3-4의 (a)의 회로에서 누름버튼 스위치 PB1이 눌려지거나, 또는 PB2가 눌려져도, PB1과 PB2가 동시에 눌려져도 릴레이 R이 동작되어 램프가 점등된다.

실제 응용회로는 대다수가 OR 회로이며, 병렬로 접속되는 신호에는 동작신호와 자기유지신호, 자동조작신호와 수동조작신호, 현장 회로와 통제실 회로, 비상정지신호가 있다.

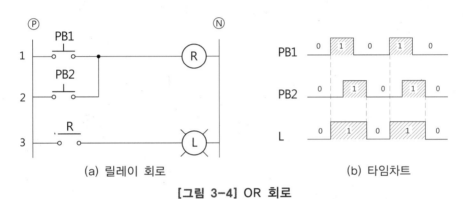

| (a) 릴레이 회로 | (b) 타임차트 |

[그림 3-4] OR 회로

[동작 설명]
① 입력 PB1, PB2가 off일 때(누름버튼 스위치 PB1, PB2를 누르지 않았을 때)

입력 PB1, PB2가 열려 있으므로 릴레이 코일 R이 작동하지 않고 따라서 R의 a접점도 열려 있기 때문에 램프 L은 off되어 있다.

② 입력 PB1만 on일 때(누름버튼 스위치 PB1만 눌렀을 때)

1열의 전원 Ⓟ – PB1(on) – R코일 – 전원 Ⓝ 회로가 연결되어 릴레이 코일이 여자되고, 그 결과 R a접점도 닫혀 램프 L이 on된다.

③ 입력 PB2만 on일 때(누름버튼 스위치 PB2만 눌렀을 때)

2열의 전원 Ⓟ – PB2(on) – 1열의 R코일 – 전원 Ⓝ 회로가 연결되어 릴레이 코일이 여자되고, 그 결과 R a접점도 닫혀 램프 L이 on된다.

④ 입력 PB1과 PB2가 모두 on일 때

1열의 전원 Ⓟ – PB1(on) – R코일 – 전원 Ⓝ, 또는 2열의 전원 Ⓟ – PB2(on) – R코일 – 전원 Ⓝ 회로가 연결되어 릴레이 코일이 여자되고 R접점이 닫히므로 램프 L이 on된다.

5 NOT 회로

NOT 회로는 출력이 입력과 반대가 되는 회로로서 입력이 0이면 출력이 1이고, 입력이 1이면 출력이 0이 되는 부정회로이다.

그림 3-5는 릴레이의 b접점을 이용한 NOT 회로로서 누름버튼 스위치 PB가 눌러 있지 않은 상태에서는 출력인 램프가 off되어 있고, 누름버튼 스위치 PB가 눌려지면 R접점이 열려 램프가 off되는 NOT 회로이다.

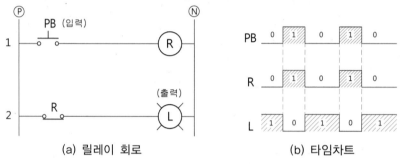

(a) 릴레이 회로   (b) 타임차트

[그림 3-5] NOT 회로

[동작 설명]
① 입력 PB가 off일 때

입력 PB가 열려 있으므로 릴레이 코일 R이 동작하지 않는다. 따라서 2열의 R의 b접점이 닫혀 있으므로 출력인 램프 L은 on되어 있다.
② 입력 PB가 on일 때

전원 Ⓟ - PB(on) - R코일 - 전원 Ⓝ의 회로가 연결되어 릴레이 코일이 여자되고 그에 따라 R의 b접점이 열리므로 램프 L이 off된다.

6 자기유지(self holding)회로

짧은 기동신호의 기억을 위해 사용되는 회로를 자기유지회로라 한다. 즉, 모터의 운전-정지회로에서와 같이 누름버튼 스위치로 운전명령을 준 후에 정지명령을 줄 때까지 모터를 계속 회전시키려면 반드시 자기유지회로가 필요한 것이다.

릴레이의 대표적 기능 중에는 메모리 기능이 있는데, 릴레이의 메모리 기능이란 릴레이는 자신의 접점으로 자기유지회로를 구성하여 동작을 기억시킬 수 있다는 것이다.

그림 3-6이 릴레이의 자기유지회로이며, 2열의 릴레이 a접점이 자기유지 접점이며, 누름버튼 스위치 PB1에 병렬로 접속한다.

동작원리는 누름버튼 스위치 PB1를 누르면 정지신호 PB2가 b접점 접속이므로 릴레

이 코일이 동작되고, 2열과 3열의 a접점이 닫혀 램프가 on된다. 이 상황에서 누름버튼 스위치 PB1에서 손을 떼도 전류는 2열의 R a접점과 누름버튼 스위치 PB2를 통해 코일에 계속 흐르므로 동작유지가 가능하다. 즉 PB1이 복귀하여도 릴레이 자신의 접점에 의해 R의 동작회로가 유지된다.

자기유지의 해제는 누름버튼 스위치 PB2를 누르면 R코일이 복귀되고 접점도 열려 회로는 초기상태로 되돌아간다.

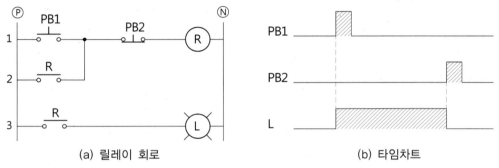

(a) 릴레이 회로   (b) 타임차트

[그림 3-6] 자기유지회로

[동작 설명]
① **입력 PB1, PB2가 off일 때**(누름버튼 스위치 PB1, PB2를 누르지 않았을 때)
   입력 PB1이 열려 있으므로 R코일이 동작하지 않고 따라서 2열과 3열의 a접점이 열려 있다.
② **입력 PB1를 on시켰을 때**(누름버튼 스위치 PB1를 눌렀을 때)
   전원 ⓟ – PB1(on) – PB2(b접점) – R코일 – 전원 ⓝ의 회로가 연결되어 R코일이 동작하고 동시에 a접점이 닫혀 램프가 on된다.
③ **②번 동작 후 입력 PB1를 off시켰을 때**
   누름버튼 스위치 PB1은 열려 있어도 전원 ⓟ – 2열의 a접점 – PB2(b접점) – R코일 – 전원 ⓝ의 회로가 연결되어 있으므로 릴레이 R은 계속 on되어 있고 램프도 on되어 있다.
④ **입력 PB2를 on시켰을 때**(누름버튼 스위치 PB2를 눌렀을 때)
   누름버튼 스위치 PB2의 b접점이 열려 전원 ⓟ와 전원 ⓝ간의 회로가 끊기므로 릴레이 코일이 복귀되고, 그 결과 접점이 열려 자기유지 해제와 동시에 램프가 off된다.

7 인터록(interlock) 회로

기기의 보호나 작업자의 안전을 위해 기기의 동작상태를 나타내는 접점을 사용하여 관련된 기기의 동작을 금지하는 회로를 인터록 회로라 하며, 다른 말로 선행동작 우선회로 또는 상대동작 금지회로라고도 한다.

모터의 정회전 중에 역회전 입력이 on되거나 양측 전자밸브에 의한 실린더 구동에서 전진 측 솔레노이드가 동작 중에 후진 측 솔레노이드가 작동해서는 절대 안 된다. 이와 같이 상반된 동작의 경우 어느 한쪽이 동작 중일 때 반대측 동작을 금지하는 기능의 회로로 안전회로 중 하나이다.

인터록은 자신의 b접점을 상대 측 회로에 직렬로 연결하여 어느 한쪽이 동작 중일 때에는 관련된 다른 기기는 동작할 수 없도록 규제한다.

그림 3-7은 누름버튼 스위치 PB1이 on되어 R1 릴레이가 동작되어 출력 L1이 on된 상태에서 PB2가 눌려져도 R2 릴레이는 동작할 수 없다. 또한 PB2가 먼저 입력되어 R2가 동작하면 R1 릴레이 역시 동작할 수 없다.

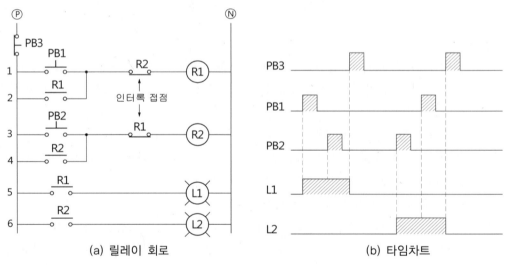

(a) 릴레이 회로   (b) 타임차트

[그림 3-7] 인터록 회로

[동작 설명]

① 입력 PB1을 on시켰을 때

전원 ⓟ – PB3 b접점 – PB1(on) – R2(b접점) – R1 코일 – 전원 ⓝ 회로가 연결되어 릴레이 R1 코일이 동작되고 그 결과 2열의 R1 a접점에 의해 자기유지되고 5열의 R1 a접점도 닫혀 출력 L1이 on되며, 3열의 R1 b접점을 열게 된다.

따라서 이 상태에서 입력 PB2가 on되더라도 R1 접점이 열려 있으므로 R2는 동작할 수 없다.

② 입력 PB3을 on하면

1열부터 6열까지의 전원 ⓟ가 끊기므로 R1 릴레이가 복귀되어 자기유지가 해제되고 출력 L1도 off되며, 인터록 접점도 복귀된다.

③ 입력 PB2를 on시켰을 때

전원 ⓟ – PB3 b접점 – PB2(on) – R1(b접점) – R2 코일 – 전원 Ⓝ 회로가 연결되어 릴레이 R2가 동작되고 4열의 R2 a접점에 의해 자기유지되고 동시에 6열의 a접점도 닫혀 출력 L2가 on되며, 1열의 R2 b접점을 열게 된다. 따라서 이 상태에서 입력 PB1이 on되더라도 R2 접점이 열려 있으므로 R1은 동작할 수 없다.

8 체인(chain)회로

체인회로란 정해진 순서에 따라 차례로 입력되었을 때에만 회로가 동작하고, 동작순서가 틀리면 동작하지 않는 회로이다.

그림 3-8은 체인회로의 예로써 동작순서는 R1 릴레이가 작동한 후 R2가 작동하고, R2가 작동한 후 R3이 작동되도록 구성되어 있다. 즉 R2 릴레이는 R1 릴레이가 작동하지 않으면 동작하지 않고, R3은 R1과 R2가 먼저 작동되지 않으면 작동하지 않는다.

이러한 체인회로는 순서작동이 절대적으로 필요한 컨베이어나 기동순서가 어긋나면 안 되는 기계설비 등에 적용되는 회로로서 직렬우선회로라고도 한다.

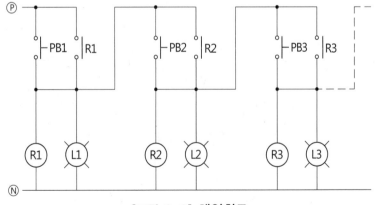

[그림 3-8] 체인회로

[동작 설명]

① 입력 PB1이 on되면 R1이 동작한다. 그 결과 R1의 a접점이 닫혀 출력 L1이 on된다.

　　• 동작회로 : 전원 ⓟ – PB1(on) – R1 코일 – 전원 ⓝ

② ①항 동작 후 입력 PB2가 on되면 R2가 동작한다. 그 결과 R2의 a접점이 닫혀 출력 L2가 on된다.

　　• 동작회로 : 전원 ⓟ – R1 a접점 – PB2(on) – R2 코일 – 전원 ⓝ

③ ②항이 동작한 후 입력 PB3이 on되면 R3이 동작한다.

　　• 동작회로 : 전원 ⓟ – R1 a접점 – R2 a접점 – PB3(on) – R3 코일 – 전원 ⓝ

▊9▊ 일치회로

두 입력의 상태가 동일할 때에만 출력이 on되는 회로를 일치회로라 한다.

그림 3-9는 일치회로의 예인데, 입력 PB1과 PB2가 동시에 on되어 있거나 또는 동시에 off되어 있을 때에는 출력이 나타나고, PB1과 PB2 중 어느 하나만 on되어 두 입력의 상태가 일치하지 않으면 출력은 나타나지 않는 회로이다.

일치회로는 독립된 위치에서 on-off를 할 수 있는 기능으로, 계단등과 같이 1층에서 계단등을 켜고 2층에서 끌 수 있으며, 반대로 2층에서 켜고 1층으로 내려와서 끌 수 있는 용도로 사용되며, 3로 스위치 회로와 같은 기능이다.

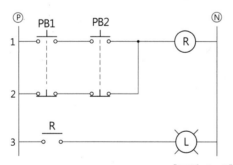
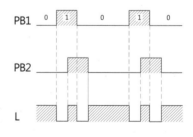

[그림 3-9] 일치회로

[동작 설명]

① 입력 PB1, PB2가 off일 때

　　2열의 전원 ⓟ – PB1 b접점 – PB2 b접점 – R 코일 – 전원 ⓝ 회로가 동작되어 릴레이 코일이 여자되고 3열의 릴레이 접점이 닫혀 출력 L이 on된다.

② 입력 PB1이 on이고, 입력 PB2가 off이면 릴레이 R은 동작하지 않는다.

③ 입력 PB1이 off이고, 입력 PB2가 on이면 릴레이 R은 동작하지 않는다.

④ 입력 PB1, PB2가 on이면 릴레이 R은 동작한다.

1열의 전원 Ⓟ – PB1(on) – PB2(on) – R 코일 – 전원 Ⓝ의 회로가 동작되어 릴레이 코일이 on되고, 3열의 a접점도 닫혀 출력 L이 on된다.

10 온 딜레이(ON-delay) 회로

입력신호를 준 후에 곧바로 출력이 on되지 않고 미리 설정한 시간만큼 늦게 출력이 on되는 회로를 온 딜레이 회로라 한다.

온 딜레이는 온 딜레이 타이머의 a접점을 이용하여 회로구성을 하며, 그림 3-10이 on시간 지연작동회로로서 누름버튼 스위치 PB1를 누르면 타이머(Timer)가 작동하기 시작하여 미리 설정해 둔 시간이 경과하면 타이머 접점이 닫혀 램프가 점등되며, 누름버튼 스위치 PB2를 누르면 타이머가 복귀하고 이에 따라 타이머의 접점도 열려 램프가 소등되는 회로이다.

이러한 기능의 on 시간지연회로는 설정시간에 의한 동작제어나 입력신호 지연에 의한 출력신호의 지연, 또는 입력신호 지속시간이 일정시간 on하는 것을 검출하는 용도 등에 사용된다.

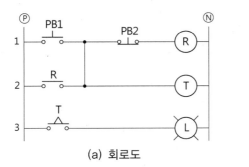

(a) 회로도

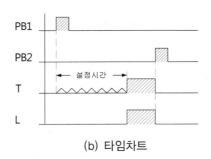

(b) 타임차트

[그림 3-10] 온 딜레이 회로 1

[동작 설명]

① 입력 PB1를 on시키면 릴레이 R이 on되어 자기유지되고, 타이머 T가 작동을 시작한다.

- 동작회로 : 전원 Ⓟ – PB1(on) – PB2(b접점) – R 코일 – 전원 Ⓝ

  전원 Ⓟ – R(a접점) – T 코일 – 전원 Ⓝ

② 타이머에 설정된 시간이 경과되면 3열의 타이머 접점이 on되어 출력인 램프가 on된다.

- 동작회로 : 전원 Ⓟ – T(a접점 on) – L – 전원 Ⓝ

③ 입력 PB2를 on시키면 릴레이 R, 타이머 T가 복귀되므로 출력 L도 off된다.

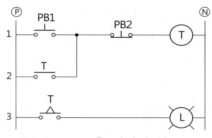

[그림 3-11] 온 딜레이 회로 2

타이머에는 한시접점(타이머 접점)만 내장된 경우와 한시접점과 순시접점(릴레이 접점)을 내장한 형식 두 종류가 있다.

그림 3-11도 온 딜레이 회로의 예인데, 이 회로의 경우는 타이머에 내장된 순시접점으로 자기유지하고 한시접점으로 출력을 동작시키는 원리로 그림 3-10과 기능은 동일하나 자기유지용 릴레이를 사용하지 않아 경제적인 회로라 할 수 있다.

11 오프 딜레이(OFF-delay) 회로

오프 딜레이 회로는 복귀신호가 주어지면 출력이 곧바로 off되지 않고, 설정된 시간 경과 후에 부하가 off되는 회로로서, 오프 딜레이 타이머의 a접점을 이용하거나 온 딜레이 타이머의 b접점을 이용하여 회로를 구성할 수 있다.

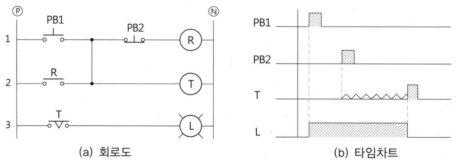

(a) 회로도　　　　　　　　　(b) 타임차트

[그림 3-12] 오프 딜레이 회로 1

그림 3-12는 오프 딜레이 타이머의 a접점을 이용하여 구성한 오프 딜레이 회로의 일례로, 누름버튼 스위치 PB1를 누르면 램프가 점등되고 PB2를 누르면 곧바로 램프가 소등되지 않고 타이머에 설정된 시간 후에 소등하는 오프 딜레이 회로이다.

[동작 설명]

① 입력 PB1를 on시키면 릴레이 R이 on되어 자기유지되고 타이머 T가 작동을 시작한다. 동시에 3열의 오프 딜레이 타이머 a접점이 닫혀 출력인 L이 on된다.

- 동작회로 : 전원 ⓟ – PB1(on) – PB2(b접점) – R 코일 – 전원 ⓝ

  전원 ⓟ – R(a접점) – T 코일 – 전원 ⓝ

  전원 ⓟ – T(a접점) – L – 전원 ⓝ

② 정지입력 PB2를 on시키면 릴레이 코일이 off되어 자기유지가 해제되고 타이머 코일도 off된다. 이때부터 타이머의 시간값이 경과된다.

③ 타이머의 설정된 시간 후에 T의 a접점이 개방되어 출력 L이 off된다.

그림 3-13도 오프 딜레이 회로의 예이다. 이 회로는 온 딜레이 타이머의 a접점을 이용하여 오프 딜레이 동작을 실현한 것으로, 오프 딜레이 타이머의 재고가 없어 납기 트러블이 예상되는 경우에 사용할 수 있다.

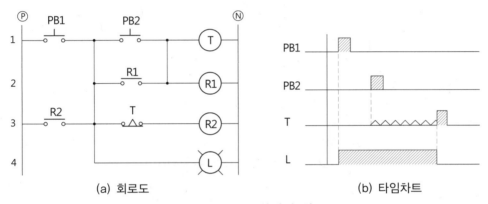

| (a) 회로도 | (b) 타임차트 |

[그림 3-13] 오프 딜레이 회로 2

[동작 설명]

① 입력 PB1를 on시키면 릴레이 R2 코일이 여자되어 자기유지되고 출력 L이 on 된다.

- 동작회로 : 전원 ⓟ – PB1(on) – T(b접점) – R2 코일 – 전원 ⓝ

  전원 ⓟ – R2(a접점 on) – L – 전원 ⓝ

② ①의 상태에서 정지 입력 PB2를 on시킨 후 떼면 타이머 T가 동작되고, 동시에 릴레이 R1이 on되어 자기유지된다.

- 동작회로 : 전원 ⓟ – R2(a접점 on) – PB2(on) – T 코일 – 전원 ⓝ

  전원 ⓟ – R2(a접점 on) – R1(a접점 on) – T 코일, R 코일 – 전원 ⓝ

③ 타이머의 설정된 시간이 경과되면 3열의 타이머의 b접점이 개방되어 릴레이 R2가 복귀되므로 R2의 a접점이 열리게 되고 따라서 출력인 L과 코일 T, R1이 동시에 복귀된다.

12 일정시간 동작회로(one shot circuit)

입력이 주어지면 출력이 곧바로 on되고, 타이머에 설정된 시간이 경과되면 스스로 출력이 off되는 회로를 일정시간 동작회로라 한다.

일정시간 동작회로는 믹서기와 같이 설정시간 동안만 작업을 실시한 후 정지하는 경우나 가정의 현관 등에 이용되고 있다.

그림 3-14는 이 회로의 일례로, 누름버튼 스위치 PB1를 누르면 릴레이 코일 R이 여자되어 자기유지되고, 램프가 점등됨과 동시에 타이머가 동작하기 시작한다. 타이머에 설정된 시간이 경과되면 타이머 b접점이 개방되어 램프가 소등되는 회로이다.

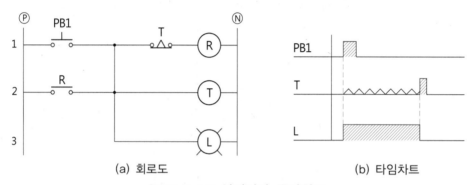

(a) 회로도   (b) 타임차트

[그림 3-14] 일정시간 동작회로

[동작 설명]

① 입력 PB1를 on시키면 릴레이 코일, 타이머 코일, 출력인 L이 동시에 on된다.
- 동작회로 : 전원 ⓟ - PB1(on) - T(b접점) - R 코일 - 전원 ⓝ
   전원 ⓟ - PB1(on) - T 코일 - 전원 ⓝ
   전원 ⓟ - PB1(on) - L - 전원 ⓝ

② ①의 동작 후 누름버튼 스위치 PB1에서 손을 떼도 2열의 자기유지회로를 통해 릴레이 R, 타이머 T, 출력 L은 계속 동작한다.
- 동작회로 : 전원 ⓟ - R(a접점 on) - T(b접점) - R 코일 - 전원 ⓝ
   전원 ⓟ - R(a접점 on) - T 코일 - 전원 ⓝ
   전원 ⓟ - R(a접점 on) - L - 전원 ⓝ

③ 타이머에 설정된 시간이 경과되면 1열의 타이머 b접점이 개방되어 릴레이 R이 복귀되고, 그 결과 2열의 R의 a접점이 열려 자기유지가 해제되므로 출력 L, 타이머 T도 동시에 복귀된다.

13 플리커(flicker) 회로

입력이 on되면 출력이 on-off를 반복동작하는 회로를 플리커 회로라 하며, 출력의 on시간과 off시간은 타이머의 설정치로 지정한다.

그림 3-15가 플리커 회로의 예로써 플리커 회로는 일정 주기로 on-off를 반복하는 트리거 신호용이나, 이상 발생 시 비상램프의 점멸표시나 부저의 간헐 작동 신호용, 또는 카운터 레지스터를 사용한 장시간 타이머의 클록신호 발생용 등으로 이용되며, 플리커 동작의 on시간은 타이머 T1의 시간으로 세팅하고 off시간은 T2 코일의 설정시간이다.

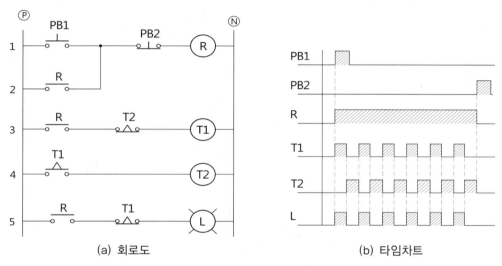

| (a) 회로도 | (b) 타임차트 |

[그림 3-15] 플리커 회로

[동작 설명]
　① 입력신호 PB1이 on되면 R 코일이 on되어 자기유지되며, 동시에 5열의 a접점이 닫혀 출력 L이 on된다. 동시에 3열의 R a접점도 닫혀 타이머 코일 T1이 기동된다.
　② 타이머 코일 T1에 설정된 시간이 경과되면 4열의 T1의 a접점은 닫혀 T2 코일을 기동시키고, 동시에 5열의 b접점이 열려 출력 L을 off시키게 된다.
　③ 타이머 코일 T2의 설정시간이 경과되어 타임 업되면 3열의 T2 b접점이 열리게 되어 T1 코일이 off되고 그 결과 5열의 T1 b접점이 닫혀 출력이 다시 on된다.
　④ 동시에 4열의 T1 a접점이 열려 T2 코일을 off시키기 때문에 3열의 T2 b접점이 닫혀 T1 코일이 재기동을 시작한다.
　⑤ 다시 ②항부터 ④항의 동작을 반복하게 되며, 동작 중에 정지신호 PB2를 on시키면 플리커 동작을 즉시 정지한다.

02 유도 전동기 제어

1 전동기 개요

(1) 전동기의 종류

전동기는 우리나라 총 발전량의 1/3 이상을 소비할 만큼 많이 사용되고 있으며, 산업 현장에서 없어서는 안 될 중요한 액추에이터이다.

전동기는 플레밍(Fleming)의 왼손법칙에 따라 전기에너지를 운동에너지로 변환시켜주는 회전운동 액추에이터이다. 즉, 전원으로부터 전력을 입력 받아 도체가 축을 중심으로 회전운동을 하는 기기이다. 공급전원의 종류에 따라 직류 전동기와 교류 전동기로 구분하고 이외 특수 목적의 제어용 전동기가 있으며, 각 방식에 따라 종류가 많으므로 전동기의 특징과 요구 정밀도 및 사용 목적에 따라 선택하여 사용해야 한다.

(2) 교류 전동기의 특성

교류 전동기는 상용전원인 교류전원을 사용하여 운전하기 때문에 전원공급장치가 필요 없고 기본적인 구조가 고정자와 회전자로 구성되어 있어 견고하다.

고정자 권선에 전원이 공급되면 전자유도작용에 의하여 맴돌이 전류가 발생하고, 회전 자기장에 의해 회전자에 전류가 흐르는 순간 토크가 발생하여 축을 중심으로 회전한다.

교류 전동기는 공급전원에 따라 단상과 3상으로 나누며, 회전자의 형태에 따라 유도 전동기와 동기 전동기로 구분된다.

유도 전동기는 전원에 따라 단상형과 3상형으로 분류되는데 정격출력이 200W 미만인 것은 단상 모터이고, 200W 이상인 것은 3상으로 제작된다.

단상형 유도 전동기는 소형의 기계설비나 가정용으로 많이 사용되고, 3상형 유도 전동기는 공장이나 빌딩의 대형 설비에 많이 적용된다.

유도 전동기의 특징은 다음과 같다.

① 구조가 간단하여 견고하며, 가격이 저렴하다.
② 고장이 적다.
③ 브러시 등의 소모품이 필요 없다.
④ 운전이 쉽다.
⑤ 보수가 쉽고, 수리가 용이하다.

(3) 직류 전동기의 특성

직류 전동기는 계자의 전류 공급방법에 따라 크게 타여자 전동기와 자여자 전동기로 구분하고, 자여자 전동기는 전기자 및 계자권선 접속방법에 따라 직권, 분권, 가동복권, 차동복권 전동기로 분류한다.

직류 전동기는 광범위한 속도제어가 가능하며, 또한 여자방식에 따라 다른 특성이 나타나기 때문에 부하에 대한 적응성이 뛰어나며, 시동토크가 커서 가변제어나 큰 시동토크가 요구되는 용도에 사용된다.

① 광범위한 속도제어가 용이하다.
② 속도제어 효율이 좋다.
③ 시동, 가속토크를 임의로 설정할 수 있어 토크 효율이 좋다.
④ 정류자와 브러시를 사용하기 때문에 정기적인 유지보수가 필요하다.
⑤ 유도 전동기에 비해 고가이다.
⑥ 정류자로 인해 고속화에 제한이 있다.

(4) 서보 전동기의 특징

서보 전동기는 사용자가 지령한 제어값이 목표값에 정확하게 도달하였는 지를 피드백 신호에 의해 오차를 검출하여 보정하는 특징이 있다.

① 위치제어의 정확성
② 고속 응답성
③ 고출력
④ 광범위한 가변속 제어

(5) 스테핑 전동기의 특징

스테핑 전동기는 스텝 모터, 펄스 모터 등으로 불리는 전동기로서, 값이 싸고 회전축 위치를 검출하기 위한 피드백 없이 정해진 각도로 회전할 수 있으며, 상당히 높은 정확도로 정지할 수 있다. 정지 시 매우 큰 정지토크가 있기 때문에 전자 브레이크 등의 위치유지기구를 필요로 하지 않으며 회전속도도 펄스비에 비례하므로 간편하게 제어할 수 있다.

컴퓨터의 발달로 스테핑 전동기는 프린터나 디스크 장치 등의 구동 모터로 사용량이 급증하고 있으며, 디지털 제어기술의 진보와 더불어 자동기기장치의 주요 부품으로 수요가 빠르게 확대되고 있다.

① 펄스신호의 주파수에 비례한 회전속도를 얻을 수 있으므로 광범위한 속도제어가 가능하다.

② 기동, 정지나 정·역제어가 용이하며, 응답 특성이 좋다.

③ 정지 시에 높은 유지토크로 정지위치를 유지할 수 있다.

④ 디지털 신호로 오픈 루프 시스템 구동으로 위치제어 정밀도가 높고 시스템이 간단하다.

⑤ 회전각 검출을 위한 센서를 사용하지 않으므로 제어계가 간단하고 코스트가 저렴하다.

⑥ 구조가 간단하고 부품수가 적게 들어 신뢰성이 높다.

⑦ 직류 전동기에 비해 효율이 낮고, 관성부하에 부적합하다.

2 유도 전동기의 구조원리

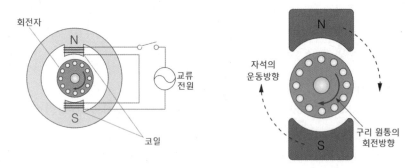

[그림 3-16] 단상 유도 전동기의 회전원리

유도 전동기가 가장 많이 쓰이는 이유는 상용전원인 교류전원을 사용한다는 것과 전동기의 구조가 튼튼하면서도 가격이 싸고, 취급도 쉬워 다른 전동기에 비하여 편리하게 이용할 수 있기 때문이다.

단상 유도 전동기는 그림 3-16과 같이 단상 교류전원에 의해 구동되며 고정자 권선이 1상인 자극 N → S가 전기적으로 180°의 권선구조를 가진다. 따라서 회전 자기장이 발생하지 않으므로 전원만 가해주면 스스로 시동을 할 수 없다. 그러므로 보조권선을 사용하여 회전 자기장을 만들어 주거나 상을 변화시키고 자극의 불평형을 만들어 기동하는 방법에 따라 분상 기동형, 콘덴서 기동형, 세이딩 코일형 등으로 유도 전동기를 구분할 수 있다. 단상 유도 전동기는 3상 유도 전동기에 비해 특성은 떨어지나, 가정이나 일상생활에서 쉽게 접할 수 있는 단상 교류를 전원으로 사용하기 때문에 냉장고, 세탁기, 식기세척기, 선풍기 등 소용량의 동력원으로 많이 사용되고 있다.

3상 유도 전동기는 고정자 권선을 회전시키는 대신에 그림 3-17에 나타낸 구조처럼 원둘레에 120° 간격으로 3상 고정자 권선을 배치하여 3상 사인파 교류전원에 의한 회전 자기장을 얻고, 그 내부의 회전자를 회전시켜서 동력을 얻는 전동기이다.

3상 교류 전원만으로 운전이 가능하며 기계적 구조가 간단하기 때문에 견고하다는 장점이 있다. 때문에 3상 교류전원을 공급 받을 수 있는 공장이나 큰 빌딩 등에서 대용량의 동력원으로 사용되고 있다.

[그림 3-17] 3상 유도 전동기의 구조도

3 소형 인덕션 모터

일반적으로 소형 인덕션 모터라고 하면 콘덴서 운전형 유도 전동기를 말하며, 이 모터는 기동 시 뿐만 아니라 운전 중에도 항시 보조권선과 콘덴서를 사용한다.

소형 인덕션 모터는 기동토크(Torque)는 높지 않지만, 구조가 간단하고 신뢰성이 높고 효율도 높아 산업용 소형 모터에 압도적으로 사용되고 있다.

[그림 3-18] 소형 인덕션 모터

4 전동기의 명판과 결선방법

(1) 명판 내용

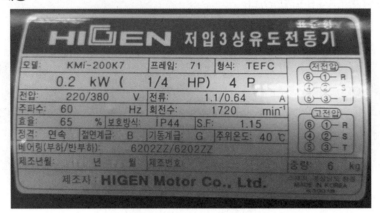

[그림 3-19] 전동기 명판 예

전동기에는 측면에 전동기 규격과 결선방법을 나타내는 명판이 붙어 있는데, 명판 예를 그림 3-19에 나타냈으며, 명판에 기록되어 있는 주요 내용은 다음과 같다.

① 정격출력 – 0.2kW(1/4HP)

전동기의 출력으로 단위는 W 또는 kW로 표시되며, 마력(HP)으로 표시되거나 혼용 표기하는 경우가 많다. 1HP는 746W이나 실용적인 계산 값으로는 750W로 환산한다.

② 극수 – 4P

모터 제작 극수를 나타내는 것으로 주로 2극, 4극, 6극으로 제작되는데 4극이 일반적이다.

③ 전압 – 220/380V

전동기의 사용 전압은 단전압형과 겸용 전압형 두 가지가 있으며, 리드선의 수에 따라서도 3리드선, 6리드선, 9리드선, 12리드선까지 있다.

전동기는 결선방식에 따라 Y결선 방식과 △결선방식 두 가지가 있으며, 명판 우측의 결선도에 나와 있듯이 △결선으로 하면 저전압인 220V로 사용할 수 있고, Y결선으로 하며 380V로 사용할 수도 있다.

④ 전류 – 1.1/0.64A

전부하 시 소비되는 전류로 암페어(A)로 표시하는데 220V일 때 1.1A이고, 380V일 때는 0.64A임을 의미한다.

⑤ 주파수 – 60Hz

정격 주파수를 의미하며, 50Hz, 60Hz로 표시한다.

⑥ 회전수 – 1,720rpm

전부하일 때 회전자의 분당 회전수를 rpm으로 표기한다.

rpm은 120F/극수이므로 이론적으로는 주파수가 60Hz이고 4극 모터의 경우 1,800rpm이어야 하나 슬립 때문에 다소 떨어진다.

⑦ 보호방식 – IP44

IP란 International Protection의 머릿글자로 이물과 물의 침입에 대한 보호를 규정하고 있는 것으로, IEC 규격으로 규정되어 있는 기기의 보호등급을 숫자로 표시하는 것이다. IP는 두 개의 숫자로 표시하는데 첫째자리를 제1기호, 둘째자리를 제2기호라 하며, 그 내용은 표 3-1과 같다.

[표 3-1] IP 보호등급의 제1기호와 제2기호의 내용

보호등급	제1기호			보호등급	제2기호		
	장치의 보호		사람의 보호		해로운 침수		방수수단
	예	요구사항			예	요구사항	
0		보호하지 않음	비보호	0		보호하지 않음	비보호
1	Ø 50mm	50mm 직경 이상을 갖는 고형물질의 침투에 대한 보호	손등의 직접 접촉에 대한 보호 (우발적 접촉)	1		수직으로 떨어지는 물에 대한 보호	수직으로 떨어짐
2	Ø 12.5mm	12.5mm 직경 이상을 갖는 고형물질의 침투에 대한 보호	직접적인 손가락 접촉에 대한 보호	2		15°까지 각으로 떨어지는 물에 대한 보호	수직에서 15°까지 떨어짐
				3		60°까지의 각으로 떨어지는 빗방울에 대한 보호	한정된 분무
3	Ø 2.5mm	직경 2.5mm 이상을 갖는 고형물질의 침투에 대한 보호	Ø2.5mm 도구와의 직접 접촉에 대한 보호	4		모든 방향으로 튀는 물에 대한 보호	전 방향에서 분무
4	Ø 1mm	직경 1mm를 초과하는 고형물질의 침투에 대한 보호	Ø1mm 배선과의 직접 접촉에 대한 보호	5		모든 방향에서의 워터젯에 대한 보호	전 방향에서 호수 분사
5		분진 보호 (반유해물질)	Ø1mm 배선과의 직접 접촉에 대한 보호	6		강력한 워터젯이나 파동에 대한 보호	전 방향에서 강력한 호수 분사
6		분진 보호 (Dust tight)	Ø1mm 배선과의 직접 접촉에 대한 보호	7		잠시 잠금 효과에 대한 보호	일시적 침수
				8		특정 조건하에 연장된 잠금 효과에 대한 보호	계속적 침수

⑧ 절연계급 – B

전류에 의해 발생한 손실 열을 유효하게 방출하여 절연물이 손상되지 않도록 하는 것이 모터의 수명을 결정하는 데 매우 중요한 사항이기 때문에 전류에 의한 열작용에 따른 절연물의 온도 상승 내력을 알고 있는 것이 필요하다. 모터에 적용된 절연물의 최고 사용 허용온도를 기준으로 구분한 것을 절연계급이라 하며, 그 내용은 표 3-2와 같이 7개의 종류로 대별된다.

[표 3-2] 전동기의 절연계급

절연계급	최고 허용온도	사용 재료
Y	90℃	면, 견, 종이, 폴리아미드섬유 등
A	105℃	상기 재료와 절연유 혼합
E	120℃	에폭시수지, 폴리우레탄, 합성수지 등
B	130℃	유리, 마이카, 석면 등과 바니스 조합
F	155℃	상기 재료와 에폭시수지 등과의 조합
H	180℃	상기 재료와 실리콘수지 등과의 조합
C	180℃ 이상	열 안전 유기재료

⑨ 기동계급 – G

유도 전동기의 기동계급은 출력 1kW당 기동할 때 입력의 계급을 말하는 것으로, 출력 kW당의 입력 kVA에 의해 분류하며, 표 3-3의 기호에 의해 나타낸다.

[표 3-3] 전동기의 기동계급

기동계급	1kW당 입력[kVA]		기동계급	1kW당 입력[kVA]	
A		4.2 미만	L	12.1 이상	13.4 미만
B	4.2 이상	4.8 미만	M	13.4 이상	15.0 미만
C	4.8 이상	5.4 미만	N	15.0 이상	16.8 미만
D	5.4 이상	6.0 미만	P	16.8 이상	18.8 미만
E	6.0 이상	6.7 미만	R	18.8 이상	21.5 미만
F	6.7 이상	7.5 미만	S	21.5 이상	24.1 미만
G	7.5 이상	8.4 미만	T	24.1 이상	26.8 미만
H	8.4 이상	9.5 미만	U	26.8 이상	30.0 미만
J	9.5 이상	10.7 미만	V	30.0 이상	
K	10.7 이상	12.1 미만			

(2) 3상 전동기의 결선도

3상 유도 전동기의 리드선은 3리드선, 6리드선, 9리드선, 12리드선 형식이 있다. 3리드선식은 주로 단일 전압 형식의 모터이고, 6리드선이나 9리드선, 12리드선 형식은 겸용 전압 형식의 모터가 대부분이다.

모터의 접속단자 표기에도 IEC 방식은 U1, V1, W1, U2, V2, W2 식으로 표기되지만, NEMA 방식은 1, 2, 3, 4, 5, 6으로 표기된다.

그림 3-20은 NEMA 표기방식의 고·저압 결선도이고, 그림 3-21은 IEC 표기방식의 고·저압 결선도이다.

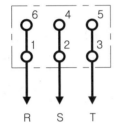
(a) 저전압 결선도(△결선 방식)

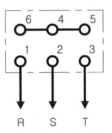
(b) 고전압 결선도(Y결선 방식)

[그림 3-20] NEMA 표기방식의 저고압 결선도

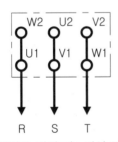
(a) 저전압 결선도(△결선 방식)

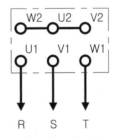
(b) 고전압 결선도(Y결선 방식)

[그림 3-21] IEC 표기방식의 저고압 결선도

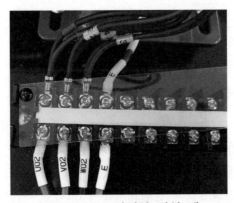

[그림 3-22] 저전압 결선 예

5 유도 전동기의 동력회로

전동기의 제어회로를 도면으로 나타낼 때에는 전동기의 주회로(이것을 동력회로 또는 결선회로라 함)와 제어회로를 함께 나타내야 한다. 이것은 전동기를 제어하는 신호개폐기나 전동기를 보호하는 보호기들이 어떻게 구성·접속되었는지를 나타내기 위한 것이며, 그래야만 설치 현장에서 도면과 같은 결선작업을 할 수 있기 때문이다.

3상 유도 전동기의 기본적인 회로 구성은 저압 배선 보호 및 동력 차단 목적의 배선용 차단기(MCCB)와 부하 개폐 목적의 유도형 계전기(MC), 과부하 발생 시 전동기의 코일 소손 방지 목적의 부하 보호기(THR) 등의 과부하 보호장치를 사용하거나 경보를 발생시키는 장치를 사용해야만 전동기가 안전하다.

때문에 전동기의 동력회로는 그림 3-23과 같이 동력의 종류를 시작으로 배선용 차단기, 부하 개폐기, 부하 보호기, 전동기 순서로 직렬 연결되어 전동기 결선회로로 된다.

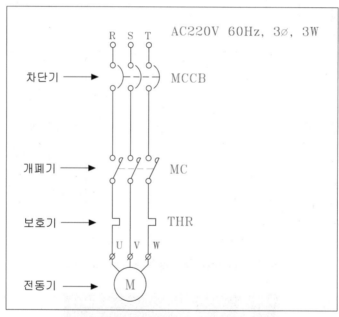

[그림 3-23] 전동기의 동력회로 구성

6 전동기의 운전-정지회로

전동기의 제어회로는 단순히 전동기만 on-off시키는 것이 아니라 전동기의 보호회로와 표시등 회로를 부가해서 운전회로로 하는 것이 보통이다.

그림 3-24는 전형적인 3상 유도 전동기의 운전-정지회로로서, 회로보호기 CP를 닫고 전원 스위치를 on시키면 1열의 전원표시등이 on되며, 기동 스위치 PB1을 on 시키

게 되면 전자 접촉기 MC가 on되어 주접점을 닫아 전동기를 회전시키게 되고 동시에 3열의 보조접점 MC를 닫아 자기유지가 된다. 또한 4열의 MC a접점도 닫혀 운전표시등이 점등된다.

운전 중에 정지신호 스위치인 PB2를 누르면 b접점이 열려 MC코일이 off(소자)되어 주접점이 열려서 전동기가 정지되고 자기유지도 해제되는 원리로 동작된다.

전동기가 회전 중에 과부하 상태에 이르면 주회로에서 보호기인 열동 계전기 THR이 작동되고, MC코일 위의 보호용 접점이 열려 전동기를 정지시켜 코일이 소손되는 것을 방지해 준다.

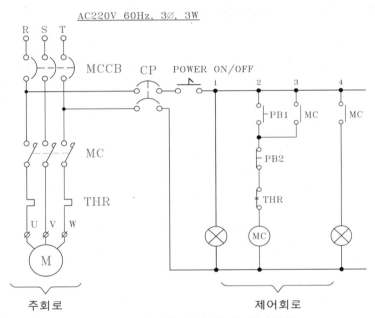

[그림 3-24] 전동기의 운전-정지회로

[동작 설명]
① 배선용 차단기 MCCB를 닫으면 동력회로에 전원이 투입된다.
② 회로보호기 CP를 닫고 전원 ON/OFF 스위치를 on하면 1열의 전원표시등이 점등되고 4열의 운전표시등은 소등되어 있다.
③ 기동 스위치 PB1을 누르면 전자 접촉기 코일 MC가 여자된다.
 • 동작회로 : 전원 R – PB1(on) – PB2(b접점) – THR(b접점) – MC코일 – 전원 T
④ MC의 동작에 의해 주접점 MC가 닫히며 전동기가 기동한다.
⑤ 동시에 3열의 MC a접점이 닫혀 자기유지회로가 구성된다. 따라서 기동 스위치 PB1에서 손을 떼도 동작회로는 계속 유지된다. 또한 4열의 a접점에 의해 운전표시등이 점등된다.
 • 동작회로 : 전원 R – MC(a접점) – PB2(b접점) – THR(b접점) – MC코일 – 전원 T

⑥ 정지 스위치 PB2를 on시키면 MC코일이 소자되어 주회로에서 주접점이 열려 전동기에 흐르는 동력이 끊겨 전동기는 정지되고 보조접점도 열려 자기유지가 해제되며, 운전표시등도 소등된다.

⑦ 전동기가 회전 중에 과부하가 발행되면 주회로의 열동형 계전기 THR이 동작되어 제어회로 2열의 THR b접점이 끊어지면 모든 작동이 정지되고 원상태로 복귀된다.

☑ 전동기의 미동운전(微動運轉-Inching) 회로

기계설비의 미세조정이나 부분작업, 청소 등을 위해서는 순간적으로 전동기를 기동 -정지시킬 필요가 있다. 이러한 경우에 이용되는 회로가 미동운전 제어회로이며, 조그(Jog)회로, 촌동(寸動)회로라고도 한다.

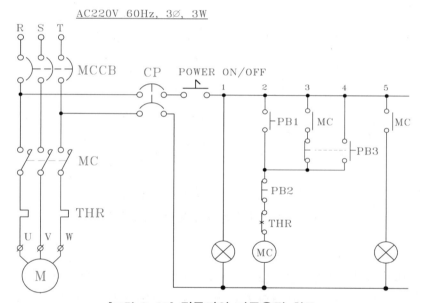

[그림 3-25] 전동기의 미동운전 회로

미동운전 회로의 기본은 전동기 제어회로에 병렬로 미동운전용 스위치를 연결하여 그 기능을 실현하는 것으로 그림 3-25에 그 회로를 나타냈다.

미동조작용 스위치는 원하는 시간만큼만 전동기를 기동시키기 위해서 누름버튼 스위치를 사용해야 하며, 미동운전도 개폐기인 MC를 동작시켜야 하는데 이때 보조접점이 닫혀 자기유지 동작이 되어서는 안 되기 때문에 미동조작 스위치의 b접점으로 인터록을 걸 필요가 있다.

[동작 설명]

① 배선용 차단기의 MCCB를 닫으면 동력회로에 전원이 투입된다.

② 회로보호기 CP를 닫고 전원 ON/OFF 스위치를 on하면 1열의 전원표시등이 점
등되고, 5열의 운전표시등은 소등되어 있다.

③ 기동 스위치 PB1을 누르면 전자 접촉기 코일 MC가 여자된다.

• 동작회로 : 전원 R – PB1(on) – PB2(b접점) – THR(b접점) – MC코일 – 전원 T

④ MC의 동작에 의해 동력회로의 주접점 MC가 닫히며 전동기가 기동한다.
동시에 3열의 MC 보조접점에 의해 자기유지가 성립되며, 5열의 a접점도 닫혀
운전표시등이 점등된다.

⑤ 정지 스위치 PB2를 누르면 전자 접촉기 MC가 복귀되어 동력회로의 주접점이
열려 전동기가 정지한다.
동시에 자기유지가 해제되고, 운전표시등도 소등된다.

⑥ 정지상태에서 미동운전 조작 스위치 PB3을 누르면 MC가 동작되어 전동기가
회전한다.

• 동작회로 : 전원 R – PB3(on) – PB2(b접점) – THR(b접점) – MC코일 – 전원 T

이때 3열의 MC 보조접점이 닫혀도 PB3의 b접점이 열려 있으므로 자기유지회
로는 동작하지 못한다.

8 3상 유도 전동기의 현장·원격 제어회로

전동기 제어회로 중에는 전동기 설치 현장의 제어반에서는 물론, 멀리 떨어진 통제
실(중앙통제실, 감시실 등)에서도 독립적으로 기동시킬 수 있는 기능이 필요하다. 이
러한 용도에 이용되는 회로가 2개소 제어회로 또는 현장·원방 조작회로, 근원방 제어
회로이다.

그림 3-26이 이 회로의 예로써, 현장과 제어실용으로 기동 스위치 2개, 정지 스위
치 2개, 감시용 램프 각 2개를 설치하여 전동기를 시동·정지시키는 회로이다.

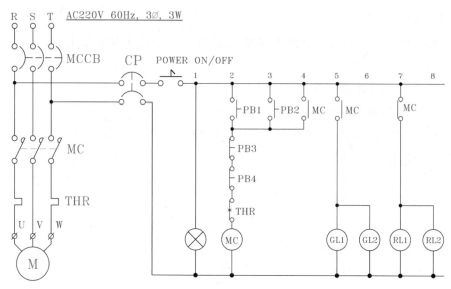

[그림 3-26] 전동기의 현장-원격 제어회로

회로 3-26에서 사용한 기기의 명칭과 기능은 다음과 같다.

① MCCB : 배선용 차단기
② THR : 열동형 과부하 계전기
③ MC : 전자 접촉기
④ PB1 : 현장 기동용 누름버튼 스위치
⑤ PB2 : 통제실 기동용 누름버튼 스위치
⑥ PB3 : 현장 정지용 누름버튼 스위치
⑦ PB4 : 통제실 정지용 누름버튼 스위치
⑧ GL1 : 현장용 운전표시 파일럿 램프
⑨ GL2 : 통제실용 운전표시 파일럿 램프
⑩ RL1 : 현장용 정지표시 파일럿 램프
⑪ RL2 : 통제실용 정지표시 파일럿 램프

[동작 설명]

① 배선용 차단기의 MCCB를 닫으면 동력회로에 전원이 투입된다.
② 회로보호기 CP를 닫고 전원 ON/OFF 스위치를 on하면 1열의 전원표시등이 점등되고 7열과 8열의 RL1과 RL2의 정지표시 램프가 점등되어 현장이나 통제실에서도 정지상태임을 알 수 있다.
③ 현장에서 전동기를 기동하기 위해 PB1을 누르면 전자 접촉기 코일 MC가 작동된다.

④ 통제실에서도 PB2에 의해 전동기를 기동시킬 수 있다.

⑤ MC가 동작되면 MC의 주접점에 의해 전동기가 기동된다.

⑥ 동시에 4열의 보조접점에 의해 자기유지되고, 5열의 a접점도 닫혀 운전표시 램프 GL1과 GL2가 점등되어 현장 제어반은 물론 통제실에서도 전동기가 운전 중임을 알 수 있다.

⑦ 전동기를 정지시키는 것은 현장에서는 PB3을, 통제실에서는 PB4에 의해 정지 시킬 수 있다.

⑧ 전동기가 정지되면 7열의 b접점에 의해 정지표시 램프가 점등되므로 현장에서 는 RL1에 의해, 통제실에서는 RL2에 의해 그 상태를 알 수 있다.

9 전동기의 정·역회전 제어회로

전동기의 제어회로에는 기동과 정지는 물론 그 회전방향도 제어해야 하는 경우가 많은데, 이러한 기능에 정·역회전 제어회로가 이용된다.

전동기의 역회전은 R, S, T 3단자 중 2단자의 접속을 서로 바꾸면 가능하다. 따라서 전자 접촉기 2개를 사용하여 전동기의 주회로 결선을 바꾸어 정·역회전을 변환시킨다.

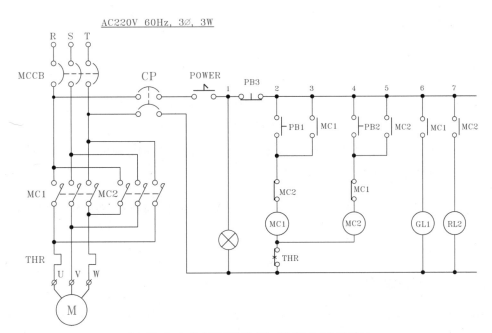

[그림 3-27] 전동기의 정-역회전 제어회로

그림 3-27이 이 기능의 회로도로 그림에서 MC1은 정회전용, MC2는 역회전용의 전 자 접촉기이다.

[동작 설명]

　① 배선용 차단기의 MCCB를 닫으면 동력회로에 전원이 투입된다.

　② 회로보호기 CP를 닫고 전원 ON/OFF 스위치를 on하면 1열의 전원표시등이 점
　　등된다.

(1) 정회전 상태

정회전 운전스위치 PB1을 누르면 전자 접촉기 MC1이 작동되어,

　① 주회로의 MC1의 주접점이 닫혀 R상이 U단자, S상이 V단자, T상이 W단자에
　　공급되어 전동기가 정회전한다.

　② 3열의 보조접점 MC1 a접점에 의해 자기유지회로가 연결된다.

　③ 4열의 MC1 b접점이 열려 오입력에 의한 역회전 동작을 규제한다.

　④ 6열의 MC1 a접점이 닫혀 정회전 표시램프 GL1이 점등된다.

정지스위치 PB3을 누르면 전자 접촉기 MC1이 off되고, 정회전 운전이 정지되며 초
기상태가 된다.

(2) 역회전 상태

역회전 운전스위치 PB2를 누르면 전자 접촉기 MC2가 작동되어,

　① 주회로의 MC2의 주접점이 닫혀 R상이 W단자, S상이 V단자, T상이 U단자에
　　공급되어 전동기가 역회전한다.

　② 5열의 MC2 a접점에 의해 자기유지회로가 연결된다.

　③ 2열의 MC2 b접점이 열려 오조작에 의한 MC1의 동작을 저지한다.

　④ 7열의 MC2 a접점이 닫혀 역회전 표시램프 RL2가 점등되어 역회전 상태임을
　　표시한다.

정지스위치 PB3을 누르면 전자 접촉기 MC2가 off되고, 역회전 운전이 정지되며 초
기상태가 된다.

10 Y−△ 기동회로

전동기의 제어회로에는 크게 전전압 기동(직입기동이라고도 함)법과 저전압 기동(감
압기동이라고도 함)법으로 나누어진다.

전전압 기동법이란 전동기에 직접 정격전압·전류를 인가하여 곧바로 정격운전으로
하는 것으로, 주로 소형 전동기에 적용된다.

저전압 기동법이란 모든 전기·전열기기는 전기가 투입되어 정격에 도달될 때까지는 정격의 수배에서 약 20배 정도까지의 기동전류(돌입전류)가 흐른다.

특히 전동기의 경우는 돌입전류 값이 정격의 5~8배 정도 흐르기 때문에 모든 제어기기, 설비가 돌입전류 값에 충분한 용량이 되도록 하지 않으면 안 되고, 전동기 기동 시 주변장치나 기기의 전압강하에 대한 대책도 고려해야 한다. 그래서 대용량의 모터에서는 기동전류를 줄이기 위한 시동법이 채용되는데 이것을 총칭하여 저전압 기동법 또는 감압기동법이라 하며, 전동기의 특성이나 제어소자에 따라 여러 가지가 있다.

그림 3-28은 감압기동법의 종류와 특징을 나타낸 것이다.

구분 / 기동법	회로구성	전류 특성 (선전류)	토크 특성	가속성	적 용
감압시동 / 스타델타 시동 (open transition)				• 토크 증가 : 작다. • 최대 토크 : 작다.	• 5kW 이상으로 무부하 또는 경부하 기동이 가능한 것 • 공작기계, 펌프 등 • 220V급 : 5.5~160kW • 380V급 : 11~300kW
스타델타 시동 (close transition)				• 토크 증가 : 작다. • 최대 토크 : 작다. • 델타 전환 시 쇼크 : 작다.	• 5kW 이상으로 펌프 등 어느 정도 부하를 걸어 기동하는 것으로 전원 용량이 작은 경우 • 소화펌프, 스프링클러 등 • 220V급 : 5.5~90kW • 380V급 : 11~110kW
리액터 시동				• 토크 증가 : 작다. • 최대 토크 : 작다. • 원활한 가속	• 블로워, 펌프 등의 2층 절감 토크 부하 • 방적용 기기 스타트용 • 220V급 : 5.5~7.5kW • 380V급 : 11~150kW
콘돌퍼 시동				• 토크 증가 : 약간 적음 • 최대 토크 : 약간 적음 • 원활한 가속	• 특히 기동전류를 억제하고 싶은 경우 • 펌프, 블로워, 원심분리기 등 • 220V급 : 11~7.5kW • 380V급 : 22~150kW
1차 저항 시동				• 토크 증가 : 크다. • 최대 토크 : 최대	• 소용량기 (7.5kW 이하) • 팬, 펌프, 블로워

[그림 3-28] 전동기 감압기동법의 종류와 특징

저전압 기동법 중 가격이 저렴하여 가장 많이 사용되고 있는 Y−△ 기동법이란, 전동기 고정자 권선의 결선을 외부의 개폐기에 의하여 바꾸어서 기동하는 운전법으로, 처음에는 정격의 $\dfrac{1}{\sqrt{3}}$만 인가하는 Y결선으로 하고 전동기가 어느 정도 회전하게 되면 △결선으로 바꾸어 정격운전을 하는 방법으로 회로 예를 그림 3−29에 나타냈다.

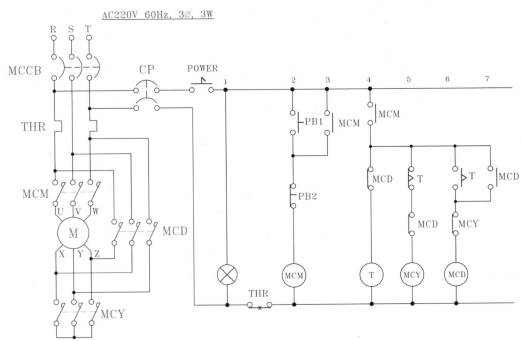

[그림 3−29] Y−△ 기동회로(3접촉방식)

회로 3−29에서 기기의 용도와 기능은 다음과 같다.

① MCCB : 배선용 차단기
② MCM : 메인 전자 접촉기
③ MCY : 전자 접촉기 − Y결선 운전용
④ MCD : 전자 접촉기 − △결선 운전용
⑤ THR : 열동형 계전기 − 전동기 과부하 방지용
⑥ CP : 회로 보호기
⑦ PB1 : 누름버튼 스위치 − 기동 스위치
⑧ PB2 : 누름버튼 스위치 − 정지 스위치
⑨ T : 타이머 − Y결선 운전시간 설정용

[동작 설명]

① 배선용 차단기의 MCCB를 닫으면 동력회로에 전원이 투입된다.

② 회로보호기 CP를 닫고 전원 ON/OFF 스위치를 on하면 1열의 전원표시등이 점등된다.

③ 기동 스위치 PB1을 누르면,

- 메인 전자 접촉기 MCM이 동작되어 3열의 보조접점에 의해 자기유지회로가 동작된다.
- 4열의 MCM a접점도 닫혀 타이머 코일 T가 동작을 시작한다.
- 동시에 5열의 MCY 전자 접촉기가 작동되어 주회로 접점 MCY를 닫아서 전동기가 Y결선으로 시동된다.

④ 타이머 T가 동작하여 설정시간에 도달되면,

- 5열의 타이머 b접점이 열리게 되므로 전자 접촉기 MCY가 off된다.
- MCY 코일이 복귀됨에 따라 주접점 MCY가 열린다.
- 동시에 6열의 타이머 b접점은 닫혀 전자 접촉기 MCD가 작동된다.
- MCD가 작동되어 주회로 접점 MCD를 닫으므로 전동기는 △결선으로 운전된다.
- 7열의 MCD 보조접점이 닫혀 자기유지회로가 동작한다.
- 동시에 MCD b접점이 열려 Y결선 운전에 인터록을 걸어준다.
- 4열의 MCD b접점이 열려 타이머를 복귀시킨다.

⑤ 정지 스위치 PB2를 누르면 MCM 전자 접촉기가 복귀됨에 따라 전자 접촉기 MCD도 복귀되어 전동기가 정지된다.

11 리액터 기동

시동용 리액터란 부하의 전류 위상을 보정하여 운전전류를 줄이고, 고조파 발생을 억제하여 진동이나 소음 및 발열을 저감시키기 위하여 부하와 직렬로 연결되는 부품이다. 그림 3-30에 나타낸 외관구조와 같이 기동용 리액터는 자성체 코어와 권선으로 구성되어 있다.

[그림 3-30] 기동용 리액터

교류 배전선로에서는 부하의 유도성 성분 및 용량성 성분에 의하여 전압과 전류의 위상이 일치하지 않게 되면 전압파형이 왜곡되면서 많은 고조파를 발생시키며 역률이 나빠지게 된다. 선로의 역률이 나빠지면 무효전력이 증가하게 되어 선로 중의 전선과 트랜스 및 전동기의 효율이 떨어지고, 발열을 수반하게 되어 이들의 수명이 단축되고 무효전력에 의한 허용전류가 선로에 중첩되어 전력 공급자와 사용자는 경제적 부담이 증가하게 된다.

전동기 기동용 리액터는 비교적 대용량 모터의 기동방식에 사용되는 기동보상기기로서 모터기동 시 기동전류를 억제하여 기동토크 저감에 의한 소프트 스타트로서 모터 및 모터에 부설된 기기의 수명을 연장시킴은 물론 전력계통의 회로 및 개폐기의 보호에 있어서 큰 영향을 끼치는 기기이다.

표준 리액터는 각각 50%, 65%, 80%의 탭으로 제작되지만, 특수한 경우는 60%, 70%, 80%와 같이 격상 또는 격하시켜 제작된 제품도 있다.

리액터 기동회로란 그림 3-31에 나타낸 회로 예와 같이 전동기의 1차측 회로에 직렬로 시동 리액터를 삽입하여, 시동 시에 전동기에 가해지는 전압을 낮추고 속도가 상승되면 시동 리액터를 단락시켜 전전압이 전동기에 인가되게 하는 시동법이다.

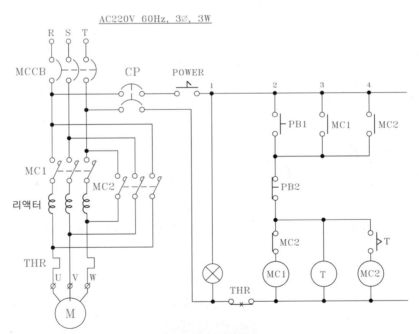

[그림 3-31] 리액터 기동회로

[동작 설명]

① 배선용 차단기의 MCCB를 닫으면 동력회로에 전원이 투입된다.

② 회로보호기 CP를 닫고 전원 ON/OFF 스위치를 on하면 1열의 전원표시등이 점등된다.

③ 기동 스위치 PB1을 누르면 접촉기 MC1이 여자되어 주회로 접점 MC1이 닫혀 리액터를 통해 전동기가 회전을 시작한다.

  • 동시에 3열의 MC1 a접점이 닫혀 자기유지회로가 동작한다.

  • 동시에 타이머 코일 T도 기동을 시작한다.

④ 타이머 T가 동작하여 설정시간에 도달되면,

  • 4열의 타이머 a접점이 닫혀 전자 접촉기 MC2가 작동하여 주회로 접점 MC2가 닫혀 전동기는 전전압에 의해 운전된다.

  • 동시에 4열의 MC2 접점에 의해 자기유지되고, 2열의 MC2 b접점에 의해 MC1은 off한다.

⑤ 정지 스위치 PB2를 누르면 모터는 정지되고 모든 기기가 처음 상태로 원위치된다.

03 유·공압 실린더 제어

1 실린더의 구조원리

유·공압 실린더란 유체의 압력에너지를 직선적인 기계적 운동이나 힘으로 변환시키는 기기로서 자동화 직선운동 요소 중 가장 많이 사용되고 있다.

실린더에는 동작형태에 따라 단동형과 복동형, 차동형이 있고, 피스톤의 유무에 따라, 복합기능에 따라 매우 많은 종류가 있다. 표준형 실린더란 복동 편로드형 실린더를 말하는데 그 외관 사진을 그림 3-32에, 내부 구조도를 그림 3-33에 나타냈다.

[그림 3-32] 공기압 실린더 사진

[그림 3-33] 표준 실린더의 구조도

실린더 구조도에서

① **실린더 튜브** : 바렐이라고도 하며, 실린더의 외곽을 이루는 부분으로 피스톤의
움직임을 안내하는 압력용기이다.
② **피스톤** : 공기압력을 받아 미끄럼 운동을 하는 요소이다.
③ **피스톤 로드** : 피스톤의 움직임을 튜브 외부로 전달하는 요소이다.
④ **헤드커버와 로드커버** : 실린더 튜브의 양 끝단에 설치되어 실린더 튜브를 지탱
하고, 피스톤의 행정거리를 결정하는 요소이다.

대부분의 공압 실린더는 기본 구성요소를 사용 목적에 따라 바꾸거나 또는 다른 기
능을 부가해서 여러 종류의 실린더를 만드는 것이다.

동작원리는 전진용 포트에 공기압력을 가하고 후진용 포트를 열어주면 실린더의 피
스톤이 전진운동을 하고, 반대로 후진용 포트에 압력을 가하고 전진용 포트를 열어주
면 피스톤 로드는 후진운동을 한다.

유압 실린더도 공압 실린더와 구조원리가 동일하다. 다만 유압은 큰 힘을 내기 위
해 높은 압력을 이용하기 때문에 실린더를 구성하는 재질이나 구조가 강성으로 되어
있다.

그림 3-34는 표준형의 복동 실린더의 도면기호를 나타낸 것으로 상세기호와 간략
기호가 있으나 어느 방식으로 표현해도 무방하다.

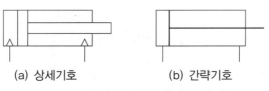

(a) 상세기호 　　　　　 (b) 간략기호

[그림 3-34] 복동 실린더의 도면기호

2 전자밸브

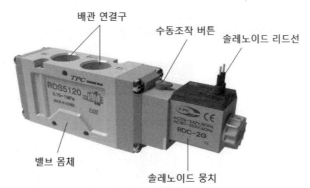

배관 연결구　수동조작 버튼　솔레노이드 리드선

밸브 몸체　솔레노이드 뭉치

[그림 3-35] 전자밸브의 외관 사진

　전자(電磁)밸브란 제2장의 05의 **7**에서 설명한 바와 같이 방향제어 밸브와 전자석(電磁石)을 일체화시켜 전자석에 전류를 통전시키거나 또는 단전시키는 동작에 의해 유체흐름을 변환시키는 밸브의 총칭으로, 일반적으로 솔레노이드 밸브(solenoid valve)라 한다.
　전자밸브에는 그림 3-35와 같이 솔레노이드가 한쪽에만 있는 편측 전자밸브(single solenoid valve)와 밸브 양측에 솔레노이드가 있는 양측 전자밸브(double solenoid valve)가 있는데, 전기제어 시 이 전자밸브의 형식 선정이 매우 중요하다.

(1) 편측 전자밸브의 실린더 제어원리

　편측 전자밸브로 복동 실린더를 제어할 경우 그림 3-36과 같이 솔레노이드에 전류를 인가하지 않았을 때는 실린더의 피스톤이 후진되어 있지만, 솔레노이드 코일에 전류를 인가하면 그림 3-37과 같이 밸브가 위치 변환되어 동력이 P포트에서 A포트를 통해 실린더 전진 측 포트에 유입되고, 후진실에 있는 공기는 전자밸브의 B포트에서 R2포트를 통해 배기되어 피스톤이 전진하게 된다.
　즉, 편측 전자밸브로 복동 실린더를 제어할 경우 솔레노이드 코일을 off하면 실린더의 피스톤은 후진되고, 솔레노이드 코일을 on하면 실린더의 피스톤은 전진하게 된다. 그림에서와 같이 밸브의 배관 접속구(port)에는 기능을 의미하는 문자가 각인되어 있는데, 밸브의 배관 접속구 식별문자는 ISO 1219에는 문자로, ISO 5599에는 숫자로 나타내는 규격으로 정해져 있으며 그 내용은 표 3-4와 같다.

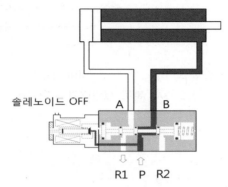

[그림 3-36] 편측 전자밸브의 off 상태도

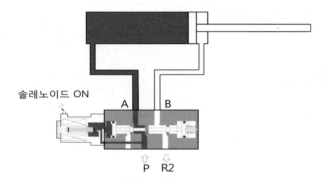

[그림 3-37] 편측 전자밸브의 on 상태도

[표 3-4] 전자밸브의 배관 접속구 기능표시 문자

ISO 1219		ISO 5599	
공급포트	P	공급포트	1
작업포트	A, B, C	작업포트	2, 4, 6
배기포트	R, S, T	배기포트	3, 5, 7
제어포트	X, Y, Z	제어포트	10, 12, 14

(2) 양측 전자밸브의 실린더 제어원리

양측 전자밸브는 밸브의 양쪽 모두에 솔레노이드 코일이 있어 실린더를 제어할 경우 전진 측 솔레노이드와 후진 측 솔레노이드를 각각 on-off시켜야 한다.

그림 3-38은 좌측의 전진 측 솔레노이드를 on시킨 상태도로 밸브의 스풀은 우측으로 밀려 유체가 P포트에서 A포트를 통해 실린더 헤드 측으로 유입되어 실린더의 피스톤을 전진시킨 상태를 나타낸 것이다.

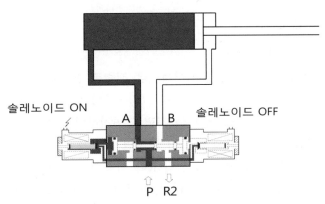

[그림 3-38] 양측 전자밸브에서 전진 측 솔레노이드를 on시킨 상태도

실린더가 전진상태에서 밸브의 전진 측 솔레노이드를 off시켜도 밸브를 현 상태로 유지하므로 실린더는 전진상태를 지속하게 된다.

그림 3-39는 전자밸브의 후진 측 솔레노이드를 on시킨 상태도로서 밸브의 수풀은 좌측으로 밀리게 되어 유체압력은 P포트에서 B포트를 통해 실린더 로드 측으로 유입되어 실린더의 피스톤을 후진시키게 된다. 실린더가 후진상태에서 초기상태일 때는 피스톤이 후진 완료되면 솔레노이드를 off시켜야 된다.

따라서 양측 전자밸브는 편측 전자밸브에 비해 밸브의 가격에서도 적게는 1만원부터 많게는 4~5만원까지 비싸고, 제어소자의 수도 2배가 소요되므로 클램프 실린더나 리프터 실린더 등과 같이 동작 중에 사고가 발생되면 안전 측으로 작동되어야 하는 용도에 사용된다.

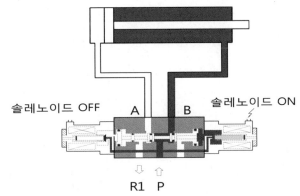

[그림 3-39] 양측 전자밸브에서 후진 측 솔레노이드를 on시킨 상태도

3 회로설계 기본원칙

(1) 제1원칙

동작신호는 a접점으로, 복귀신호는 b접점으로 직렬로 접속하여 기계의 운전과 정지를 한다. 즉, 시퀀스 회로에서는 원칙적으로 그림 3-40과 같이 동작신호(운전신호, 기동신호)와 복귀신호(정지신호, 완료신호)를 직렬로 연결하여 기계 운전회로를 작성한다.

1원칙의 동작원리를 그림 3-41에 나타낸 것처럼 동작을 위해 운전 스위치를 조작하면 정지 스위치가 b접점이므로 릴레이 코일 R이 여자되어 기계운전을 개시한다.

기계를 정지(복귀)시키려면 정지 스위치를 조작하는데 b접점을 조작하면 열리게 되어 코일 R이 off되고 기계는 정지하는 원리이다.

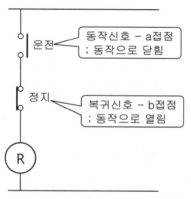

[그림 3-40] 회로설계 제1원칙

아무리 복잡한 시퀀스 제어일지라도 동작신호와 복귀신호로 처리하면 기계동작 자체의 제어회로는 완성되는 것이다. 다만 언제 동작신호를 주어 기계를 움직이고, 언제 복귀신호를 주어 기계를 정지시킬 것인가를 생각하면 된다.

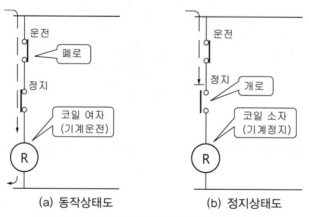

[그림 3-41] 회로설계 제1원칙 동작원리

(2) 제2원칙

순간의 짧은 동작신호 명령으로 기계를 계속 운전하려면 자기유지회로로 구성해야 한다. 즉, 전동기 구동회로와 같이 시동 스위치를 한번 on-off하면 정지 스위치를 누를 때까지 전동기가 계속 회전해야 되는 경우의 회로에서는 동작신호를 계속 on시켜야만 되고, 이 동작 실현을 위해서는 자기유지회로가 필요하다.

자기유지회로란 그림 3-42와 같이 동작신호가 한번 on되었다가 바로 off되어도 신호가 on된 것을 기억시켜 두는 것이다.

자기유지를 시키는 방법은 동작된 자신의 a접점을 동작신호와 병렬로 연결하면 가능하다.

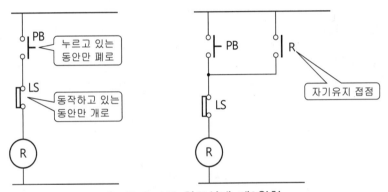

[그림 3-42] 회로설계 제2원칙

(3) 제3원칙

자기유지회로는 반드시 복귀시킨다. 즉, 모든 제어동작이 끝났을 때 그 제어회로는 시동 전의 상태로 돌아와 있지 않으면 안 된다.

기계를 계속 운전하려고 자기유지를 시켰다면 반드시 복귀시켜야만 한다는 것으로, 그림 3-43과 같이 동작코일과 자기유지 라인 중간에 b접점의 자기유지 해제신호가 접속되어야 한다.

이것은 시퀀스 자동회로의 기본이므로 반드시 명심해야 한다. 예컨대 어떤 조건이 성립한 사실을 자기유지 해놓고 해제를 하지 않으면, 다음 사이클을 스타트 시켰을 때 그 조건은 이미 성립된 셈이므로 제어동작의 순서가 어긋난다. 그러므로 자기유지회로는 반드시 해제하지 않으면 안 된다.

이상의 회로설계 기본원칙은 유공압 실린더 제어에만 한정되는 것이 아니고 전동기 제어는 물론 모든 제어회로의 기본인 것이다.

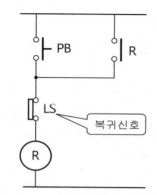

[그림 3-43] 회로설계 제3원칙

▒ 4 ▒ 실린더 제어회로

(1) 공압 동력회로 읽는 법

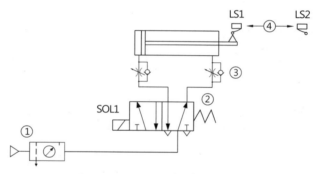

[그림 3-44] 공압 회로도 예

그림 3-44는 편측 전자밸브로 공압 복동 실린더를 제어하는 장치의 구성도, 즉 공압 회로도를 나타낸 것이다. 전자밸브를 이용하여 유공압 액추에이터를 제어하는 경우는 이 동력회로가 반드시 전제되어야 하며, 이 동력회로가 없는 제어회로는 해독이 불가능하므로 완전한 전기제어 회로라 할 수 없다.

그림에서 사용된 기기의 명칭과 기능은 다음과 같다.

① 공압 조정 유닛

필터 + 레귤레이터 + 윤활기로 구성되어 공기의 질을 조정하고 실린더가 내는 출력을 설정하는 기능을 한다. 즉, 유체동력 $F = A \times P$로 결정되는데 실린더의 단면적이 A가 되고, 작동압력 P를 공압 조정 유닛이 결정하므로 실린더의 출력을 조정한다. 회로도에는 도면기호를 간략기호로 나타낸 것으로, 공압 조정 유닛의 외관과 상세기호를 그림 3-45에 나타냈다.

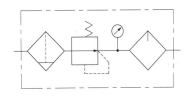

(a) 외관 (b) 상세 도면기호

[그림 3-45] 공압 조정 유닛의 외관과 상세 도면기호

② 전자밸브

액추에이터의 운동방향을 제어하는 기능의 전자밸브는 방향제어 밸브와 전자석을 일체시킨 밸브로서, 회로도에 나타낸 밸브의 상세명칭은 5포트 2위치 편측 전자밸브이다. 즉, 전자밸브의 호칭법은 포트의 수＋제어위치의 수＋조작방식＋복귀방식 순서로 호칭한다.

③ 속도제어 밸브

액추에이터의 운동속도를 제어하는 기능의 밸브로 일방향 유량제어 밸브 또는 속도제어 밸브라 부른다. 형식에는 실린더 전·후진 포트에 직접 장착하여 사용하는 실린더 직결형 속도제어 밸브와 실린더와 전자밸브 사이에 설치하여 사용하는 배관형 속도제어 밸브가 있다. 속도제어 방식에는 실린더로 공급되는 유량을 조절하여 속도를 제어하는 미터인 제어방식이 있고, 실린더로부터 유출되는 유량을 조절하여 속도를 조절하는 미터아웃 제어방식 두 가지가 있다.

(a) 배관형 (b) 실린더 직결형

[그림 3-46] 속도제어 밸브

④ 위치검출센서

실린더의 전·후진 행정 끝단 위치를 검출하는 센서를 표시한 것으로, LS1은 후진 끝단 검출센서이고, LS2는 전진 끝단 검출센서이다. 위치검출센서로는 마이크로 스위치, 리밋 스위치, 근접 스위치, 광전센서 등이 주로 사용되며, 가장 많이 사용되고 있는 것은 그림 3-47과 같은 실린더 스위치이다. 실린더 스위치는 자기형 근접 스위치로 실린더 튜브에 고정되어 피스톤의 위치를 검출하여 전진 끝단과 후진 끝단 위치를 검출하게 된다.

[그림 3-47] 실린더 스위치

(2) 복동 실린더의 수동 제어회로

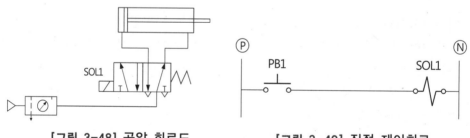

[그림 3-48] 공압 회로도   [그림 3-49] 직접 제어회로

그림 3-48은 5포트 2위치 편측 전자밸브로 복동 실린더를 구동하는 공압 회로도이고, 그림 3-49는 누름버튼 스위치로 솔레노이드 코일을 직접 구동하여 실린더를 제어하는 회로도이다. 그러나 이 회로는 실린더가 동작할 때까지 누름버튼 스위치를 계속 누르고 있어야 하는 불편이 있으므로 그림 3-50과 같이 자기유지회로를 구성하면 쉽게 해결할 수 있다. 즉, 전진신호 입력용 PB1과 후진신호 입력용 PB2 스위치로 자기유지회로를 구성하고, 릴레이의 a접점으로 솔레노이드 코일을 구동시킨 것이다.

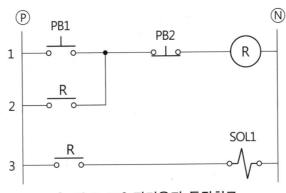

[그림 3-50] 자기유지 동작회로

　회로의 동작원리 및 읽는 방법은 1열의 전진신호용 PB1 스위치를 누르면 a접점이 닫히고 후진신호용 PB2 스위치가 b접점 접속이므로 릴레이 코일이 여자된다. 그 결과 2열의 R a접점이 닫혀서 자기유지되고, 동시에 3열의 R a접점도 닫혀 솔레노이드 코일을 구동시키게 되어 방향제어 밸브가 위치 전환되고 유체압력이 P포트에서 A포트를 통과해 실린더 헤드 측(전진 측)으로 유입되고, 실린더 로드 측(후진 측)의 공기는 밸브의 B포트에서 R2포트를 통해 배기되므로 실린더의 피스톤이 전진하는 것이다.

　실린더를 후진시키기 위해서는 후진입력용 PB2 스위치를 누르게 되고, 회로도에서 PB2의 b접점이 열려 릴레이 코일에 흐르는 전류를 차단시키므로 릴레이 코일이 소자된다. 그 결과 2열의 R a접점도 복귀하여 자기유지가 해제되고, 3열의 R a접점도 열려 솔레노이드 코일을 off시킨다. 따라서 밸브는 복귀 스프링에 의해 원위치되고, 유체압력은 P포트에서 B포트를 통과하여 실린더 로드 측으로 유입되고, 헤드 측 공기는 밸브의 A포트에서 R1포트를 통해 배기되므로 피스톤이 후진하는 원리이다.

　실제 동력회로의 밸브에는 배관 접속구(포트) 표시를 하지 않지만 회로를 읽을 때는 이와 같이 표현하여 읽는 것이다.

(3) 복동 실린더의 자동 복귀회로

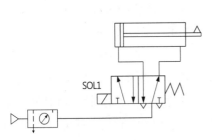

[그림 3-51] 공압 회로도

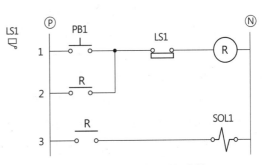

[그림 3-52] 자동 복귀회로

실린더가 전진 후 자동 복귀되려면 전진 끝단을 확인할 수 있는 센서가 필요하다. 그림 3-51의 회로가 그 일례이고, 그림 3-52의 전기회로도가 자동 복귀회로이다.

즉, 그림 3-50의 수동 복귀회로에서 후진신호용 PB2 대신에 전진 끝단 검출용 LS1 센서를 사용하여 그 신호로서 자기유지를 해제시키도록 한 것이다.

위치 검출용 센서를 설치할 수 없는 경우에는 타이머에 의한 시간 값으로 복귀시켜야 하는데 그 일례의 회로가 그림 3-53이다.

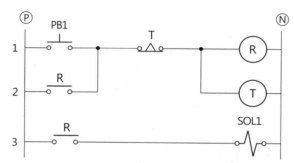

[그림 3-53] 타이머에 의한 자동 복귀회로

회로에서 전진신호용 PB1 스위치를 누르면 a접점이 닫혀 1열의 릴레이 코일과 2열의 타이머 코일이 동시에 여자되고, 그 결과 3열의 R a접점이 닫혀 솔레노이드 코일을 구동시켜 실린더를 전진시킨다. 또한 2열의 R a접점도 닫혀 자기유지가 성립되므로 피스톤이 전진할 때 PB1에서 손을 떼도 실린더를 계속 전진하고, 타이머 코일에 설정된 시간이 경과되면 타임 업되어 1열의 타이머 b접점을 열어 릴레이 코일을 소자시키게 된다. 따라서 3열의 R a접점이 복귀되어 솔레노이드 코일을 off시켜 실린더를 복귀시키게 되는 것이다.

(4) 연속 왕복 동작회로

실린더를 연속적으로 왕복동작시키려면 실린더의 전·후진 끝단을 검출할 수 있는 위치검출센서가 필요하다. 그림 3-54가 실린더의 전·후진 끝단에 검출용 센서가 배치된 공압 회로도이고, 그림 3-55 전기회로도가 연속 왕복동작 회로도이다.

회로의 동작원리는 시동 스위치 PB1을 누르면 1열의 R1 코일이 여자되어 2열의 R1 a접점에 의해 자기유지되고, 동시에 3열의 R1 a접점도 닫힌다. 이때 실린더가 후진 끝단 위치에 있으면 LS1 센서가 닫혀 있으므로 LS2 b접점을 통해 R2 코일이 여자된다. 그 결과 5열의 R2 a접점이 닫혀 솔레노이드 코일이 구동되어 실린더는 전진하게 되고, 동시에 4열의 R2 a접점이 닫혀 자기유지가 성립되므로 피스톤은 계속 전진한다. 실린더의 피스톤이 전진 완료되어 전진 끝단 검출센서 LS2가 on되면 LS2의 b접점이 열리게 되어 R2 코일이 소자된다. 따라서 4열의 R2 a접점이 열려 자기유지가 해제되고 5열의 R2 a접점도 열려 솔레노이드 코일이 off되어 밸브가 원위치되므로 실린더의 피스톤은 후진하게 된다.

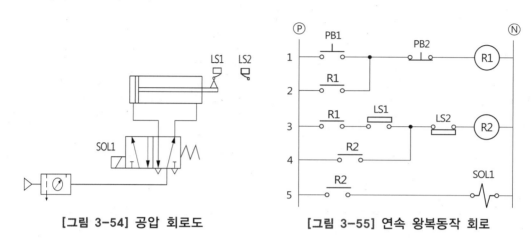

[그림 3-54] 공압 회로도 　　[그림 3-55] 연속 왕복동작 회로

실린더의 피스톤이 복귀 완료되어 후진 끝단 검출센서 LS1을 누르게 되면 다시 R2 코일이 on되어 자기유지되고, 솔레노이드 코일 SOL1이 on되어 실린더는 다시 전진하게 되고 이상의 동작을 반복하게 된다.

실린더가 동작 중에 정지 스위치 PB2를 누르면 1열의 릴레이 코일이 소자되어 자기유지가 해제되므로 실린더의 피스톤은 후진상태에서 정지하게 된다.

그림 3-56의 공압 회로도는 5포트 2위치 양측 전자밸브로 복동 실린더를 구동하는 공압 회로도로 전자밸브의 SOL1은 전진 측 솔레노이드이고, SOL2는 후진 측 솔레노이드이며, LS1은 실린더 후진 끝단 위치검출센서이고 LS2는 실린더 전진 끝단 위치검출센서이다.

이 장치를 구동하는 전기회로도가 그림 3-57로 실린더가 후진단에 있을 때 시동 스위치 PB1을 누르면 1열의 R1 릴레이 코일이 여자되어 2열에 의해 자기유지되고 3열의 a접점도 닫혀 릴레이 R2 코일이 여자된다. 그 결과 5열의 R2 a접점이 닫혀 솔레노이드 SOL1을 동작시켜 밸브를 전진 위치로 밀어 실린더를 전진시킨다. 이때 실린더가 출발하여 후진 끝단 위치를 벗어나면 위치검출센서 LS1이 off되므로 릴레이 코일 R2는 바로 소자된다. 그러나 밸브는 양측형이어서 후진 측 솔레노이드가 on되지 않으면 전진 위치를 유지하게 되므로 피스톤은 계속 전진하는 것이다. 즉, 양측 전자밸브의 구동회로에서는 편측 전자밸브의 구동회로에서와 같이 자기유지를 걸지 않아도 되지만, 실린더가 전진상태에서 클램프를 하는 용도 등에서 오작동으로 복귀되어 사고로 이어지는 경우라면 자기유지회로가 필요하다.

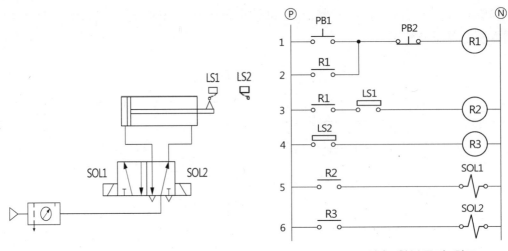

[그림 3-56] 공압 회로도   [그림 3-57] 연속 왕복동작 회로

실린더의 피스톤이 전진 위치에 도달되면 전진 끝단 검출센서 LS2가 on되고 그 결과 4열의 LS2 a접점이 닫혀 R3 코일이 여자된다. 따라서 6열의 R3 a접점에 의해 SOL2가 on되어 밸브를 후진 위치로 밀어 실린더를 후진시키게 되며, 후진 끝단에 도달되면 다시 LS1이 on되어 같은 동작을 반복하게 된다.

실린더가 동작 중에 정지 스위치 PB2를 누르면 실린더는 후진 위치에서 정지하는 회로이다.

04 모터제어의 전장설계 실제

1 믹서기계 제어반 설계·제작

(1) 전기적 사양 및 제어조건

산업용 원료 혼합이나 배합용 기계로 많이 사용되는 믹서장치의 전기제어장치를 설계·제작해 본다.

[그림 3-58] 믹서기계

전기적 사양 및 제어조건은 다음과 같다.

① 동력 : AC 220V, 60Hz, 3상 3선식
② 믹서 구동용 모터 : 5.5kW
③ 커버 개방용 모터 : 1.5kW
④ 제어조건
  ㉠ 판넬 전면에 전원 on/off 및 전원표시등 설치
  ㉡ 전압계 및 전류계를 설치하여 동력 표시
  ㉢ 믹서 구동용 모터는 속도제어가 가능해야 하고 판넬 전면에 조정 가능
  ㉣ 타이머에 의한 믹서 자동운전 및 종료 시 부저에 의한 알람 기능
  ㉤ 믹서모터가 기동 중에는 커버 오조작 금지 기능
  ㉥ 냉각팬 설치

(2) 동력회로 설계

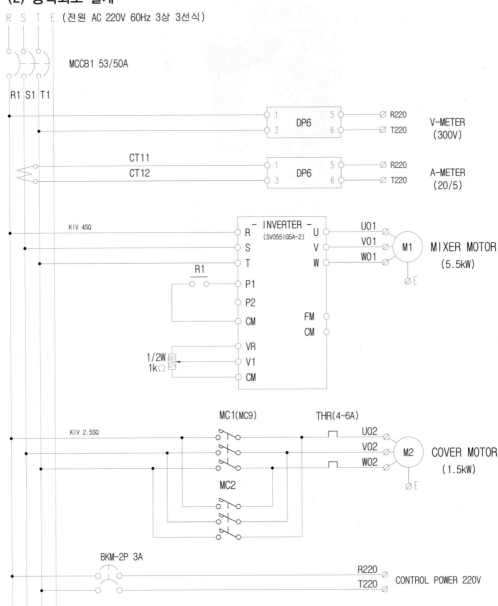

[그림 3-59] 믹서기계의 동력회로도

그림 3-59가 믹서기계의 동력회로로서 배선용 차단기로 전체 동력을 on/off시키고, 디지털 판넬메타를 설치하여 전압과 전류를 측정 표시하도록 하고 있다. 전류의 측정은 계기용 변류기(CT)를 통해 디지털 전류계로 측정 표시하는데, 이때 변류기의 비율은 20 : 5를 사용하여야 하나 60 : 5를 사용할 경우는 코어를 통과하는 전선가닥수가 3배수가 되도록 하면 된다.

믹서용 모터는 속도제어가 필요하므로 인버터 구동으로 외부에서 속도조절용 볼륨 (가변저항)으로 조절하도록 되어 있고, 커버 개방용 모터는 상, 하 이동을 위해 전자 접촉기 2대로 정역제어를 하고 있다.

　　제어전원은 CP(BKM-2P)를 통해 on/off 및 배선상의 문제로부터 보호한다.

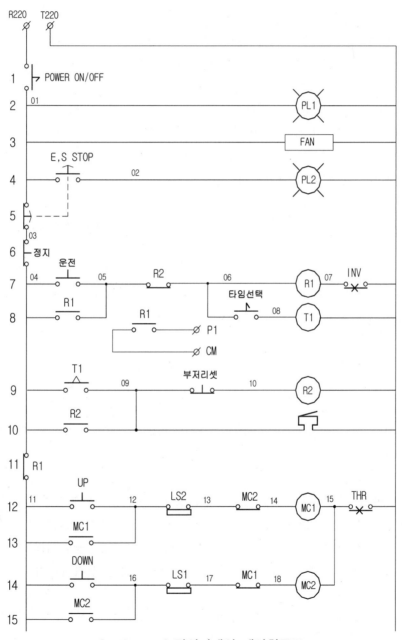

[그림 3-60] 믹서기계의 제어회로도

그림 3-60은 믹서기계의 제어회로이다.

① 1열의 전원 ON/OFF 스위치로 제어전원 전체를 통제하고 있고, 전원 스위치를 on하면 2열의 PL1의 전원표시램프가 점등한다.
동시에 3열의 판넬 내부 냉각팬도 on된다.

② 4열의 비상정지 스위치를 on하면 비상표시램프 PL2가 점등되고, 5열의 b접점에 의해 모든 동작을 강제 정지시킨다.

③ 6열의 정지 스위치는 믹서용 모터 M1이나 커버 개방용 모터 M2가 작동 중에 동작을 정지하는 기능을 한다.

④ 7열의 운전 스위치를 on하면 R1 릴레이 코일이 여자되고 8열의 a접점에 의해 자기유지된다. 그 결과 인버터 결선회로에 나타낸 P1의 신호를 on하여 인버터를 기동시켜 믹서모터 M1이 회전을 시작하게 된다. 인버터 기동 중에 모터에 과부하가 발생되면 인버터 내부의 전자서멀이 작동되어 R1의 코일을 소자시키게 되므로 인버터는 정지된다.

⑤ 8열의 타임선택 스위치에 의한 T1 코일 작동회로는 제어조건 ④의 회로로서 시간에 의한 자동운전 기능의 회로이다. 즉 최적의 배합시간이 결정되면 조작자는 타이머에 운전시간을 세팅하고 타임선택 스위치를 on시킨 후 운전 스위치를 기동시키면 믹서모터 M1은 타이머에 설정된 시간 후에 9열의 타이머 a접점이 닫혀 릴레이 코일 R2를 여자시키게 되고, 10열의 a접점에 의해 자기유지시킴과 동시에 부저를 울리고 동시에 7열의 R2 b접점을 열어 R1 코일을 소자시킴에 따라 믹서모터 M1이 정지되게 된다.
조작자는 믹싱 완료를 확인하고 부저 리셋 스위치를 눌러 부저를 정지시키는 기능의 회로이다.

⑥ 11열의 R1 b접점은 믹싱 중에 커버가 오조작에 의해 열리지 못하도록 하는 인터록 접점이다.

⑦ 12열의 회로는 커버를 여는 회로로서, UP 스위치를 조작하면 MC1이 여자되어 커버를 열고 상승 위치에 도달되어 LS2 센서가 on되면 정지한다.

⑧ 14열의 회로는 커버를 닫는 회로로서 하강 완료 리밋 스위치 LS1에 의해 정지되며, MC1의 b접점은 인터록 접점이며, MC1, MC2 코일 뒤의 THR b접점은 커버 개방용 모터 M2에 과부하가 발생되면 모터를 정지시키기 위한 보호접점이다.

⑨ 모선 안에 나타낸 01번부터 18번까지의 숫자는 선번호를 의미한다.

(3) 정격계산 및 기기 선정

1) MCCB의 용량 선정

배선용 차단기의 용량 선정은 차단기 용량 선정 기준식에 의해 다음과 같이 계산 선정한다.

[표 3-5] 배선용 차단기의 선정식

부하의 종류 (I_L : 전동기 이외의 부하전류, I_M : 전동기의 부하전류)	전선의 허용전류 : I_W	차단기의 정격전류 : I_b
$\sum I_M \leq \sum I_L$의 경우	$I_W \geq \sum I_M + \sum I_L$	$I_b \leq 3\sum I_M + \sum I_L$ 또는 $I_b \leq 2.5 I_W$ 두 개의 식 중에서 작은 값으로 한다. 단, $I_W > 100$A일 때 차단기의 표준정격 전류치에 해당하지 않는 경우에는 바로 위의 정격으로 해도 무방함.
$\sum I_M > \sum I_L$, $\sum I_M \leq 50$A의 경우	$I_W \geq 1.25\sum I_M + \sum I_L$	
$\sum I_M > \sum I_L$, $\sum I_M > 50$A의 경우	$I_W \geq 1.1\sum I_M + \sum I_L$	

먼저 각 부하의 유효전류를 구한다.

전동기의 부하전류는 $\sum M = 5.5\text{kW} + 1.5\text{kW} = 7\text{kW}$ 이므로 $\sum I_M = \dfrac{7,000}{\sqrt{3} \times 220 \times 0.9} = 20.4$A 이다.

본 예의 믹서기계에서 믹싱 중에는 커버모터가 작동할 수 없기 때문에 두 개 모터 중에서 큰 값인 믹서모터로 I_M을 구해 적용하여도 무방하다.

따라서 믹서모터의 유효전류는 $\sum I_M = \dfrac{5,500}{\sqrt{3} \times 220 \times 0.9} = 16$A 이다.

전동기 이외의 부하전류는 제어회로에 사용되는 각 기기의 소비전류를 메이커의 카탈로그를 통해 확인하여 합산한다. 일례로 LS산전의 전자 접촉기 소비전류 값은 표 3-6과 같다.

상용전원을 기준으로 파일럿 램프는 20~50mA이며, 릴레이나 타이머 코일은 20~60mA, 전자 접촉기는 20~100mA, 부저는 20~50mA 정도이다.

본 회로에서는 판넬메타 2개, 파일럿 램프 2개, 릴레이 2개, 타이머 1개, 전자 접촉기 2개, 부저 1개, 냉각팬 모터 1개로 약 1A가 I_L값이 된다.

[표 3-6] 전자 접촉기의 소비전력(LS산전)

구 분	교류코일 제어회로		직류코일 제어회로	
	적용 전자 접촉기	투입 소비전력(50/60Hz)	적용 전자 접촉기	투입 소비전력
18AF	6a, 9a, 12a, 18a	80VA	6a, 9a, 12a, 18a	3W
22AF	9b, 12b, 18b, 22b	80VA	9b, 12b, 18b, 22b	3W
40AF	32a, 40a	80VA	32a, 40a	2.2W
65AF	50a, 65a	120VA	50a, 65a	2.2W
100AF	75a, 85a, 100a	220VA	75a, 85a, 100a	5.1W

배선용 차단기의 선정은 다음과 같다.

$I_W \geq 1.25\sum I_M + \sum I_L = 1.25 \times 16 + 1 = 21A$

$I_b \leq 3\sum I_M + \sum I_L = 3 \times 16 + 1 = 49A$

또는

$I_b \leq 2.5I_W = 2.5 \times 21 = 52.5A$

따라서 차단용량을 고려한 차단기의 선정은 작은 값 49A를 적용하여 선정하며, 가장 근사값인 50A로 결정한다.

2) 인버터의 선정

인버터의 선정은 표준적인 운전환경에서는 모터용량과 동일한 형식으로 선정하고, 가혹한 운전환경에서는 모터의 용량보다 한 단계 상위모델로 선정하는 것이 원칙이다. 그러므로 본 예에서는 표 3-7의 인버터 형식 예에서 SV055iG5A-2 모델로 결정한다.

[표 3-7] 인버터 형식 예(LS산전)

SV□□□iG5A-2□		004	008	015	022	037	040	055	075	110	150	185	220
적용 모터	[HP]	0.5	1	2	3	5	5.4	7.5	10	15	20	25	30
	[kW]	0.4	0.25	1.5	2.2	3.7	4.0	5.5	7.5	11	15	18.5	22
출력 특성	정격용량[kVA]	0.95	1.9	3.0	4.5	6.1	6.5	9.1	12.2	17.5	22.9	28.2	33.5
	정격전류[A]	2.5	5	8	12	16	17	24	32	46	60	74	88
	최대 출력 주파수	400[Hz]											
	최대 출력전압[V]	3상 220~230V											
입력 전원	정격전압[V]	3상 220~230V [+10~−15%]											
	정격 주파수	50~60[Hz]											
	냉각방식	0.4kW 형식만 자연냉각, 나머지 형식은 강제냉풍											

3) 전자 접촉기의 선정

커버 개방용 모터의 정격은 1.5kW이므로 유효전류는 $\sum I_M = \dfrac{1,500}{\sqrt{3} \times 220 \times 0.9} = 4.3A$ 이다.

때문에 표 3-8의 전자 접촉기 형식 예에서 MC-6a를 사용해도 무난하지만 제조 메이커에서 통상 9A 이상을 상시 재고로 두기 때문에 MC-9a로 선정한다.

[표 3-8] 전자 접촉기의 형식(LS산전)

사용 전류 및 용량	형명		18AF				22AF				40AF		65AF	
			6a	9a	12a	18a	9b	12b	18b	22b	32a	40a	50a	65a
최대 사용 전류	≤440V	A	7	9	12	18	9	12	18	22	32	40	50	65
정격 사용 용량 (표준 전동기 용량 정격)	220/240V	kW	2.2	2.5	3.5	4.5	2.5	3.5	4.5	5.5	7.5	11	15	18.5
	380/440V	kW	3	4	5.5	7.5	4	5.5	7.5	11	15	18.5	22	30
	500/550V	kW	3	4	7.5	7.5	4	7.5	7.5	15	18.5	22	30	33
	690V	kW	3	4	7.5	7.5	4	7.5	7.5	15	18.5	22	30	33

4) 과부하 보호기의 선정

과부하에 의해 모터의 코일이 소손되는 것을 방지하기 위해 사용되는 과부하 보호기에는 열동식 과부하 보호기(서멀 릴레이)와 전자식 과부하 보호기(EOCR)가 사용된다.

열동식 과부하 보호기는 전류에 의한 발열로 작동되는 바이메탈 소자를 이용하여 과전류를 차단하는 것으로 부하별 사용 용도에 따라 표준형, 결상보호형, 지동형 세 가지로 나뉜다.

표준형은 국내에서 가장 많이 사용되는 형식으로 내부 바이메탈 각 상에 과전류 요소를 검출하는 히터의 장착수에 따라 2소자형, 3소자형이 있는데 주로 2소자형을 많이 사용하고 있다. 다만, 2소자형은 S상에 검출소자가 없는 구조이기 때문에 정확한 부하 보호를 위해서는 3소자형을 사용하는 것이 바람직하다.

결상보호형은 표준형에 결상 검출기능을 추가한 제품으로 결상에 의한 사고방지를 위해 사용되는 형식이다. 결상이란 3상 전원 공급 라인 중 1선이 단선된 상태로 전원이 공급되는 것을 말하며, 이때는 결상된 이외의 상에는 정격전류의 약 1.5배가 흐르게 되어 전동기 내부권선의 열화가 발생되어 수명이 저하되거나 코일이 소손되는 사고로 이어진다.

지동형 열동식 과부하 계전기는 기동시간이 긴 블로워나 팬, 원심분리기와 같은 관성이 큰 부하에 적용되는 제품형식으로, 표준형은 과전류 트립시간이 짧기 때문에 기동 시 빈번한 트립이 발생할 수 있어서 지동형 보호기를 사용해야 한다.

최근의 경향은 전자식 과부하 보호기를 많이 사용하는 추세인데, 전자식 과부하 보호기 EOCR이란 Electronic Overload Relay를 말하는 것으로 열동식 과부하 보호기는 기계적 접점이 가동하는 구조이지만, 전자식은 CT로 이상전류를 검출하여 설정값과 비교하여 과대전류를 차단하는 원리로 내부회로가 반도체 무접점으로 되어 있고 반응속도가 빠르며, 속도를 조절할 수 있을 뿐만 아니라 미세한 전류의 변화에도 반응하게 할 수 있도록 내부에는 Op amp와 로직회로를 조합하거나 마이크로프로세서를 사용하여 무접점 출력소자를 제어하는 원리이다.

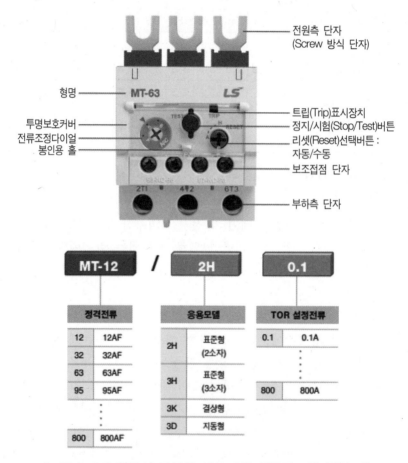

[그림 3-61] 열동식 과부하 보호기의 외관구조와 형식 예

본 예의 커버 개방용 모터 M2의 유효전류가 4.3A이므로 보호용 계전기는 4~6A로 정하면 된다.

5) CP의 선정

회로보호기는 통상 정격전류가 1A, 2A, 3A, 5A, 6A, 10A 단위로 제작되며, 프레임

사이즈가 동일한 경우 가격도 동일하다. 본 예의 믹서기계는 제어회로에 사용되는 부하전류가 약 1A이기 때문에 여유를 두어 2A로 선정하여도 되지만, 팬 기동모터의 기동전류까지 고려하여 3A 이상으로 선정한다.

(4) 기기 배치도 작성

기기 배치도는 판넬 제작을 위한 작업지시서이며, 제어함의 크기를 결정하기 때문에 3단계에서 결정한 기기제조사의 홈페이지에서 CAD 데이터를 받아 실척(1 : 1)으로 작성하여야 한다.

기기 배치의 기준은 1열은 차단기나 회로보호기, 트랜스, SMPS와 같은 전원 안정화 기기를 배치하고, 2열은 전자 접촉기나 인버터, TPR 등의 부하개폐기를 배치하고, 3열은 릴레이, 타이머, PLC와 같은 제어기를, 4열에는 외부에서 접속되는 배선의 정리를 위한 단자대(터미널 블록)를 배치하는 것이 원칙이다.

각 기기의 이격거리는 절연거리의 확보나 냉각효과를 위해 메이커가 권장하는 거리만큼 떼서 설치하여야 하며, 전선의 굵기 등에 따라 작업의 편의성도 고려되어야 한다.

통상 동력선일 경우 덕트와 기기의 이격거리는 30~60mm 정도가, 조작선의 경우에는 20~40mm 정도는 떼야 한다.

배치도 작성의 순서는 그림 3-62와 같이 세로 덕트와 가로 덕트를 배치한 후 배선용 차단기를 위치시킨다. 이때 덕트의 크기는 덕트를 통과하는 전선의 굵기와 가닥수를 계산하여 덕트 체적의 60~80% 이내가 되는 덕트 사이즈를 선정한다.

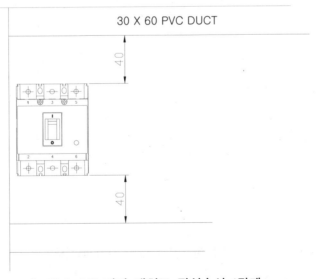

[그림 3-62] 기기 배치도 작성순서 1단계

이어서 차단기와 덕트의 이격거리를 두고 2열의 중간 덕트를 배치한다.

이상의 방법으로 완성시킨 기기 배치도가 그림 3-63이다. 전체 배치도 작성이 끝나면 가로×세로의 외곽치수가 판넬 속판의 치수가 되며, 여기에 50~80mm의 여유를 준 치수가 제어함의 외곽치수가 되는 것이다.

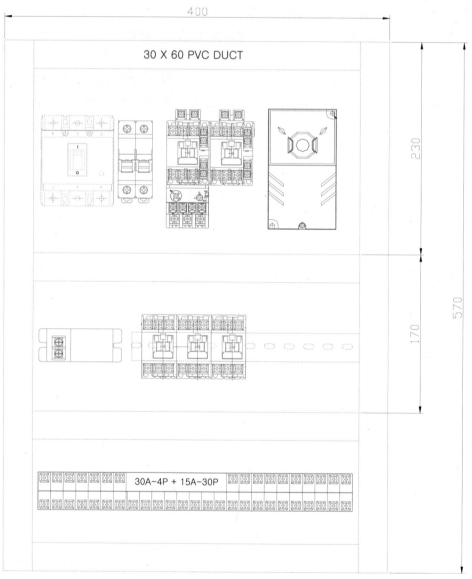

[그림 3-63] 완성된 기기 배치도

(5) 조작부(O, P) 배치도 작성

조작부 배치도는 조작의 편의성, 감시의 용이성 등을 고려하고, 각 기기의 이격거리는 배선 시 상호 간섭을 일으키지 않도록 하여야 한다.

배치의 순서는 조작의 순서대로 좌 → 상에서부터 우 → 하로 배치하고, 운전-정지나 전진-후진, 상승-하강과 같은 경우에는 인접되게 배치하고, 특히 비상정지 스위치는 조작 시 간섭을 피하고 신속하게 조작할 수 있는 위치인 좌하나 우하에 위치하도록 한다.

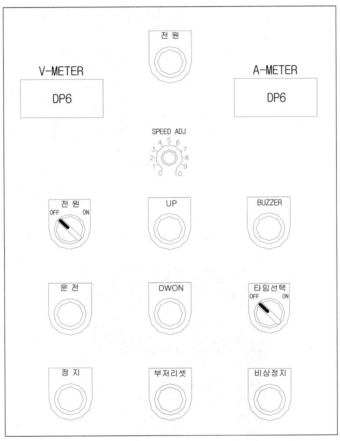

[그림 3-64] 조작부 배치도

(6) 기기 조립 및 배선공사

전기 제어기는 통상 수직방향의 직각부착을 원칙으로 설계되어 있다. 따라서 기기 조립 시는 직각방향으로 견고하게 고정되어야 하며, 드릴가공이나 탭핑 후 금속찌꺼기를 완전하게 제거 후 기기를 조립하여야 한다.

1) 배선용 차단기의 배선

배선용 차단기 배선 시는 전원측과 부하측을 확인하여 배선하여야 한다.

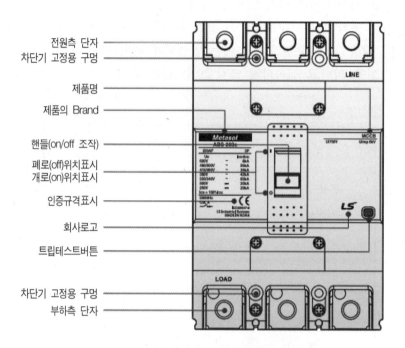

전원측 단자
차단기 고정용 구멍

제품명
제품의 Brand

핸들(on/off 조작)
폐로(off)위치표시
개로(on)위치표시
인증규격표시
회사로고
트립테스트버튼

차단기 고정용 구멍
부하측 단자

[그림 3-65] 배선용 차단기의 각부 기능

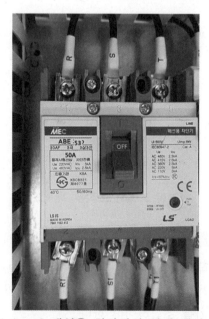

[그림 3-66] 배선용 차단기의 실제 배선 결과

배선을 위해 전선에 터미널을 압착하는 방법은 다음과 같다.

① 전선에 넘버링 튜브 또는 비닐절연 튜브를 끼운 후 전선 스트리퍼나 전선가위를 이용하여 터미널 압착길이보다 약간 길게(보통은 0.5~1mm 길게) 전선의 피복을 벗긴다.

[그림 3-67] 전선 피복 제거 사진

② 전선 압착기를 이용하여 터미널의 전단면을 압착한다.

[그림 3-68] 터미널 압착 사진

③ 터미널에 비닐절연 튜브나 넘버링 튜브를 끼워 넣어 압착부위를 절연 보호한다. 넘버링 튜브를 삽입할 때는 선번호가 바르게 보이도록 끼워 넣어야 한다.

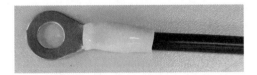

[그림 3-69] 압착 후 사진

2) 인버터 배선

인버터 배선 시 유의사항으로는 배선을 하기 전에 반드시 인버터 전원이 꺼져 있는지 확인 후 작업을 실시해야 하며, 특히 운전 후 인버터 전원을 차단했을 때는 인버터 표시부가 꺼지고 나서 약 10분 후에 배선작업을 실시해야 한다.

입력 공칭전압은 R, S, T단자에 출력단자는 U, V, W에 반드시 확인 후 연결하여야 하고, 배선 시 전선조각이 인버터 내부에 남지 않도록 하여야 한다.

출력 측의 배선과 다른 배선은 가능한 한 혼재되지 않도록 떼어서 하고, 출력 측의 배선길이는 200m 이내가 되도록 하여야 한다.

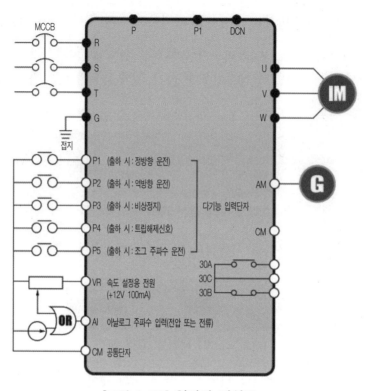

[그림 3-70] 인버터 결선도

3) 전자 접촉기 배선

전자 접촉기의 설치 배선 시는 이물이 제품에 들어가지 않도록 주의하여야 하며, 먼지나 부식성 가스가 많은 장소에서는 케이스 커버 등의 보호구조를 고려하여야 한다.

전자 접촉기의 정상부착은 수직 직각부착을 원칙으로 하나 그림 3-71에 나타낸 바와 같이 각 방향 30°까지의 경사부착은 허용된다. 배선용 차단기와 달리 횡방향 설치의 경우에는 기계적 개폐 내구성이나 개폐 빈도가 약 80% 정도 저하된다.

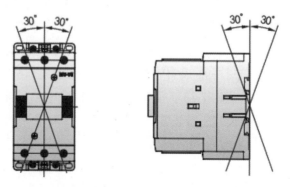

[그림 3-71] 전자 접촉기의 설치 허용각도

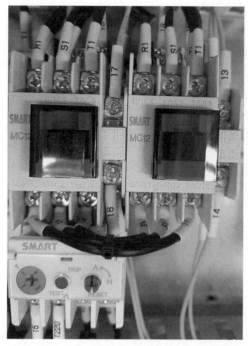

[그림 3-72] 전자 접촉기의 배선 결과

4) 릴레이와 타이머 소켓의 배선

믹서기계 제어회로에서 릴레이와 타이머 관련 회로도는 그림 3-73이며, 그 배선 결과도가 그림 3-74이다.

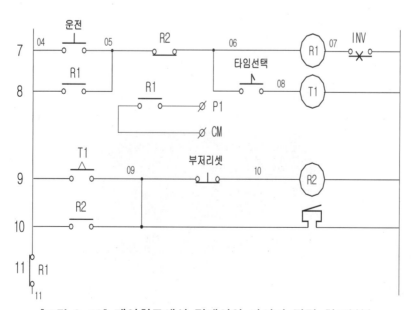

[그림 3-73] 제어회로에서 릴레이와 타이머 관련 회로부분

[그림 3-74] 릴레이 소켓의 배선 결과

5) V-METER의 배선

그림 3-64의 조작부 배치도에서 보여준 판넬메타에서 V-METER와 A-METER는 통상 모델이나 사이즈가 비슷하여 오배선 가능성이 높으며, 오배선 시 메타의 내부기판이 파손되기 때문에 배선 시 반드시 접속도를 확인하여 실시하여야 한다.

그림 3-75는 V-METER의 접속도와 배선 실시 사례를 나타낸 것이다.

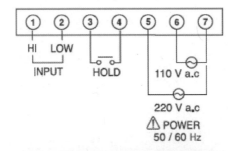

[그림 3-75] V-Meter의 접속도와 배선 예

6) 믹서기계 속판의 전체 배선 결과

[그림 3-76] 믹서기계 속판의 배선 완료상태

7) 인버터 파라미터 설정

배선용 차단기를 on시켜 전원을 투입한 후 인버터 파라미터를 설정한다. 인버터 파라미터는 메이커마다 상이하므로 메이커에서 제공하는 매뉴얼을 참조하여 실시해야 하며, 표 3-9는 LS산전의 IG-5모델을 예시한 것이다.

그림 3-77은 믹서기계와 같이 판넬 전면에서 가변저항으로 주파수를 설정할 때 가변저항과 인버터 단자 간 배선도를 나타낸 것이다.

[표 3-9] 인버터 파라미터 설정값

운전 순서	설정항목	코드 번호	기능 설명	출하치	변경 후
1	운전지령 설정 (DRV 그룹)	Drv	단자대를 on, off함으로써 전동기의 운전을 세어한다.	1(FX/RX-1) (단사내 운전-1)	1(FX/RX-1) (단자대 운선-1)
2	아날로그 입력 설정 (DRV 그룹)	Frq	가변저항으로 주파수를 조절하도록 변경한다.	0(Keypad-1) (키패드 지령)	3(VI : 0~10V) (아날로그 전압지령)
3	가감속 시간설정 (DRV 그룹)	ACC dec	가속시간을 ACC에서 10sec로 설정하고, 감속시간을 dec에서 20sec로 설정한다.	5sec(가속) 10sec(감속)	10sec(가속) 20sec(감속)
4	정방향 운전지령 (P1 : FX)	I17	초기치는 FX(정운전)로 되어 있으며, 필요에 따라 다른 기능으로 선택할 수 있다.	FX(정운전)	FX(정운전)

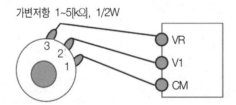

[그림 3-77] 주파수 설정용 가변저항의 배선도

Memo

CHAPTER

04

전 선

CHAPTER 04 전 선

01 전선의 개요

1 전선의 정의와 용어

[그림 4-1] 캡타이어 케이블

전선이란 전기에너지를 전달하기 위한 선으로 케이블 또는 코드 등으로 호칭한다.

전선의 종류에는 절연전선, 코드, 캡타이어 케이블, 고압 케이블, 저압 케이블, 나전선, 전력용 케이블, 소방용 케이블, 통신용 케이블, 수중 케이블 등이 있다.

전선의 구조는 도체와 절연체 및 보호피복으로 구성된다. 그러므로 전선은 도체의 종류와 굵기, 절연체의 종류와 굵기, 피복제의 종류 및 굵기, 피치의 간격, 차폐 유무나 차폐 재질 등에 따라 전기적 특성이 다르기 때문에 사용 용도에 따라 적합한 전선을 선택하는 것이 매우 중요하다.

전선에 관계되는 용어 및 도체와 절연체의 종류를 설명하면 다음과 같다.

(1) 절연전선

구리나 알루미늄 또는 이들 합금의 단선 또는 연선을 적당한 절연물로써 완전히 피복, 절연된 케이블이다.

(2) 코드

전선 중에서 일반적으로 유연성을 갖고, 주로 옥내에 사용되는 것으로서 도체경이 가는 선으로 300V 이하의 사용 전압에 쓰인다.

(3) 캡타이어 케이블

동선에 고무나 염화비닐을 씌운 여러 개의 전선을 한데 묶어서 다시 고무나 염화비닐로 피복한 가요성 전선으로 내수성이나 내마모성이 우수한 특성이 있다.

(4) 허용전류

전선에 흐를 수 있는 최대의 전류를 말하며, 도체 또는 절연체의 연속 사용 최고 온도를 기준으로 해서 정해진다.

(5) 공칭 단면적

공칭 단면적은 도체의 굵기를 표시하는 것으로, 도체의 계산 단면적을 절상 또는 절하한 수치로 표시한다.

(6) 소선

도체를 형성하는 한 가닥의 선을 말한다.

(7) 심선

전선의 도체를 심선이라 한다.

(8) 연선

소선을 2가닥 이상 꼬아 형성된 도체를 연선이라 한다.

(9) 단선

도체가 1가닥의 소선으로 형성되어 있는 것을 단선이라 한다.

(10) 단심

선심이 1가닥만으로 된 것을 말한다.

(11) 다심

선심이 2가닥 이상인 것을 말한다.

(12) 대연

선심 2가닥을 서로 꼬아 연합하는 연선을 말한다.
집합연선 또는 동심 연선된 도체 2가닥 이상을 다시 연선한 것을 말한다.

(13) 도체

전기적 특성으로 전기가 흐르는 물질을 도체라 하며, 전선에서는 전류를 흘리기 위한 금속부분의 것으로 가장 일반적인 재질은 구리, 알루미늄이다.

(14) 피치

선심, 도체 등을 연합할 때의 꼬임길이, 일반적으로 충심연경 또는 외경의 배수로 표시된다.

(15) AWG

American Wire Gage의 약자로서 미국에서 일반적으로 사용되어지는 도체치수의 규격을 말한다.

2 도체의 종류와 특징

(1) 연동선

연동선은 경동선에 비해 도전율이 높고, 열처리로 인한 유연성 및 가공성이 우수하여 전선 도체로 가장 널리 사용되고 있다.

(2) 주석도금 연동선

동에다 주석을 입힌 주석도금 연동선은 동이 대기 중에서 산화·부식되는 것을 방지하고 납땜을 용이하게 하며, 가격이 비교적 저렴하기 때문에 널리 사용된다. 주석도금 연동선은 150℃까지 사용 가능하며 그 이상의 온도에서는 급속히 산화가 진행되어 검게 변색된다.

(3) 니켈도금 연동선

니켈도금 연동선의 사용 온도는 300℃까지 사용 가능하며, 니켈은 은보다 강하기 때문에 연선 시의 도체 표면에 흠이 없는 것이 장점이다. 항공기용 전선과 같이 특수용도에 한정적으로 사용된다.

(4) 은도금 연동선

은도금 연동선은 대기 중에서 동이 산화·부식되는 것을 방지하며 납땜성도 매우 우수하다. 200℃까지 사용 가능하며 350℃ 정도되면 급속히 산화가 진행된다. 은도금 연동선은 주로 불소수지 절연전선에 사용되고 있다.

(5) 동복강선(Bare copper covered steel)

동복강선은 강선 주위에 일정 두께의 동을 피복한 것으로, 동에 비해 인장강도가 뛰어나나 도전율이 2.5~3배 정도 낮고 신장률이 매우 적어서 가공하기가 비교적 어렵다. 연동선보다 인장강도가 뛰어난 도체를 요구하는 경우에 있어 동복강선을 주로 사용한다.

동복강선을 사용할 경우 낮은 도전율 및 신장률은 스킨 이펙트 현상에 의해 고주파용에서 기대하는 성능을 충분히 만족시킬 수 있으므로, 동복강선은 주로 고주파용으로 사용되는 동축케이블의 도체로 사용된다.

(6) 알루미늄

알루미늄은 일반 금속재료 중 동 다음으로 도전성이 좋고 가벼우며, 또한 내부식성도 우수하여 도전재료로 널리 사용되고 있다.

3 절연체 및 보호피복 재료

(1) 폴리염화비닐(PVC, Polyvinyl Chloride)

염화비닐의 중합물로서 아세틸렌과 염화수소를 반응시켜 얻는다. 내전압 및 절연저항이 비교적 높아 절연 및 Jacket 재질로 널리 사용되고 있다. 그러나 유전율 및 유전정접이 크기 때문에 일반적으로 고주파 및 고전압용 절연 재질로는 사용되지 않는다. 난연성, 내유성, 내오존성 및 내수성이 좋다.

(2) 폴리에틸렌수지(PE, Polyethylene)

에틸렌 중합물이며 일반적으로 저밀도 PE, 중밀도 PE, 고밀도 PE(HDPE)의 3종류가 있다. 유전율 및 유전정접이 적고, 온도와 주파수에 따라 특성 변화가 거의 없는 특징 때문에 통신용, 고주파용의 절연체로서 널리 사용된다. 기계적으로 강하며 내약품성, 내용제성이 우수하며 특히 내수·내습성이 뛰어나다.

(3) 가교 폴리에틸렌

PE의 분자 간에 가교반응을 일으켜 그물 형상의 분자구조를 만든 것으로, PE에 비해 기계적 강도 및 내열성이 향상되어 고온에서도 잘 녹지 않는다. PE가 갖는 우수한 전기 특성에 내열성을 보완하였으므로 전력케이블의 절연체로 널리 쓰이고 있다.

(4) 나일론

폴리아미드수지의 일반적인 호칭으로 기계적으로 강하고 내마모성, 내약품성이 우수하지만, 흡습에 따라 전기적 특성이 저하되기 때문에 절연체로서는 사용하지 않고 Jacket 재질로 사용한다.

(5) 불소수지(Fluorocarbons)

불소수지는 불연성(Non-flammable)이며 내열·내약품 및 내산화성이 극히 우수한 내열·내식재료이다.

(6) 폴리우레탄수지(PU, Polyurethane)

상온에서 고무와 같은 탄성을 갖고 있으며, 인장강도 및 신율이 우수하고 내마모성이 훌륭한 Jacket 재질이다. 또한 내후성 및 내유성도 우수하다.

4 전선의 허용온도

케이블 등을 통상적으로 사용할 때 내용기간 중에 케이블 등에 흘리는 전류는 도체(무기절연의 경우는 시스) 온도가 표 4-1(전선·케이블의 허용온도)에서 정한 허용온도 이하가 되는 전류값이 되도록 규정하고 있다.

[표 4-1] 전선·케이블의 허용온도(IEC 60364-52의 표 52-4)

절연물의 종류	허용온도(℃)
• 염화비닐(PVC)	도체 70
• 가교 폴리에틸렌(XLPE) 및 에틸렌프로필렌 고무 혼합물(EPR)	도체 90
• 무기물(PVC 피복 또는 나시스로 사람이 접촉할 우려가 있는 것)	시스 70
• 무기물(나시스로 사람이 접촉할 우려가 없고 가연성 물질과 접촉할 우려가 없는 것)	시스 105

허용전류는 특정조건(예 주위 기중온도, 주위 지중온도, 케이블 중의 부하도체수, 절연전선 등의 절연물, 케이블의 금속외장의 유무, 시설방법)하에서 정상상태에서의 도체 온도가 표 4-1에서 정하는 값을 초과하지 않는 경우로서 도체에 연속적으로 흘릴 수 있는 최대 전류값이다.

02 주요 전선의 종류와 용도

1 절연전선

[표 4-2] 절연전선의 종류와 용도

약 칭	명 칭	주요 용도	비 고
OW (out-door weather proof wire)	옥외용 비닐절연전선	저압 가공 배전선로에 사용	KS C 3313
DV (drop-wire)	인입용 비닐절연전선	저압 가공 인입선에 사용	KS C 3315
IV (indoor-wire)	600V 비닐절연전선	600V 이하의 옥내 배선에 사용	KS C 3302
HIV (heat-resistant wire)	600V 2종 비닐절연전선	600V 이하의 옥내 배선용으로 소방 및 비상전력에 사용	KS C 3328

약 칭	명 칭	주요 용도	비 고
KIV (Insulated Flexibled wire)	600V 전기기기용 절연전선	600V 이하의 주로 일반전기 공작물, 전기기기의 배선에 사용	KS C 3325
GV	접지용 비닐절연전선	전기 건축물 규정에 준하는 제 1급 및 제2급 접지용에 사용	KS C 3323

절연전선의 종류로는 면절연전선, 고무절연전선, 비닐절연전선, 인입용 절연전선 외에도 형광등, 네온관용 등 여러 가지가 있다. 그 중 대표적인 절연전선의 종류 및 용도를 표 4-2에 나타냈다.

2 제어용 케이블

제어 케이블은 일반 빌딩, 공장, 발수변전소, 기타 600V 이하인 제어회로에 사용되는 케이블이다. 사용 조건에 따라 절연방법 및 외장재료 등의 조합방법은 여러 가지가 있다.

[표 4-3] 제어용 케이블의 종류와 용도

약 칭	명 칭	주요 용도
CVS	제어신호용 비닐절연 비닐시스 케이블	충실형, 600V 이하의 제어용 회로에 사용되는 케이블로, PVC로 절연 및 시스를 하고 시스 사이를 PVC로 메꿈
CVV	제어용 비닐절연 시스 케이블	일반용, 600V 이하의 제어용 회로에 사용되는 케이블로, 관로 또는 기중 포설되며 최대 도체 사용 온도는 60℃
CVV-S	정전 차폐부 제어용 비닐시스 케이블	차폐용, 600V 이하의 정전차폐가 요구되는 제어용 회로에 사용되는 케이블로, 관로 또는 기중 포설되며 최대 도체 사용 온도는 60℃
CVV-SB	편조형 제어용 비닐절연 비닐시스 케이블	
CEV	제어용 폴리에틸렌 절연 비닐시스 케이블	일반용, 난연용
CCV	제어용 큐프렌 절연비닐 시스 케이블	내구성, 내열용
CRN	제어용 고무절연 클로로프린 시스 케이블	일반용, 가요성, 저온 특수성
CBN	제어용 부틸고무 절연 클로로프린 시스 케이블	내구성, 내열성, 난연성
HCVV	제어용 내열 PVC 절연 내열비닐 시스 케이블	내열성 가소제를 사용한 PVC로, 절연 및 시스 한 케이블
FR-CV	제어용 내열 PVC 절연 내열비닐 시스 케이블	난연 PVC로 절연하고, 난연성 PVC로 시스한 케이블

03 주요 전선의 규격과 특징

1 KIV(전기기기용 비닐절연전선)

600V 이하의 일반 전기공작물, 스위치 보드, 판넬 보드, 제어용 전기기기의 배선에 사용하는 비닐절연전선이다.

[그림 4-2] KIV 전선의 구조

도체는 주석도금 연동선이나 전기용 연동선을 단선도체나 연선도체로 하고 절연체로는 PVC를 사용하며, 색상은 흑색, 백색, 적색, 황색, 청색 등으로 제작한다.
일반적인 최고 허용온도는 60℃이며, 전선의 규격은 표 4-4와 같다.

[표 4-4] 450/750V KIV 전선의 규격

도 체			절연 두께 (mm)	완성품 외경		도체저항(20℃)		절연저항 (70℃) (MΩ·km)
공칭 단면적 (mm²)	최대 소선경 (mm)	외경 (mm)		하한	상한	도금 없음	도금 있음	
				(mm)		(Ω/km)		
1.5	0.26	1.6	0.7	2.8	3.4	13.3	13.7	0.010
2.5		2.1		3.4	4.1	7.98	8.21	0.009
4	0.31	2.6	0.8	3.9	4.8	4.95	5.09	0.007
6		3.6		4.4	5.3	3.30	3.39	0.006
10		4.8	1.0	5.7	6.8	1.91	1.95	0.0056
16		6.0		6.7	8.1	1.21	1.24	0.0046
25	0.41	7.4	1.2	8.4	10.2	0.78	0.795	0.0044
35		8.7		9.7	11.7	0.554	0.565	0.0038
50		10.4	1.4	11.5	13.9	0.386	0.393	0.0037

도 체			절연 두께 (mm)	완성품 외경		도체저항(20℃)		절연저항 (70℃) (MΩ·km)
공칭 단면적 (mm²)	최대 소선경 (mm)	외경 (mm)		하한	상한	도금 없음	도금 있음	
				(mm)		(Ω/km)		
70		12.5	1.4	13.2	16.0	0.272	0.277	0.0032
95		14.5	1.6	15.1	18.2	0.206	0.210	0.0032
120	0.51	16.2		16.7	20.2	0.161	0.164	0.0029
150		18.2	1.8	18.6	22.5	0.129	0.132	0.0029

2 HIV(내열 비닐절연전선)

옥내에 사용되는 전기시설물이나 전기기기의 배선에 사용되는 것으로 도체 최고 허용온도는 75℃로서 600V 2종 비닐절연전선이라고도 한다.

구조는 KIV와 동일하며, 도체로는 전기용 연동선이나 경동선이 사용되며 절연체로는 내열성 PVC가 사용된다.

절연체의 색상은 흑색을 주로 사용하나 색을 구별할 필요가 있을 때에는 흑색, 백색, 적색, 녹색, 황색, 청색 등이 사용된다.

3 IV(600V 비닐절연전선)

주로 600V 이하의 옥내 배선용으로 사용되며 내후성, 내구성이 양호한 절연전선으로 구조는 KIV와 동일하다.

도체로는 전기용 연동선이나 경동선이 사용되고 절연체로는 PVC가 사용되며, 절연체의 색상은 주로 흑색을 사용하나, 색을 구별할 필요가 있을 때에는 흑색, 백색, 적색, 녹색, 황색, 청색으로 사용한다. 사용 최고 허용온도는 60℃이다.

4 VCT(비닐절연 캡타이어 케이블)

주로 공장이나 광산, 농장 등에서 AC 600V 이하, DC 750V 이하의 전압을 사용하는 이동용 전기기기의 배선용 및 이와 비슷한 용도에 사용한다.

도체로는 전기용 연동선이나 주석도금 연동선이 사용되며, 절연체와 피복제 모두 PVC가 사용된다.

최고 허용온도는 70℃이며, 선심별 색상은 2심은 흑색과 백색, 3심은 흑색, 백색, 적색이나 또는 흑색, 백색, 녹색이며, 4심은 흑색, 백색, 적색, 녹색으로 구별한다.

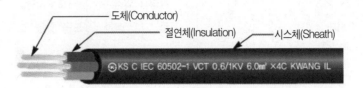

[그림 4-3] VCT 전선의 구조(광일전선)

5 VCTF(범용 비닐 시스 코드)

주로 옥내에서 AC 300V/500V 이하의 전기, 전자, 음향기기, 조명기기 등 소형 전기기구에 사용하는 전선으로 최고 허용온도는 70℃이다.

구조는 VCT와 동일하며, 선심의 색상은 1심일 때는 하늘색, 2심의 경우는 하늘색과 갈색, 3심의 경우는 녹색, 하늘색, 갈색이며, 4심의 경우는 녹색, 하늘색, 갈색, 흑색이고, 5심의 경우는 녹색, 하늘색, 갈색, 흑색, 흑갈색이 사용되는데, 녹색은 황색으로 하기도 한다.

6 CVV(제어용 비닐절연 시스 케이블)

600V 이하의 제어용 회로에 사용되는 케이블로 관 또는 지중에 포설 또는 매설하여 사용하는 제어용 케이블이다.

최고 허용온도는 70℃이며 선심의 색상은 2심은 흑색과 백색, 3심은 흑색, 백색, 적색이고, 4심은 흑색, 백색, 적색, 녹색으로 규정되어 있다.

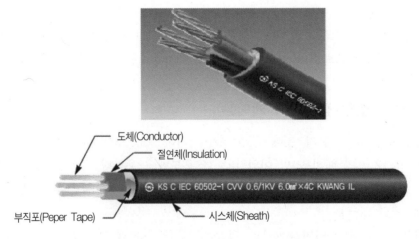

[그림 4-4] CVV 전선의 구조(광일전선)

04 KS C, IEC 60364-5-52의 배선방식

1 배선설비의 선정

배선설비의 선정은 사용하는 전선(나전선, 절연전선) 및 케이블의 종류에 따라 표 4-5(배선설비의 선정)에 적합한 것으로 함이라고 규정하고 있으며, 표 4-5의 내용은 다음과 같다.

[표 4-5] 배선설비의 선정

전선과 케이블		공사방법							
		고정하지 않는다.	직접 고정	전선관	케이블 트렁킹 (몰드형, 바닥면 매입형을 포함)	케이블 덕트	케이블 트레이 브래킷	애자 사용	지지 용선
나전선		–	–	–	–	–	–	+	–
절연전선		–	–	+	+	+	–	+	–
외장 케이블 (금속 외장 및 무기절연을 포함)	다심	+	+	+	+	+	+	0	+
	단심	0	+	+	+	+	+	0	+

[표 내용 중] + : 사용할 수 있다.
　　　　　　 – : 사용할 수 없다.
　　　　　　 0 : 적용할 수 없다. 또는 실용상 일반적으로 사용하지 않는다.

2 배선방식의 종류

고정 전기설비에 일반적으로 사용하는 배선공사방식의 종류는 표 4-6과 같다.

[표 4-6] 배선방식의 종류

기호	설치방법			
A1	단열벽 안의 전선관에 시공한 절연전선 또는 단심케이블		단열벽 안에 직접 매입한 다심케이블	
	몰딩 내부의 절연전선 또는 단심케이블		처마 및 창틀 내부의 전선관 안의 단심케이블 및 다심케이블	

기호	설치방법		
A2	단열벽 안의 전선관에 시공한 다심케이블 방		
B1	목재 또는 석재 벽면의 전선관에 시공한 절연전선 또는 단심케이블	목재 벽면의 케이블 트렁킹에 시공한 절연전선 또는 단심케이블	
	빌딩 빈틈에 시공한 단심, 다심 케이블(틈새의 치수와 케이블 외경에 따라 B2로도 계산됨)	석재벽 안 전선관의 절연전선 또는 단심케이블	
B2	목재 또는 석재 벽면의 전선관에 시공한 다심케이블	빌딩 빈틈에 시공한 단심, 다심 케이블(틈새의 치수와 케이블 외경에 따라 B1로도 계산됨)	
	석재벽 안 전선관의 다심케이블		
C	목재 벽면의 단심, 다심케이블 (고정 또는 목재 벽면으로부터 케이블 지름의 0.3배 이하로 이격)	막힘형 트레이에 포설한 단심, 다심케이블	
	석재벽에 직접 시공한 단심 또는 다심케이블		

3 전선의 허용전류값

KS C IEC 60364-5-52에 의한 배선공사방법에 따른 전선의 종류별 허용전류는 다음과 같다.

[표 4-7] IV·VV·CVV(0.6/1kV) 허용전류

(도체 허용온도 : 70℃, 주위온도(기중 : 30℃, 지중 : 20℃), 단위 : A)

구리 도체의 공칭 단면적 (mm²)	공사방법											
	A1 단열벽 안 전선관의 절연전선		A2 단열벽 안 전선관의 다심케이블		B1 석재벽면/안 전선관의 절연전선		B2 석재벽면/안 전선관의 다심케이블		C 벽면에 공사한 단심/다심 케이블		D 지중덕트 안의 단심/다심 케이블	
	단상	3상	단상	3상	단상	3상	단상	3상	단상	3상	단상	3상
1.5	14.5	13.5	14	13	17.5	15.5	16.5	15	19.5	17.5	22	18
2.5	19.5	18	18.5	17.5	24	21	23	20	27	24	29	24
4	26	24	25	23	32	28	30	27	36	32	38	31
6	34	31	32	29	41	36	38	34	46	41	47	39
10	46	42	43	39	57	50	52	46	63	57	63	52
16	61	56	57	52	76	68	69	62	85	76	81	67
25	80	73	75	68	101	89	90	80	112	96	104	86
35	99	89	92	83	125	110	111	99	138	119	125	103
50	119	108	110	99	151	134	133	118	168	144	148	122
70	151	136	139	125	192	171	168	149	213	184	183	151

[표 4-8] CV(0.6/1kV), HIV(450/700V) 허용전류

(도체 허용온도 : 90℃, 주위온도(기중 : 30℃, 지중 : 20℃), 단위 : A)

구리 도체의 공칭 단면적 (mm²)	공사방법											
	A1 단열벽 안 전선관의 절연전선		A2 단열벽 안 전선관의 다심케이블		B1 석재벽면/안 전선관의 절연전선		B2 석재벽면/안 전선관의 다심케이블		C 벽면에 공사한 단심/다심 케이블		D 지중덕트 안의 단심/다심 케이블	
	단상	3상	단상	3상	단상	3상	단상	3상	단상	3상	단상	3상
1.5	19	17	18.5	16.5	23	20	22	19.5	24	22	26	22
2.5	26	23	25	22	31	28	30	26	33	30	34	29
4	35	31	33	30	42	37	40	35	45	40	44	37
6	45	40	42	38	54	48	51	44	58	52	56	46
10	61	54	57	51	75	66	69	60	80	71	73	61
16	81	73	776	68	100	88	91	80	107	96	95	79
25	106	95	99	89	133	117	119	105	138	119	121	101
35	131	117	121	109	164	144	146	128	171	147	146	122
50	158	141	145	130	198	175	175	154	209	179	173	144
70	200	179	183	164	253	222	221	194	269	229	213	178

4 복수회로의 보정계수를 고려한 허용전류

(1) 전선을 단열벽 안 전선관에 넣은 공사방법(A) 적용 시 허용전류

[표 4-9] IV · VV · CVV(0.6/1kV) 허용전류[A1]

(도체 허용온도 : 70℃, 주위온도(기중) : 30℃, 단위 : A)

공칭 단면적 (mm²)	전선수									
	2본(2본 회로는 단상을 의미)					3본(3본 회로는 삼상을 의미)				
	1회로	2회로	3회로	4회로	5회로	1회로	2회로	3회로	4회로	5회로
1.5	14.5	11.5	8	9	7	13.5	10.5	9.5	8.5	8
2.5	19.5	15.5	13.5	12.5	11.5	18	14	12.5	11.5	10.5
4	26	20	18	16	15.5	24	19	16.5	15.5	14
6	34	27	23	22	20	31	24	21	20	18.5
10	46	36	32	29	27	42	33	29	27	25
16	61	48	42	39	36	56	44	39	36	33
25	80	64	56	52	48	73	58	51	47	43
35	99	79	69	64	59	89	71	62	57	53
50	119	95	83	77	71	108	86	75	70	64
70	151	120	105	98	90	136	108	95	88	81
95	182	145	127	118	109	164	131	114	106	98
120	210	168	147	136	126	188	150	131	122	112
150	240	192	168	156	144	216	172	151	140	129
185	273	218	191	177	163	245	196	171	159	147
240	321	256	224	208	192	286	228	200	185	171
300	367	293	256	238	220	328	262	229	213	196

[표 4-10] CV(0.6/kV), HIV(450/700V) 허용전류[A1]

(도체 허용온도 : 90℃, 주위온도(기중) : 30℃, 단위 : A)

공칭 단면적 (mm²)	전선수									
	2본(2본 회로는 단상을 의미)					3본(3본 회로는 삼상을 의미)				
	1회로	2회로	3회로	4회로	5회로	1회로	2회로	3회로	4회로	5회로
1.5	19	15	13	12	11	17	13.5	11.5	11	10
2.5	26	20.5	18	16.5	15.5	23	18	16	15	13.5
4	35	28	24	22	21	31	24	21	20	18.5
6	45	36	31	29	27	40	32	28	26	24
10	61	48	42	39	36	54	43	30	35	32
16	81	64	56	52	48	73	58	51	47	43
25	106	84	74	68	63	95	76	66	61	57
35	131	104	91	85	78	117	93	81	76	70
50	158	126	110	102	94	141	112	98	91	84
70	200	160	140	130	120	179	143	125	116	107
95	241	192	168	156	144	216	172	151	140	129
120	278	222	194	180	166	249	199	174	161	149
150	318	254	222	206	190	285	228	199	185	171
185	362	289	253	235	217	324	259	226	210	194
240	424	339	296	275	254	380	304	266	247	228
300	486	388	340	315	291	435	348	304	282	261

(2) 전선을 전선관에 넣어 벽면 노출공사 또는 석재(콘크리트 포함) 내에 매입하는 공사방법(B) 적용 시 허용전류

[표 4-11] IV·VV·CVV(0.6/1kV) 허용전류[B1]

(도체 허용온도 : 70℃, 주위온도(기중) : 30℃, 단위 : A)

공칭 단면적 (mm²)	전선수									
	2본(2본 회로는 단상을 의미)					3본(3본 회로는 삼상을 의미)				
	1회로	2회로	3회로	4회로	5회로	1회로	2회로	3회로	4회로	5회로
1.5	17.5	14	12	11	10.5	15.5	12	10.5	10	9
2.5	24	19	16.5	15.5	14	21	16.5	14.5	13.5	12.5
4	32	25	22	20	19	28	22	19.5	18	16.5
6	41	32	28	26	24	36	28	25	23	21
10	57	45	39	37	34	50	40	35	32	30
16	76	60	53	49	45	68	54	47	44	40
25	101	80	70	65	60	89	71	62	57	53
35	125	100	87	81	75	110	88	77	71	66
50	151	120	105	98	90	134	107	93	87	80
70	192	153	134	124	115	171	136	119	111	102
95	232	185	162	150	139	207	165	144	134	124
120	269	215	188	174	161	239	191	167	155	143

[표 4-12] CV(0.6/1kV), HIV(450/700V) 허용전류[B1]

(도체 허용온도 : 90℃, 주위온도(기중) : 30℃, 단위 : A)

공칭 단면적 (mm²)	전선수									
	2본(2본 회로는 단상을 의미)					3본(3본 회로는 삼상을 의미)				
	1회로	2회로	3회로	4회로	5회로	1회로	2회로	3회로	4회로	5회로
1.5	23	18	16	15	13.5	20	16	14	13	12
2.5	31	24	21.5	20	18.5	28	22	19.5	18	16.5
4	42	33	29	27	25	37	29	25	24	22
6	54	43	37	39	32	48	38	33	31	28
10	75	60	52	48	45	66	52	46	42	39
16	100	80	70	65	60	88	70	61	57	52
25	133	106	93	86	79	117	93	81	76	70
35	164	131	114	106	98	144	115	100	93	86
50	198	158	138	128	118	175	140	122	113	105
70	253	202	177	164	151	222	177	155	144	133
95	306	244	214	198	183	269	215	188	174	161
120	354	283	247	230	212	312	249	218	202	187

5 허용전류 간략화

KS C IEC 60364-5-52에 의한 배선공사방법에 따른 전선의 종류별 허용전류의 선정이 간편하도록 간략화하면 표 4-13과 같으며, 간략화 이외의 적절한 방법의 사용을 제외한 것은 아님이라고 되어 있다.

[표 4-13] 허용전류 간략화(구리도체)

공사방법	절연체의 종류와 부하도체의 수																
A1	PVC 2본	PVC 3본	XLPE 2본	XLPE 3본													
A2					XLPE 2본	XLPE 3본											
B1							PVC 2본	PVC 3본	XLPE 2본	XLPE 3본							
B2											XLPE 2본	XLPE 3본					
E													XLPE 2C	XLPE 3C			
F															XLPE 2본	XLPE 3본 (3각형)	XLPE 3본 (밀착)
단면적																	
1.5	14.5	13.5	19	17	18.5	16.5	17.5	15.5	23	20	22	19.5	26	23	–	24	–
2.5	19.5	18	26	23	25	22	24	21	31	28	30	26	36	32	–	33	–
4	26	24	35	31	33	30	32	28	42	37	40	35	49	42	–	45	–
6	34	31	45	40	42	38	41	36	54	48	51	44	63	54	–	58	–
10	46	42	61	54	57	51	57	50	75	66	69	60	86	75	–	80	–
16	61	56	81	73	76	68	76	68	100	88	91	80	115	100	–	107	–
25	80	73	106	95	99	89	101	89	133	117	119	105	149	127	161	135	141
35	99	89	131	117	121	109	125	110	164	144	146	128	185	158	200	169	176
50	119	108	158	141	145	130	151	134	198	175	175	154	225	192	242	207	216
70	151	136	200	179	183	164	192	171	253	222	221	194	289	246	310	268	279
95	182	164	241	216	220	197	232	207	306	269	265	233	352	298	377	328	342
120	210	188	278	249	253	227	269	239	354	312	305	268	410	346	437	382	400
150	240	216	318	285	290	259	–	–	–	–	–	–	473	399	504	441	464

KS C, IEC 60364-5-52의 배선방법에 의한 전선의 연속허용전류 산정법

1 KS C, IEC 60364-5-52의 일반사항

(1) 적용범위

① 공칭전압이 교류 1kV, 직류 1.5kV 이하의 비외장형 케이블과 절연도체에 적용함.

② 금속 외장 단심케이블에는 적용하지 않음(금속 외장형 단심케이블을 사용하는 경우에는 이 규격에 나타낸 허용전류를 상당히 감소시켜야 함).

③ 싱글웨이 금속덕트 안의 비외장형 단심케이블에는 적용할 수 있음.

(2) 허용온도

정상 사용 시 절연전선 및 케이블에 흐르는 전류는 도체(무기절연의 경우는 시스) 온도가 표 4-14와 같이 허용온도 이하가 되는 전류값이어야 한다.

[표 4-14] 절연전선·케이블의 허용온도

절연물의 종류	허용온도(℃)	비고
• 염화비닐(PVC)	70	도체
• 가교 폴리에틸렌(XLPE)과 에틸렌프로필렌 고무 혼합물(EPR)	90	
• 무기물(PVC 피복 또는 나도체가 인체에 접촉할 우려가 있는 것)	70	시스
• 무기물(접촉하지 않고 가연성 물질과 접촉할 우려가 없는 나도체)	105	

[비고] 1. 이 표는 KS C IEC 60364-5-52의 표 52-4(52-A) "절연형태에 대한 최대 운전온도"에서 발췌한 것임.
2. VV, CVV, IV 전선(난연성 전선 포함)은 도체의 허용온도가 70℃이며, CV, HIV, FR-3, FR-8 전선(난연성 전선 포함)은 도체의 허용온도가 90℃임.

(3) 허용전류

허용전류는 특정조건(예 기중온도, 지중온도, 케이블 내 부하도체의 수, 절연전선 등 절연물, 케이블의 금속 외장 유무, 시설방법)하에서 정상상태에서의 도체 온도가 표 4-14의 값을 초과하지 않는 경우로 도체에 연속적으로 흐를 수 있는 최대 전류값을 말한다.

(4) 주위온도(IEC 60364-5-52의 523.4)

① 주위온도는 전선이 무부하일 경우에 주위매체의 온도임.

② 전선의 허용전류값에 대한 기준 주위온도

㉠ 공기중(또는 기중) : 30℃

ⓛ 토양에 대한 직접매입 또는 땅속에서의 덕트 내 시설 : 20℃
③ 주위온도가 기준 주위온도와 다를 경우에는 적절한 보정계수를 적용함.
다만, 매설케이블의 경우에 토양의 온도가 연간 몇 주만 25℃를 초과할 때는
보정할 필요가 없다.
④ 주위온도에 대한 보정계수는 태양 또는 기타 적외선 방사로 인한 온도 상승의
증가에 대하여는 고려하지 않음. 케이블 또는 전선이 이러한 방사를 받은 경
우, 허용전류는 IEC 60287에서 규정하는 방법으로 산출함.
⑤ 주위온도가 다른 경우에 대한 보정계수는 표 4-15와 같음.

[표 4-15] 전선의 허용전류에 적용하는 주위온도에 대한 보정계수

주위 온도 [℃]	기중 포설				지중 포설	
	PVC	XLPE 또는 EPR	무기		PVC	XLPE 또는 EPR
			PVC 피복 또는 노출로 접촉할 우려가 있는 것(70℃)	접촉할 우려가 없는 것(105℃)		
10	1.22	1.15	1.26	1.14	1.10	1.07
15	1.17	1.12	1.20	1.11	1.05	1.04
20	1.12	1.08	1.14	1.07	1.00	1.00
25	1.06	1.04	1.07	1.04	0.95	0.96
30	1.00	1.00	1.00	1.00	0.89	0.93
35	0.94	0.96	0.93	0.96	0.84	0.89
40	0.87	0.91	0.85	0.92	0.77	0.85
45	0.79	0.87	0.87	0.88	0.71	0.80
50	0.71	0.82	0.67	0.84	0.63	0.76
55	0.61	0.76	0.57	0.80	0.55	0.71
60	0.50	0.71	0.45	0.75	0.45	0.65
65	–	0.65	–	0.70	–	0.60
70	–	0.58	–	0.65	–	0.53
75	–	0.50	–	0.60	–	0.46
80	–	0.41	–	0.54	–	0.38
85	–	–	–	0.47	–	–
90	–	–	–	0.40	–	–
95	–	–	–	0.32	–	–

(5) 복수회로로 포설된 그룹(IEC 60364-5-52의 523.5)

① 그룹 보정계수(group reduction factors)는 동일 최대 허용온도를 가진 절연전선이나 케이블 그룹에 적용함.

② 다른 최대 허용온도를 가진 케이블이나 절연전선을 포함한 그룹인 경우, 해당 그룹 내의 모든 케이블이나 절연전선의 허용전류는 적절한 그룹 보정계수와 함께 그룹 중 가장 낮은 허용온도에 기초함.

③ 알려진 운전조건 때문에 케이블이나 절연전선이 그것이 속한 그룹의 정격 30% 이하의 전류가 예상될 경우, 그룹의 나머지에 대한 보정계수를 구하는 것은 무시할 수 있음.

④ 그룹 보정계수는 모든 전선이 부하율 100%로 연속해서 정상운전되는 상태로 하여 계산함. 설비의 운전조건을 고려하여 부하가 100% 미만이 된 경우에는 보정계수가 더 커도 좋다.

[표 4-16] 기중포설 시 복수회로 또는 다심케이블 복수의 집합에 대한 보정계수

배치 (케이블 밀착)	회로 또는 다심케이블의 수											
	1	2	3	4	5	6	7	8	9	12	16	20
기중이나 벽면에 묶거나 매설 또는 수납	1.00	0.80	0.70	0.65	0.60	0.57	0.54	0.52	0.50	0.45	0.41	0.38
벽 또는 막힘형 트레이의 단일층	1.00	0.85	0.79	0.75	0.73	0.72	0.72	0.71	0.70	※ 9개 이상의 회로나 다심케이블인 경우 이 이상의 보정계수는 없음.		
목재 천정면 아래에 직접 고정한 단일층	0.95	0.81	0.72	0.68	0.66	0.64	0.63	0.62	0.61			
환기형 수평 또는 수직 트레이의 단일층	1.00	0.88	0.82	0.77	0.75	0.73	0.73	0.72	0.72			
사다리 지지대 또는 클리트의 단일층	1.00	0.87	0.82	0.80	0.80	0.79	0.79	0.78	0.78			

[비고] 1. 이 계수는 같은 부하의 동일 집합에 속한 케이블에 적용할 수 있다.

2. 인접 케이블 간의 수평간격이 그 외경의 2배를 초과할 경우, 감소계수를 적용할 필요는 없다.

3. 다음에 같은 계수가 적용된다.
   - 단심케이블 2개 또는 3개
   - 다심케이블

4. 하나의 계통이 2심과 3심 케이블로 구성된 경우, 전체 케이블수는 회로수와 같은 것으로 간주하고, 그 보정계수는 2심 케이블에는 2개 부하도체의 표를, 3심 케이블에는 3개 부하도체의 표를 적용한다.

5. 집합이 n개 단심케이블로 구성된 경우, 2개 부하도체의 $n/2$ 회로 또는 3개 부하도체의 $n/3$ 회로로 간주해도 좋다.

6. 이 표에 나타낸 값은 전선의 굵기와 공사형태 범위에 대한 평균값이다. 보정계수의 정확도는 $\pm 5\%$ 오차범위 내에 있다.

06 미국 전선 규격(AWG ; American Wire Gauge)

AWG는 미국 전선의 크기 표시법으로 전선의 크기(지름)를 나타내는 번호체계이다. 미국 전선 규격(AWG) 번호는 전선의 크기에 반비례한다. 즉, 크기가 작을수록 번호가 높아진다. 지름 11.68mm를 AWG #0으로 하고 0.1270mm를 AWG #36으로 하여, 이 사이를 39단계로 나눈 선 번호체계이다.

지름 0.001인치($2.54/10^3$cm)인 원의 면적을 말하며, 면적의 비교는 제곱비로 한다. 선 A의 지름이 B의 2배이면 원의 면적은 B의 4배이고, 선 C가 D지름의 1/5이면 원의 면적은 D의 1/25이다. 전선 규격을 cm^2로 환산하려면 (5.066×10^{-6})으로 계산하고, cm^2을 전선 규격으로 환산하려면 (1.974×10^5)으로 계산한다.

[표 4-17] AWG 전선 규격

AWG Number	지름[Inch]	지름[mm]	면적[mm^2]	저항[Ohm/m]	허용전류[A]
4/0=0000	0.46	11.7	107	0.000161	
3/0=000	0.41	10.4	85	0.000203	
2/0=00	0.365	9.26	67.4	0.000256	
1/0=0	0.325	8.25	53.5	0.000323	190
1	0.289	7.35	42.4	0.000407	165
2	0.258	6.54	33.6	0.000513	139
3	0.229	5.83	26.7	0.000647	125
4	0.204	5.19	21.1	0.000815	107
5	0.182	4.62	16.8	0.00103	94
6	0.162	4.11	13.3	0.0013	81
7	0.144	3.66	10.5	0.00163	70
8	0.128	3.26	8.36	0.00206	62
9	0.114	2.91	6.63	0.0026	55
10	0.102	2.59	5.26	0.00328	46
11	0.0907	2.3	4.17	0.00413	38
12	0.0808	2.05	3.31	0.00521	33
13	0.072	1.83	2.62	0.00657	28
14	0.0641	1.63	2.08	0.00829	24

AWG Number	지름[Inch]	지름[mm]	면적[mm^2]	저항[Ohm/m]	허용전류[A]
15	0.0571	1.45	1.65	0.0104	19
16	0.0508	1.29	1.31	0.0132	18
17	0.0453	1.15	1.04	0.0166	16
18	0.0403	1.02	0.823	0.021	10
19	0.0359	0.912	0.653	0.0264	5.5
20	0.032	0.812	0.518	0.0333	4.5
21	0.0285	0.723	0.41	0.042	3.8
22	0.0253	0.644	0.326	0.053	3.0
23	0.0226	0.573	0.258	0.0668	2.2
24	0.0201	0.511	0.205	0.0842	0.588
25	0.0179	0.455	0.162	0.106	0.477
26	0.0159	0.405	0.129	0.134	0.378
27	0.0142	0.361	0.102	0.169	0.288
28	0.0126	0.321	0.081	0.213	0.250
29	0.0113	0.286	0.0642	0.268	0.212
30	0.01	0.255	0.0509	0.339	0.147
31	0.00893	0.227	0.0404	0.427	
32	0.00795	0.202	0.032	0.538	
33	0.00708	0.18	0.0254	0.679	
34	0.00631	0.16	0.0201	0.856	
35	0.00562	0.143	0.016	1.08	
36	0.005	0.127	0.0127	1.36	
37	0.00445	0.113	0.01	1.72	
38	0.00397	0.101	0.00797	2.16	
39	0.00353	0.0897	0.00632	2.73	
40	0.00314	0.0799	0.00501	3.44	

표에서 허용전류값은 일반 비닐 피복 전선을 기준으로 나타낸 것이며, 실리콘 전선의 경우는 표 값보다 약 3배 가량 크다.

07 배전반용 동 부스바의 규격

[표 4-18] 동 부스바의 규격

동 부스바(COPPER BUS BER) 종류	전선 규격으로 보기(단위 : mm²)	m당 무게/kg
2×12	24	0.44
2×15	30	0.55
3×12	36	0.66
3×15	45	0.83
3×20	60	1.10
3×25	75	1.38
4×15	60	1.10
4×20	80	1.47
4×25	100	1.84
4×30	120	2.21
5×20	100	1.84
5×25	125	2.30
5×30	150	2.76
5×35	175	3.22
6×20	120	2.20
6×25	150	2.76
6×30	180	3.24
6×35	210	3.78
6×40	240	4.42
8×30	240	4.42
8×40	320	5.89

CHAPTER

05

PLC 제어

PLC 제어

01 PLC 시스템의 이해

1 PLC의 정의

[그림 5-1] PLC

　PLC는 Programmable Logic Controller의 약어로서, 프로그램이 변경 가능한 논리 연산 제어장치를 말한다. 즉 각종 제어반에서 사용해 오던 여러 종류의 릴레이, 타이머, 카운터 등의 기능을 반도체 소자인 IC 등으로 대체시킨 일종의 마이컴(μ-com)이다.

　각 제어소자 사이의 배선은 프로그램이라고 하는 소프트웨어(software)적인 방법으로 처리하는 기기로서, 논리연산이 뛰어난 컴퓨터를 시퀀스 제어에 채용한 무접점 시퀀스의 일종으로 프로그램을 자유자재로 변경할 수 있는 큰 장점을 지니고 있다.

　초창기 PLC는 논리연산 기능이 주된 기능이라는 점에서 PLC라 명명되었으나, 오늘 날의 PLC는 GM사에서 설정한 최초의 조건들을 충족시킬 뿐만 아니라 더 좋은 성능 으로 여러 가지 기능을 처리하고 있다. 즉, PLC는 사용자가 요구하는 방향으로 점차 발전되었고 그 결과 논리연산 기능 외에 산술연산, 비교연산, 데이터 처리기능, 통신기 능 등이 가미되면서 Logic이라는 말이 무의미해짐에 따라 Programmable Controller (PC)라 부르게 되었고, 주된 용도가 산업용 시퀀스 제어장치이기 때문에 Sequence Controller라는 의미의 시퀀서(Sequencer)라 부르기도 한다.

2 PLC의 특징과 이용 효과

(1) PLC는 이전의 주된 제어방식인 릴레이 시퀀스와 비교할 때 제어성 면에서 다음과 같은 특징이 있어 최근 시퀀스 제어장치의 주류가 되었다.

① 릴레이 논리뿐만 아니라 카운터, 타이머, 래치 릴레이 기능까지 간단히 프로그램 할 수 있다.

② 산술연산, 비교연산 및 데이터 처리까지 쉽게 할 수 있다.

③ 동작상태를 자기진단하여 이상 시에는 그 정보를 출력한다.

④ 컴퓨터와 정보교환을 할 수 있다.

⑤ 시퀀스의 진행상황이나 내부 논리상태를 모니터 할 수 있다.

⑥ PLC의 본체와 입출력 부분을 별개로 하여 먼 거리까지 하나의 케이블로 연결하여 제어할 수 있다.

⑦ 풍부한 내부 메모리를 사용하여 다수 패턴의 프로그램을 저장·운전할 수 있고, 논리적인 프로그램 변경이 자유자재이다.

(2) PLC는 이상과 같이 프로그램의 작성 및 변경이 용이하다는 점 외에도 다음과 같은 특징이 있다.

① 경제성이 우수하다.

반도체 기술의 발달과 대량생산 등에 힘입어 릴레이 시퀀스에 견주어 볼 때 릴레이 10개 이상의 제어장치에는 PLC 사용이 더 경제적이다.

② 설계의 성력화(省力化)가 이루어진다.

시퀀스 설계의 용이성과 부품 배치도의 간략화, 시운전 및 조정의 용이함 때문에 설계의 성력화가 이루어진다.

③ 신뢰성이 향상된다.

무접점 회로를 이용하기 때문에 유접점 기기에서 발생되는 접점사고에 의한 문제가 없어 신뢰성이 향상된다.

④ 보수성이 향상된다.

대부분의 PLC는 동작표시 기능, 자기진단 기능, 모니터 기능 등을 내장하고 있어 보수성이 대폭 향상된다.

⑤ 소형·표준화되어진다.

반도체 소자를 이용하므로 릴레이나 공기압식 제어반의 크기에 비해 현저하게 소형이며 제품의 표준화가 가능하다.

⑥ 납기가 단축된다.

수배 부품의 감소와 기계장치와 제어반의 동시 수배, 사양 변경에 대응하는 유연성, 배선작업의 간소화 등으로 납기가 단축된다.

⑦ 제어내용의 보존성이 향상된다.

제어내용을 테이프나 ROM 또는 디스켓 등에 쉽게 보존할 수 있어서 동일 시퀀스 제작 시에는 간단히 해결할 수 있다.

3 PLC 하드웨어의 구성

(1) PLC 시스템

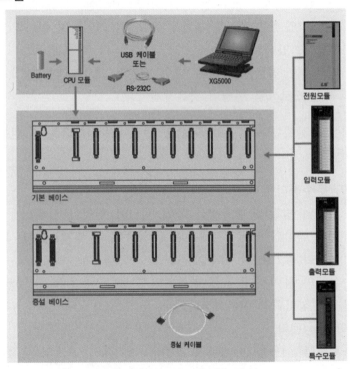

[그림 5-2] PLC 시스템 구성

PLC 시스템은 그림 5-2에 나타낸 바와 같이 크게 PLC 본체와 주변기기로 분류되며, 본체에는 기본 유닛과 증설 유닛이 있다.

기본 유닛은 전원모듈, CPU 모듈, 입력모듈, 출력모듈 및 기타 통신이나 특수모듈로 구성되어 단독으로 사용하는 PLC를 말하고, 증설 유닛은 입출력을 확장하기 위한 시스템으로 CPU와 메모리를 포함하지 않는다.

PLC 구조형태에 따라 모듈형 PLC 외에도 모든 구성요소를 일체화시킨 블록형 또는 일체형이라 불리는 PLC가 있으며, 이 블록형 PLC는 입출력 규모가 적은 소형 PLC로 단위 기계제어용으로 주로 사용된다.

PLC의 주변기기는 프로그램의 입력, 수정 등의 작업에서부터 모니터링, 디버깅, 프로그램 리스트 작성, 프로그램 보존 등 PLC 운용을 지원하는 기기로서 프로그래머, ROM 라이터, 퍼스널 컴퓨터 등이 있다.

PLC의 하드웨어는 CPU를 포함한 제어연산부, 메모리부, 입력부, 출력부 및 전원장치로 구성되어 있다.

주요 구성도를 컴퓨터와 비교해 보면 PLC의 제어연산부는 컴퓨터의 CPU이며, PLC의 사용자 프로그램을 격납하는 메모리부는 컴퓨터의 메모리와 기능이 같다. 또한 각종의 입력신호 지령용 조작 스위치와 기계의 위치를 검출하는 센서 등의 신호를 입력하는 PLC의 입력부는 컴퓨터의 키보드와 같고, 연산결과를 출력하여 실린더나 모터 등을 기동시키는 PLC의 출력부는 컴퓨터의 CRT나 프린터에 상응된다.

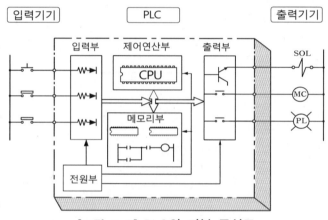

[그림 5-3] PLC의 기본 구성도

(2) PLC 주변기기

PLC의 주변기기는 프로그래밍, 모니터링, 디버깅, 프로그램 리스트 작성 및 보존 등 PLC 운용을 지원하는 기기를 말하는 것으로, 대표적 주변기기로는 컴퓨터, 롬라이터, 핸디로더 등이 있다.

컴퓨터를 이용하여 PLC의 프로그램 입력이나 수정, 모니터링 등을 위해서는 PLC 제조사가 공급하는 PLC 소프트웨어가 반드시 필요하고, PLC와 접속할 수 있는 통신 케이블의 준비가 필요하다.

PLC를 사용한 제어 시스템의 신뢰성이나 조작의 편리함, 트러블 슈팅의 용이함 등은 주변기기의 기능에 의해 좌우된다고 해도 과언이 아니다.

◢4◣ CPU 사양서 보는 법과 용어 해설

PLC 메이커에서는 PLC의 성능 규격으로 전원장치의 일반 규격과 CPU의 성능 규격, 입출력 모듈의 성능 규격 등으로 사용자에게 제공하며 여기서는 LS산전의 XGK PLC 기종의 사양서를 예로 들어 설명한다.

[표 5-1] XGK PLC의 성능 및 사양

항 목		규 격	비 고
연산방식		반복연산, 인터럽트 연산, 고정주기 스캔	
입출력 제어방식		스캔동기 일괄처리방식(리프레시 방식), 명령어에 의한 다이렉트 방식	
프로그램 언어		래더 다이어그램, 니모닉(Mnemonic), SFC	
명령어수	기본명령	약 40종	
	응용명령	약 700종	
연산처리속도		28~84ns/step	
프로그램 메모리 용량		16~128k step	
입출력 점수		1,536~6,144점	
데이터 영역	P	P0000~P2047F(32,768점)	입출력 릴레이
	M	M0000~M2047F(32,768점)	내부 릴레이
	K	K0000~K2047F(32,768점)	키프 릴레이
	L	L0000~L11,263F(180,224점)	링크 릴레이
	F	F0000~F2047F(32,768점)	특수 릴레이
	T	100ms : T0000~T0999 10ms : T1000~T1499 1ms : T1500~T1999 0.1ms : T2000~T2047	타이머
	C	C0000~C2047	카운터
	S	S00.00~S127.99	스텝 릴레이
	D	D0000~D32,767	데이터 레지스터
타이머 종류		온 딜레이, 오프 딜레이, 적산, 모노스테이블, 리트리거블 타이머	5종
카운터 종류		업, 다운, 업/다운, 링 카운터	4종
특수 기능		시계기능, 운전 중 프로그램 편집기능, I/O 강제 on/off 기능	
운전모드		RUN, STOP, PAUSE, DEBUG	
자기진단 기능		연산지연 감시, 메모리 이상, 입출력 이상, 배터리 이상, 전원 이상 등	
최대 증설 단수		7단	
내부 소비전류		960mA	

(1) 연산방식

1) 반복연산

PLC 프로그램을 작성한 순서대로 0번부터 마지막 스텝(END 명령)까지 반복적으로 연산을 수행하며 이 과정을 스캔이라 한다. 이와 같이 수행되는 일련의 처리를 반복 연산방식이라 한다.

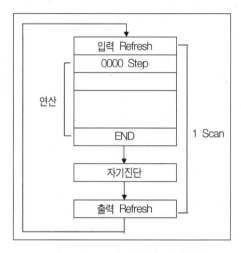

[그림 5-4] 반복연산의 원리

2) 고정주기 스캔

스캔 프로그램을 정해진 시간마다 연산하는 방식을 말한다. 연산이 반복적으로 수행되지 않고 미리 설정한 시간간격마다 일정한 주기로 프로그램을 실행하는 방식을 고정주기 스캔이라 한다.

정주기 프로그램과의 차이는 입출력의 갱신과 동기를 맞추어 실행하는 것이다.

3) 인터럽트 연산방식

PLC는 기본적으로 직렬 반복연산을 수행하기 때문에 응답시간은 스캔타임의 영향을 받게 된다. 이 때문에 긴급한 처리를 요하는 신호에는 응답지연으로 인한 트러블이 예상될 수 있으므로 PLC 프로그램 실행 중에 긴급하게 우선적으로 처리해야 할 상황이 발생되면 진행하고 있는 프로그램의 연산을 일시중지하고, 즉시 인터럽트 프로그램에 해당하는 연산을 처리해야 한다. 이러한 방식을 인터럽트 연산 또는 인터럽트 우선처리방식이라 한다.

(2) 입출력 제어방식

PLC의 입출력 제어방식에는 일괄처리(refresh)방식과 직접처리(direct)방식으로 구별되며, 기종에 따라서는 입력은 일괄처리하고 출력은 직접처리하거나, 반대로 입력은 직접처리하고 출력은 일괄처리하는 등 혼합형을 채택하거나 이상의 4가지 방식 중 어느 하나를 선택하여 운전할 수 있는 기종도 있다.

1) 일괄처리(Refresh)방식

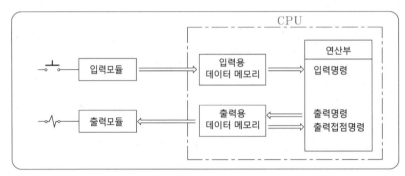

[그림 5-5] 일괄처리방식의 개요도

일괄처리방식이란 프로그램을 실행하기 전에 입력모듈에서 입력 데이터를 읽어 데이터 메모리의 입력용 영역(버퍼)에 일괄 저장하고(이것을 입력 리프레시라 함) 연산을 시작한다. 그리고 END 명령까지 연산이 완료되면 연산결과에 의해 데이터의 출력용 영역(버퍼)에 있는 데이터를 일괄하여 출력모듈에 출력(이것을 출력 리프레시라 함)하는 방식을 말한다.

즉, 시퀀스 프로그램을 연산하기 전에 일괄적으로 입력모듈의 입력정보를 입력용 데이터 메모리에 저장해 두고, 실행할 때는 데이터 메모리 내의 입력정보를 리드(read)하여 연산을 하고 그 결과는 출력용의 데이터 메모리에 기록해 둔다. 계속해서 1사이클의 연산이 종료되면 출력용 데이터 메모리에 기록된 결과를 일괄적으로 출력모듈에 보내 출력하는 것이다. 따라서 연산지연시간은 최대 2스캔까지 지연된다.

2) 직접처리(Direct)방식

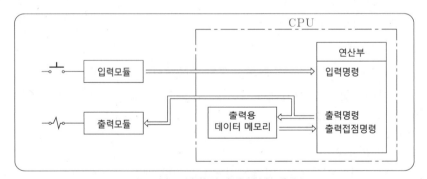

[그림 5-6] 직접처리방식의 개요도

직접처리방식이란 그림 5-6에 신호 흐름도를 나타낸 바와 같이 입출력의 정보를 메모리에 기록하지 않고 연산 도중의 내용에 따라 입력상태를 읽고, 또한 연산결과를 즉시 출력모듈에 보내 실행을 하는 동시에 데이터를 출력용 데이터 메모리에 저장하는 처리방식을 말한다. 이 방식은 입력신호의 변화에 대한 출력신호의 변화는 최대 1스캔 지연된다.

(3) 프로그램 언어

현재 사용 중인 PLC 프로그램 언어로는 니모닉(Mnemonic), 래더(Ladder), SFC(Sequential Function Chart) 등이 사용되고 있다.

1) 니모닉 언어

니모닉이란 어셈블리 언어 형태의 문자 기반 언어로 주로 휴대용 프로그램 입력기를 이용한 간단한 로직 프로그램에 사용되며, 컴퓨터를 이용해서도 사용할 수 있는 언어이다.

```
LOAD        P000
AND NOT     P001
OR          P002
OUT         P020
```

[그림 5-7] 니모닉 언어 예

2) 래더 다이어그램 언어

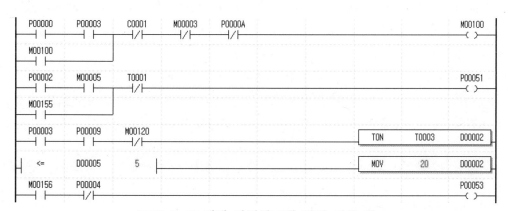

[그림 5-8] 래더 다이어그램 언어 회로 예

래더란 래더 다이어그램을 줄여 표현한 것으로, 도면기호와 문자기호로 표현하던 종래의 릴레이 시퀀스도를 그림 5-8에 나타낸 예와 같이 단순한 a, b접점만으로 표현한 것으로 현재 PLC 프로그램 언어의 주류이다.

3) SFC 언어

SFC 언어는 Sequential Function Chart의 약자로서 상태 천이도를 뜻한다. SFC는 프랑스에서 개발한 그랍세 언어를 기반으로 한 것으로, 라인상태의 모니터링에 효과적이고 공정단위로 프로그램을 작성할 수 있다는 특징 때문에 유럽에서부터 사용하기 시작하여 1993년에 IEC가 정식으로 PLC 언어로 규정한 것이다.

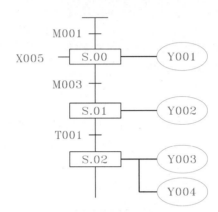

[그림 5-9] SFC 언어에 의한 프로그램 예

(4) 연산처리속도와 스캔타임

PLC에서 처리속도는 표 5-1에서 나타낸 바와 같이 한 명령을 처리하는 데 걸리는 시간으로 표시된다.

표 5-1에 나타낸 XGK PLC의 처리속도는 1명령(step)을 처리하는 데 걸리는 시간이 CPU에 따라 28~84ns임을 보여주고 있다. 이와 같이 PLC의 처리속도는 한 명령을 처리하는 시간이 몇 ns 또는 μs라고 표시되는데 최근 PLC는 약 0.1μs 정도나 그 이하가 대부분이다.

프로그램의 시작인 0스텝부터 다음 0스텝 이전까지의 처리시간을 스캔타임(Scan Time)이라고 하는데, 스캔타임은 사용자가 작성한 스캔 프로그램 및 인터럽트 프로그램 처리시간과 PLC 내부 처리시간의 합계이며 다음과 같은 식에 의해서 구할 수 있다.

> 스캔타임=스캔 프로그램 처리시간+인터럽트 프로그램 처리시간+PLC 내부 처리시간

(5) 프로그램 메모리 용량

프로그램 메모리 용량이란 사용자가 작성하는 기계동작의 시퀀스 프로그램을 작성할 수 있는 용량을 의미하며, 단위로는 Step이나 Byte로 표시된다.

표 5-1의 사양 예에서와 같이 PLC가 프로그램을 기억할 수 있는 최대 용량으로 16k step이라 하면 $16 \times 2^{10} = 16,384$스텝까지 기억할 수 있다는 것을 의미한다.

(6) 입출력 점수

PLC가 가질 수 있는 최대의 입출력 점수로 입력과 출력을 더한 값의 최대치를 말한다. 입력모듈과 출력모듈에 데이터를 입력받거나 출력하기 위해 각각의 모듈에 번지를 부여하게 되는데, 입출력 번호의 할당방법은 기본 베이스로부터 접속되는 증설 베이스의 순서에 따라 베이스 번호가 할당되고 각 베이스의 좌측부터 슬롯번호가 할당된다.

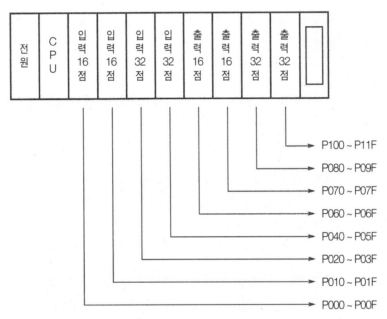

[그림 5-10] 입출력 번호의 할당방법(16진수 사용 시)

(7) 데이터 영역

1) 보조 릴레이 M

PLC 내부 릴레이로서 외부로 직접 출력은 불가능하지만 입출력 릴레이와 연결하면 외부 출력이 가능하다. 프로그램 연산 중 내부 정보를 처리할 때 정보를 전달해 주는 용도로 사용된다. a, b접점의 사용이 가능하며, XGT 시리즈 PLC에서는 식별자로 M의 기호를 사용하며 XGK 기종에는 32,768개가 있으므로 이는 접점수가 무제한인 릴레이 32,768개를 사용하는 것과 동일하다.

2) 키프 릴레이 K

정전유지 릴레이(불휘발성 영역)로 보조 릴레이와 사용 용도는 동일하나 PLC 정전 시 정전 이전의 데이터를 보존하여 정전 복구 시 데이터가 정전 이전의 상태로 복구된다.

3) 링크 릴레이 L

PLC간 상호 통신을 할 때 정보를 주고받기 위한 용도의 릴레이이다.

4) 특수 릴레이 F

PLC의 내부 시스템 상태, 펄스 등을 제공하는 내부 접점으로 PLC 이상 체크 및 플래그 설정 등의 특수한 기능을 제공하는 영역의 릴레이이다.

5) 타이머 T

시간을 제어하는 용도로 사용되며, 타이머 일치 접점과 설정시간 경과된 시간을 저장하는 영역으로 구성된다.

6) 카운터 C

수를 세는 용도로 사용되며, 카운터 일치 접점과 설정값, 경과값을 저장하는 별도의 영역으로 구성된다.

7) 스텝 컨트롤러 S

XGT PLC의 응용명령 기능의 하나로 안전한 순차작동 제어를 위해 보증의 인터록 기능과 보호의 인터록 기능, 자기유지 기능 등이 명령어 내에 포함되어 있어 기계장치의 순차제어에 유효한 명령의 데이터이다.

8) 데이터 레지스터 D

수치연산을 위해 내부 데이터를 저장하는 영역으로 기본 16Bit(1Word) 또는 32Bit(2Word) 단위로 데이터의 쓰고 읽기가 가능하다. 파라미터 사용에 의해 일부 영역을 불휘발성 영역으로 사용할 수 있다. 또한 간접 지정 레지스터로 D기호 앞에 #을 붙여 #D로 쓰인다.

(8) 특수 기능

1) 시계기능

CPU 모듈에 시계소자(RTC)를 내장하고 있어 시계 데이터에 의해 시스템의 시간관리나 고장이력 등의 시간관리에 사용할 수 있다. RTC는 전원이 off되면 배터리의 백업에 의해 시계 동작을 계속하며, 현재 시간은 시스템 운전상태 정보 플래그에 의해 스캔마다 갱신된다.

2) 운전 중 프로그램 편집기능

일반적으로 PLC의 프로그램을 작성할 때는 프로그램 모드에서 작성을 마치고 실행하게 된다. 따라서 일부 PLC에서는 운전 중에는 프로그램의 수정이나 편집이 불가능하지만 이 모델의 PLC는 운전 중에도 프로그램을 수정할 수 있다는 것을 의미한다.

3) I/O 강제 on/off 설정 기능

입출력의 강제 on/off 기능이란 프로그램의 실행결과와는 무관하게 특정의 입출력 영역을 강제로 on/off 할 경우에 사용하는 기능이다.

PLC 시뮬레이션의 한 방법인 이 기능은 프로그램의 논리체크나 배선의 점검, 프로그램에 의한 수동운전 등의 목적으로 사용되며, 조작방법은 PLC마다 다르므로 이 기능을 사용할 때는 매뉴얼 숙지가 필요하다.

(9) 운전모드

1) RUN 모드

프로그램 연산을 정상적으로 수행하는 모드이다.

2) STOP 모드

프로그램 연산을 하지 않고 정지상태인 모드로서 주로 프로그램 작성 시 사용하므로 프로그램 모드라고도 한다.

3) PAUSE 모드

프로그램 연산이 일시정지된 모드로, 다시 RUN 모드로 돌아갈 경우에는 정지되기 이전의 상태부터 연속하여 운전한다.

4) DEBUG 모드

프로그램의 오류를 찾거나 연산과정을 추적하기 위한 모드로, 이 모드로의 전환은 STOP 모드에서만 가능하다. 프로그램의 수행상태와 각 데이터의 내용을 확인해 보며 프로그램을 검증할 수 있는 모드이다.

(10) 자기진단 기능

자기진단 기능이란 CPU가 PLC 자체의 이상 유무를 진단하는 기능이다. PLC 시스템의 전원을 투입하거나 동작 중 이상이 발생한 경우에 이상을 검출하여 시스템의 오동작 방지 및 예방보전 기능을 수행한다.

1) 연산지연 감시 타이머(Watch Dog Timer)

연산지연 감시 타이머는 PLC의 하드웨어나 소프트웨어 이상에 의한 CPU의 폭주를 검출하는 기능으로 파라미터로 지정할 수 있다. 스캔타임을 감시하여 스캔타임이 지정된 WDT시간보다 긴 경우에는 PLC의 연산실행이 중지되고 출력은 전부 off된다. 또한 CPU의 RUN 모드가 정지되고 에러 표시를 하게 된다.

2) 입출력 모듈 체크 기능

베이스 모듈에 장착된 입출력 모듈이 착탈 또는 불완전하게 접속되었을 때 이를 검출하는 기능이다.

3) 배터리 전압 체크

배터리 전압이 메모리 백업 전압 이하로 떨어지면 이를 감지하여 CPU에 전달하는 기능이다. 배터리는 소모성 부품이므로 정전시간 합계가 배터리의 수명시간 이내에서 주기적으로 교체하여야 하며, 배터리 교체 시에는 PLC의 전원이 투입된 상태에서 실시하여야 한다.

4) 전원 이상 검출 기능

전원모듈에 입력되는 전원 규격이 정격전압의 허용치를 초과하는 경우나 순간 정전시간이 허용 정전시간 이상일 때 전원 이상을 검출하여 실행을 중지하고 에러 메시지를 송출하는 기능이다.

(11) 최대 증설 단수

XGK PLC는 7단까지 증설 가능하며, 최대 96모듈로 6,144점의 입출력을 제어한다. 기본 시스템으로 8슬롯 베이스에 64점 입출력 모듈을 모두 장착하였을 경우 총 512점 뿐이어서 이때 입출력을 확장하기 위한 시스템이 증설 시스템이다.

증설 시스템이란 CPU가 장착되지 않고 전원모듈과 입출력 모듈만으로 구성되고 증설 케이블에 의해 기본 시스템에 접속된다.

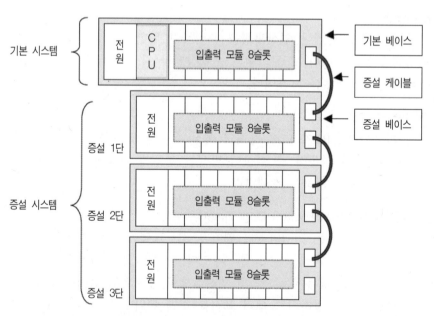

[그림 5-11] 기본 시스템과 증설 시스템

252

5 입력부의 기능과 사양서

(1) 입력부의 기능과 개요

PLC의 입력부는 외부로부터 수신되는 다양한 입력기기 정보를 CPU가 처리할 수 있는 신호 레벨로 변환시켜 연산부에 전송하는 것이다. 즉 입력부는 누름버튼 스위치, 리밋 스위치, 근접 스위치 등의 입력신호를 PLC의 제어연산부에 전기신호로 접속하기 위한 인터페이스 역할을 담당하는 것이다.

시퀀스 제어의 목적으로 이용되는 입력기기에는 용도에 따라 다양한 종류가 있으며, PLC에 입력되는 신호의 형태도 다양하다.

PLC의 입력기기는 크게 제어반이나 조작반 등에 장착되어 있는 것과 기계장치에 장착되어 있는 것으로 분류되는데 대표적인 입력기기의 종류는 표 5-2와 같다.

[표 5-2] 입력부에 접속되는 기기의 종류

구 분	입력기기의 종류
제어반이나 조작반 등에 장착되어 있는 기기	누름버튼 스위치, 셀렉터 스위치, 디지털 스위치, 타이머, 카운터의 출력신호, 계측기 등
기계나 장치에 장착되어 있는 기기	리밋 스위치, 마이크로 스위치, 광전센서, 근접 스위치, 로터리 엔코더 등의 검출기기 열동계전기, EOCR 등의 보호기기

입력기기는 신호의 형태에 따라 디지털 신호기기와 아날로그 신호기기로 대별되고, 사용 전원의 종류와 적용 전압의 레벨에 따라 여러 가지로 분류된다.

PLC의 입력모듈은 통상 한 종류의 전원, 전압을 사용하는 기기만이 적용되므로 입력기기에 맞는 적합한 입력모듈을 선정하여야 하며, 표 5-3은 PLC에 입력되는 입력기기의 종류와 적용 전압을 나타낸 것이다.

[표 5-3] PLC의 입력기기와 적용 전압

종 류	적용 전압	입력기기의 종류
강전기기	AC 110V AC 220V	누름버튼 스위치, 각종 절환 스위치, 리밋 스위치, 강전용의 릴레이 접점, 전자 접촉기, 개폐기의 접점 등의 접점 입력기기
약전기기	DC 12V DC 24V	누름버튼 스위치, 디지털 스위치, 마이크로 스위치 등의 접촉 신뢰성이 높은 접점 입력기기와 근접 스위치, 광전센서 등의 무접점 입력기기
계측기나 컴퓨터 신호	DC 5V DC 12V	출력부에 TR이나 TTL-IC를 사용한 입력기기

(2) 입력부 선정방법

한 번 선정하여 설치된 PLC는 장시간 안정되고 신뢰성 있게 사용되어야 하므로 사용하는 입력기기에 맞는 입력모듈을 선정하는 것은 매우 중요하다.

1) 입력기기의 사용 전원이 AC 입력기기인지 또는 DC 입력기기인지를 결정한다.

일반적으로 조작 스위치나 리밋 스위치 등의 접점 입력기기는 AC 전원이나 DC 전원 모두를 적용할 수 있지만, 반도체 출력형의 근접 스위치, 광전센서, 리드 스위치 등은 기본적으로 DC 전원을 사용하여야 한다. 따라서 입력기기에 따라 AC 입력모듈을 사용할 것인가 또는 DC 입력모듈을 사용할 것인가를 표 5-3과 같은 기준을 적용하여 결정하는 것이 바람직하다.

2) 정격전압을 결정한다.

AC 입력의 경우는 110V 입력과 220V 입력으로 구분되고, DC 입력의 경우는 12V, 24V, 48V, 100V 등이 있으므로 입력기기의 사용 전압이 몇 V인가를 확인한다.

3) 절연의 유무를 결정한다.

절연이란 입력모듈과 CPU 간을 전기적으로 분리하여 입력기기로부터 침입하는 각종 노이즈를 억제하기 위한 대책의 하나로 절연방식이 비절연방식보다 노이즈 신뢰성 측면에서 안전하다고 할 수 있다.

4) 입력 응답시간이 적당한가를 검토한다.

입력 응답시간은 PLC 시스템의 응답시간을 결정짓는 요인이므로 빠를수록 응답이 좋다고 할 수 있다. 일반적으로 디지털 입력모듈의 응답시간은 0.2~15ms 정도로 범위가 크기 때문에 반드시 검토하여야 한다.

5) 입력점수를 몇 점으로 할 것인가를 검토한다.

PLC의 입력점수는 제어 시스템이 입력기기를 몇 개 필요로 하고 있는가의 문제이며, 시스템의 크기와 복잡도와도 관계가 있다.

입력점수는 시퀀스 제어에 필요한 명령지령용 입력신호의 수와 검출 및 보호용 입력신호수를 계산하여 필요로 하는 수만큼 준비해야 하는데, 조정과 테스트를 하다 보면 추가하지 않으면 안 되는 경우가 많다. 때문에 다소의 여유를 가지고 입력점수를 확보하여 두는 편이 좋다. 또한 하나의 입력점이 고장 시 입력카드를 교체하지 않고도 손쉽게 대처할 수 있도록 여유분도 고려하는 것이 바람직하다.

6) 기타 입력신호 동작표시장치의 유무나 입력기기와 모듈과의 접속방식 등을 검토하여 입력모듈의 형식을 선정하는 것이 바람직하다.

(3) AC 입력모듈의 특징과 사양서 예

AC 입력모듈은 상용전원인 AC 110V, 220V를 입력전원으로 사용하기 때문에 특별히 입력용 전원을 준비할 필요가 없으며, 종류에는 전압에 따라 110V용, 220V용, 프리볼트용 등이 있다.

AC 입력모듈에 적용되는 시퀀스 입력기기로는 누름버튼 스위치, 셀렉터 스위치, 리밋 스위치, 릴레이, 타이머의 접점, 전자 접촉기, 개폐기의 접점신호 등이 해당된다.

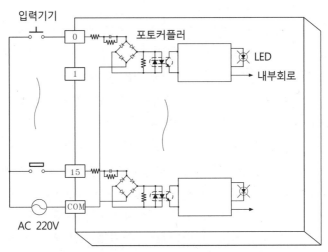

[그림 5-12] AC 220V 입력모듈 회로 구성도

[표 5-4] AC 입력모듈의 사양

항목 \ 형식		AC 입력모듈	
		XGI-A12A	XGI-A21A
입력점수		16점	
절연방식		photo coupler 절연	
정격 입력전압		AC 100~120V	AC 200~240V
정격 입력전류		11mA	
사용 전압범위		AC 85~132V (50/60±3Hz)	AC 170~264V (50/60±3Hz)
on전압/on전류		AC 80V 이상/5mA 이상	AC 150V 이상/5mA 이상
off전압/off전류		AC 30V 이하/1mA 이하	AC 50V 이하/1mA 이하
입력 임피던스		약 12kΩ	
응답시간	off → on	15ms 이하	
	on → off	25ms 이하	

형식 항목	AC 입력모듈	
	XGI-A12A	XGI-A21A
콤먼방식	8점 1콤먼	
내부 소비전류(DC 5V)	30mA	
동작표시	입력 on시 LED 점등	
외부 접속방식	18점 단자대 커넥터	

그림 5-12는 AC 입력모듈의 내부회로로, 누름버튼 스위치를 눌렀을 때 AC 입력전원을 통해 입력되는 전류는 정류기에서 직류신호로 변환되고, 이 전류에 의해 포토커플러의 발광 다이오드를 발광시켜 내부회로에 신호를 보내게 된다.

표 5-4는 XGK PLC의 AC 입력모듈의 사양을 나타낸 것으로, AC 110V 16점 입력모듈과 AC 220V 16점 입력모듈의 사양서이다.

주요 특징은 사용 전압범위는 비교적 크나 입력 응답시간이 15ms이기 때문에 비교적 느리다고 할 수 있으며, 8점 1콤먼 방식에 18점 단자대를 사용하였다. 단자대 커넥터 방식에 의해 외부 입력기기와 접속해야 하므로 터미널 배선을 하여야 하며, 내부 소비전류가 30mA이다. 이 전류는 PLC는 물론 제어장치 전체의 전원계통의 차단기나 퓨즈, 필터, 트랜스 등의 용량 선정 데이터로 사용되므로 반드시 확인하여야 한다.

(4) DC 입력모듈

DC 입력모듈은 각종의 조작 스위치, 마이크로 스위치 등의 접점에 의한 입력신호와 근접 스위치, 광전센서 등의 무접점 입력신호 및 계측기 등의 TTL-IC에 의한 입력신호 등 폭넓은 용도에 사용된다.

DC 입력모듈에는 입력전압의 정격에 따라 12V, 24V, 48V, 100V 등이 있으나 24V 모듈이 많이 사용되고, 입력형식에 따라서도 싱크방식과 소스방식 등이 있다. 또한 내부회로와 입력모듈 사이가 절연된 절연형식과 절연하지 않은 비절연형식 등 그 종류가 제법 많다.

그림 5-13은 DC 입력모듈의 내부회로를 나타낸 것이고, 표 5-5는 그 사양을 나타낸 것이다.

주요 특징은 16점 입력형 DC 24V 입력모듈로 콤먼의 극성이 +인 싱크콤먼 소스입력 형식이다. 입력 응답시간은 3ms이나 1ms까지 CPU 파라미터로 설정하여 사용할 수 있으며, 동작 확인용으로 LED를 사용하여 입력신호가 on되면 LED를 점등시키도록 한 것이다.

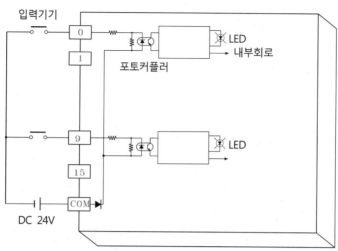

[그림 5-13] DC 24V 입력모듈 회로 구성도

[표 5-5] DC 입력모듈의 사양

형식 항목		DC 입력모듈
		XGI-D22B
입력점수		16점
절연방식		photo coupler 절연
정격 입력전압		DC 24V
정격 입력전류		4mA
사용 전압범위		DC 20.4~28.8V (리플률 5% 이내)
on전압/on전류		DC 19V 이상/3mA 이상
off전압/off전류		AC 11V 이하/1.7mA 이하
입력 임피던스		약 5.6kΩ
응답시간	off → on	3ms 이하
	on → off	3ms 이하
콤먼방식		16점 1콤먼(소스입력)
내부 소비전류		30mA
동작표시		입력 on시 LED 점등
외부 접속방식		18점 단자대 커넥터

6 출력부의 기능과 사양서

(1) 출력부의 기능과 접속기기

PLC의 출력부는 시퀀스 프로그램의 연산결과에 따라 실린더나 모터, 파일럿 램프 등과 같은 제어 대상물을 작동시키거나, NC 제어장치나 컴퓨터로 데이터를 전송하기 위해 제어연산부와 제어 대상물 간의 신호결합을 수행하는 부분이다.

시퀀스 제어의 목적을 달성하기 위한 구동기기로는 사용 용도와 특성에 따라 다양한 종류가 있으며, 따라서 PLC의 출력에 접속되는 신호의 형태도 다양하다. 디지털 신호형태의 구동기기로는 솔레노이드 밸브, 파워 콘택터, 릴레이 코일, 벨, 부저 및 모터 구동용 전자 접촉기 등이 있으며, 아날로그 형태의 구동기기로는 유량밸브, AC, DC 드라이버, 아날로그 미터계, 온도 조절계, 유량 조절계 등이 있다.

[표 5-6] 출력모듈의 종류와 적용 구동기기

출력형식		적용 구동기기 (부하)
트랜지스터 출력		리드 릴레이, DC 솔레노이드, LED 표시등, 소용량 램프 및 NC 제어장치나 컴퓨터로의 데이터 전송이나 제어신호 송출용
접점 출력	스파크 킬러 부착형	전자 접촉기, 전자 솔레노이드, 전자 클러치, 전자 브레이크 등의 일반적인 유도부하
	스파크 킬러 없는 형	리드 릴레이, 솔리드스테이트 타이머, 네온램프 등과 같이 누설전류가 문제 시 되는 경부하
트라이액 출력		전자 접촉기, 전자 솔레노이드, 전자 클러치, 전자 브레이크와 같은 AC 유도부하
아날로그 출력		서보모터, 모터 가변속 장치, 각종 조절장치 등

(2) 출력모듈 선정 요점과 사용 시 주의사항

PLC에 적용되는 출력기기는 아주 작은 소용량에서부터 대용량의 전압·전류와 전원의 종류에 있어서도 직류와 교류로 작동되는 것 등 여러 가지가 있으므로 출력모듈의 선정은 부하의 종류, 구동 용량, 부하의 돌입전류, 수명, 응답시간 등을 종합적으로 고려하여 선정하지 않으면 안 된다.

1) 부하의 종류

부하의 종류를 분류하는 방법에는 여러 가지가 있으나 PLC의 출력모듈 선정 시 먼저 검토할 항목으로는 전원에 따른 종류이다.

PLC의 디지털 출력에는 접점 출력, 트랜지스터 출력, 트라이액 출력 등이 대표적이며, 이것들은 신호증폭 요소로 사용되는 소자의 특성에 따라 구동 가능한 전원의 종류가 정해진다. 즉 트랜지스터 출력모듈은 DC 부하만 직접 구동할 수 있는 반면, 트라이액 출력모듈은 AC 부하만 구동 가능하다. 그러나 접점 출력모듈은 신호증폭 요소로 릴레이를 사용하기 때문에 DC 부하나 AC 부하를 모두 구동할 수 있다.

2) 구동 용량

PLC의 출력모듈로 직접 구동할 수 있는 부하의 용량은 메이커가 제공하는 출력모듈의 사양서를 참고로 해야 한다. 트랜지스터 출력모듈은 보통 0.1~0.3A 정도로 작고, 트라이액 출력의 경우는 1~2A 정도인 반면, 접점 출력모듈은 2~5A 정도이다. 다만 구동전류가 클수록 트랜지스터나 트라이액 등의 회로에서 발생하는 발열이 커지는데, PLC의 사용 주위온도는 일반적으로 0~55℃ 정도이므로 주위온도가 높아지면 출력모듈의 발열도 검토하지 않으면 안 된다. 즉 주위온도에 의해 출력모듈의 총 부하전류가 제한되므로 대용량을 구동할 때는 특히 주의가 필요하다.

3) 돌입전류

전자밸브나 전자 접촉기, 릴레이 등의 유도부하는 전원이 투입되어 정격에 도달될 때까지는 표 5-7에 나타낸 바와 같이 정격전류의 수배에서 40배 정도까지의 돌입전류(rush current)가 흐른다. 이 돌입전류는 트라이액이나 접점의 파괴 또는 수명의 저하 등을 초래하므로 트라이액이나 접점 출력모듈을 사용할 때는 부하의 돌입전류와 시간에 주의하고, 사용기기의 돌입전류가 사양서의 규정치 내에 있는가를 확인할 필요가 있다.

또한 직류의 전자밸브나 전자 개폐기 등의 경우는 차단 시 서지전압이 발생한다. 따라서 DC 출력모듈의 트랜지스터에는 일반적으로 다이오드나 제너 다이오드로 서지 흡수대책이 고려되어 있다.

[표 5-7] 부하에 따른 돌입전류 값

부하의 종류	정격전류의 배수	작용시간
솔레노이드	8~20	0.07~1초
릴레이 코일	3~10	1/60~1/30초
백열전구	10~15	1/3초
모터	5~10	0.2~0.5초
수은등	3	3~5분
콘덴서	20~40	1/120~1/30초

4) 누설전류

AC 출력모듈의 트라이액이나 접점 출력모듈에는 접점을 보호하기 위해 접점과 병렬로 스파크 킬러가 부착되어 있다. 그런데 전압을 인가하면 이 스파크 킬러를 통해 누설전류가 흘러 오출력을 일으키거나 부하가 on된 채 off되지 않는 중대한 트러블을 야기시킨다.

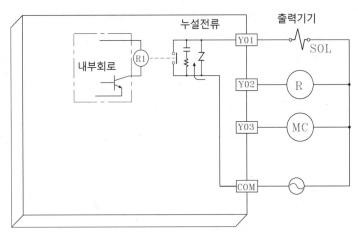

[그림 5-14] 접점 출력모듈에서의 누설전류

일례로 그림 5-14는 접점 출력모듈의 예로써, 접점을 보호하기 위해 접점 간에 CR식 스파크 킬러를 삽입한 경우이다. 그림상태에서 출력 Y01의 접점이 열려 있어도 Y01과 콤먼 사이에는 접점 보호용으로 삽입되어 있는 스파크 킬러를 통해 조금씩이기는 하지만 전류가 흐른다.

이 경우는 접점출력의 예인데 트랜지스터나 트라이액을 이용한 무접점 출력에서도 소자를 보호하기 위해 삽입하는 보호회로에 의해 누설전류가 발생하고, 이 전류에 의하여 출력기기가 오동작할 수 있다.

누설전류에 의한 영향은 출력기기의 부하가 소용량인 경부하에서 크게 나타나고, 출력회로의 접점이나 트라이액이 off 상태임에도 불구하고 다음과 같은 문제를 일으킨다.

① **누설전류에 의한 출력기기의 오동작 현상**
  ㉠ 소형 릴레이가 진동하거나 오동작한다. 특히 릴레이를 on에서 off로 하려고 할 때 on 상태인 채 off되기까지의 시간이 길어진다.
  ㉡ 전자밸브를 on에서 off로 하려고 할 때, 밸브가 복귀되지 않거나 진동한다.
  ㉢ 전자식 타이머가 off하거나 시간이 길어진다.

ㄹ 네온램프가 점등해 버린다.

      ㅁ 모터식 타이머의 동작이 부정확하게 된다.

  ② **누설전류에 의한 오동작 방지대책**

      ㄱ 출력기기가 릴레이 등과 같이 DC 전원의 사용이 가능한 기기일 경우는 출력전원을 DC로 변경한다.

      ㄴ 접점이나 트라이액 소자의 수명을 단축시키거나 파괴할 위험이 없는 출력기기에서 보호회로가 없는 형식을 선택한다.

      ㄷ 출력전원을 낮추어 사용한다.

      ㄹ 누설전류가 흘러도 동작하지 않는 릴레이를 사용한다.

      ㅁ 더미저항을 삽입하여 출력기기로 흐르는 누설전류량을 감소시킨다.

5) 수명

트랜지스터 출력이나 트라이액 출력모듈은 정격 내에서 올바른 사용법만 지킨다면 반영구적으로 사용할 수 있다. 그러나 접점 출력모듈의 경우는 일반적인 릴레이와 동일하게 접점의 수명에 주의할 필요가 있다.

접점 출력모듈의 수명은 기계적으로는 2,000만 회 정도이고, 전기적 수명은 10만~20만 회 정도이다. 전기적 수명은 정격의 부하일 때 수명이므로 부하값이 작거나 중계제어를 하는 경우 몇 배 이상의 수명이 얻어진다.

즉 접점의 수명은 부하전류와 전압이 작을수록 또 역률이 클수록 접점의 수명은 길어진다. 따라서 릴레이 접점을 보호하기 위해 CR식 스파크 킬러가 삽입된 형식의 채용도 고려해야 한다. 반대로 전압, 전류가 작은 부하인 경우는 접점의 접촉 불량을 일으키는 경우가 있으므로 이때는 DC 출력형식을 선정하는 등의 배려가 필요하다.

(3) 접점(Relay) 출력모듈

접점 출력모듈이란 신호증폭 요소로 릴레이를 사용한 것으로, 릴레이는 코일부와 접점부가 완전히 절연되어 있으므로 릴레이 회로와 동일하게 사용할 수 있다.

접점 출력모듈은 AC나 DC 전원을 모두 적용할 수 있어 다양한 구동기기를 제어할 수 있으며, 증폭용량도 커서 비교적 큰 부하도 직접제어 할 수 있으나, 수명에 한계가 있고 응답속도가 느리다는 단점이 있으며, 또한 접촉 불량에도 주의할 필요가 있다.

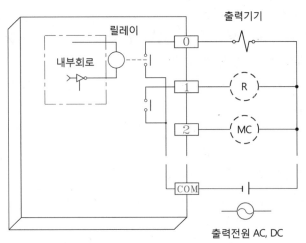

[그림 5-15] 접점 출력모듈의 회로도

[표 5-8] 접점 출력모듈의 사양 예

항목	형식	접점 출력모듈
		XGI-RY2A
1	출력점수	16점
2	정격 부하전압·전류	AC 220V, 2A / DC 24V, 2A
3	최소 개폐부하	DC 5V, 1mA
4	최대 개폐부하	AC 250V, DC 110V
5	응답시간	off → on	10ms 이하
		on → off	12ms 이하
6	수명	기계적	2,000만 회 이상
		전기적	10만 회 이상
7	최대 개폐빈도	3,600회/시간
8	스파크 킬러	없음
9	콤먼방식	16점/1콤먼
10	동작표시	출력 on시 LED 점등
11	내부 소비전류	500mA(전점 on시)
12	외부 접속방식	18점 단자대 커넥터

(4) 트랜지스터(TR) 출력모듈

신호증폭 요소로 반도체 소자인 트랜지스터를 사용한 것으로, 릴레이를 증폭소자로 사용하는 접점출력에 비해 수명이 길고 응답속도가 빨라 고빈도의 동작에 용이하다. 그러나 신호증폭 소자가 반도체 요소인 트랜지스터를 이용한 것이기 때문에 출력기기의 전원은 DC에 한정되고 접점출력이나 트라이액 출력에 비해 개폐전류도 작다.

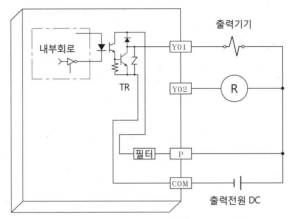

[그림 5-16] 트랜지스터 출력모듈의 회로도

[표 5-9] 트랜지스터 출력모듈의 사양 예

항목	형식	트랜지스터 출력모듈
		XGQ-TR2A
1	출력점수	16점
2	절연방식	photo coupler 절연
3	정격 부하전압	DC 12V/24V
4	사용 부하전압 범위	DC 10.2~26.4V
5	최대 부하전류	0.5A/1점
6	최대 돌입전류	4A/10ms 이하
7	응답시간 off → on	1ms 이하
	on → off	1ms 이하
8	서지 킬러	바리스터
9	콤먼방식	16점 1콤먼(싱크타입)
10	동작표시	출력 on시 LED 점등
11	내부 소비전류	70mA(전점 on시)
12	외부 접속방식	18점 단자대 커넥터

(5) 트라이액 출력 유닛

출력 증폭요소로 트라이액을 사용한 것을 트라이액 출력모듈이라 하며, 이 모듈의 특징은 응답속도가 통상 1ms 이하로 접점출력에 비해 10배 이상 고속이며, 구동 개폐 부하 용량도 비교적 크다. 따라서 개폐빈도가 큰 부하나 전자 솔레노이드 등의 코일 부하로 대용량 부하인 경우는 트라이액 출력모듈을 사용하는 것이 바람직하다.

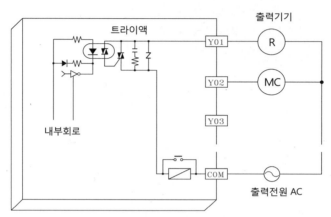

[그림 5-17] 트라이액 출력모듈의 회로도

[표 5-10] 트라이액 출력모듈의 사양 예

항목	형식		트라이액 출력모듈
			XGQ–SS2A
1	출력점수		16점
2	절연방식		photo coupler 절연
3	정격 부하전압		AC 100~240V, 50/60Hz
4	최대 부하전압		AC 264V
5	최대 부하전류		0.6A/1점
6	응답시간	off → on	1ms 이하
		on → off	1ms 이하
7	서지 킬러		CR 업소버 및 바리스터
8	콤먼방식		16점/1콤먼
9	동작표시		출력 on시 LED 점등
10	내부 소비전류		330mA(전점 on시)
11	외부 접속방식		18점 단자대 커넥터

02 PLC 제어장치 설계

1 제어대상 구성도 작성법

제어대상 구성도란 PLC의 제어 목표가 되는 구동장치의 구성도를 말하는 것으로, 전기식 액추에이터인 경우에는 동력회로도가 제어대상 구성도이고, 공압이나 유압 액추에이터인 경우에는 공압 회로도 또는 유압 회로도가 제어대상 구성도인 것이다.

그림 5-18은 2개의 복동 실린더와 1개의 유압 모터로 구성된 장치의 제어대상 구성도를 나타낸 것인데, 이와 같이 실린더를 구동하는 전자밸브의 형식이나 비상시 조치하기 위한 비상용 밸브의 구성, 또는 실린더 위치검출용 센서의 수량이나 종류에 따라 제어내용은 달라지기 때문에 반드시 기계동작의 사양을 작성할 때 명확히 하여 도면으로 작성해야 한다.

그림 5-19는 전기 동력회로의 예로써 전동기 2대로 구성된 장치의 동력회로인데 전동기 M1은 전자 접촉기 2대로 정·역회전 제어를 하고 있으며, 전동기 M2는 인버터 구동으로 정·역회전 제어를 하는데 속도제어를 외부 볼륨으로 하고 있음을 보여주고 있다.

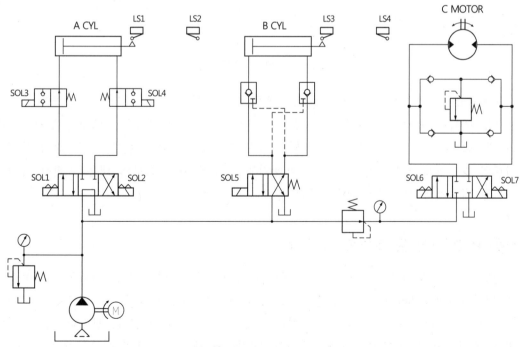

[그림 5-18] 유압장치의 제어대상 구성도(유압 회로도)

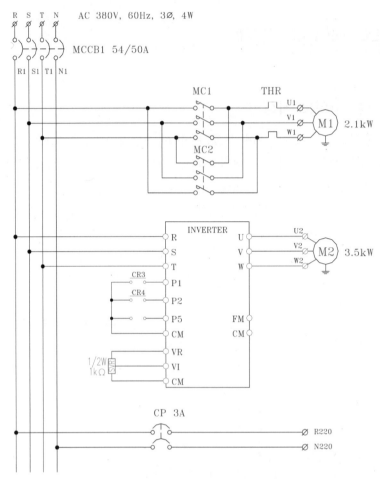

[그림 5-19] 전기 동력회로 예

제어대상 구성도 작성 시에는 동력의 종류에 따라서 회로의 시작점과 동력의 종류 관계를 명확히 해야 하고, 유공압의 경우 실린더의 종류, 실린더를 제어하는 전자밸브의 형식과 수량, 위치검출센서의 관계 등을 반드시 표기하여야 한다. 또한 전기 동력회로의 경우에도 전동기를 제어하는 개폐기의 종류에 따라 회로의 내용은 전혀 달라지므로 개폐기와 전동기의 접속관계를 명확히 해야 한다.

■2 PLC 선정 및 조립도 작성

한번 선정하여 채용한 PLC는 그 기계가 가동하고 있는 한 장시간 신뢰하여 사용할수 있어야 한다. 따라서 PLC 모델 선정 시에는 PLC 본체의 사양서나 입출력부터 기술적 사양 검토는 물론, 사양에서는 나타나 있지 않은 신뢰성 문제, 보수나 애프터서비스, 사용상의 편리함이나 기술지원 등에 대해서도 세심한 검토가 이루어져야 한다.

(1) 기종의 시리즈화

PLC는 각 메이커 나름대로의 언어와 표현법을 쓰고 있으며, 각종 기능이 다르기 때문에 프로그램 설계자는 물론 운전자나 보수유지 담당자들까지도 사용상 곤란을 겪고 있다.

따라서 PLC는 시리즈화 된 것을 선정하는 것이 소규모 제어에서부터 대규모 플랜트 설비까지 제어할 수 있어 공용성도 좋고 프로그램하기도 쉽다.

(2) 기능상의 문제

제어대상이 되는 기계, 설비의 제어에 충분한 기능이 있는지 검토한다. 특히 최근에는 통신에 의한 시스템 구축 사례가 증가되고 있는데 이 경우에는 통신 네트워크 지원형식도 검토가 필요하다.

(3) 용량상의 문제

제어 규모에 따른 입출력 점수, 메모리의 용량, 그리고 보조 릴레이, 타이머, 카운터, 레지스터 등의 점수는 충분한지, CPU 속도, 프로그램 메모리 용량 등도 함께 확인한다.

(4) 프로그래밍의 문제

PLC 프로그래밍 언어가 명령어 방식(IL), 회로도 방식(LD), 동작도 방식(SFC) 등 어느 방식이 적용되고 있는지, 또한 관련 주변기기를 보유하고 있는지, 특히 PLC 운용 소프트웨어를 무상으로 공급하는지 여부도 매우 중요하므로 반드시 검토한다.

(5) 기술지원 및 애프터서비스의 문제

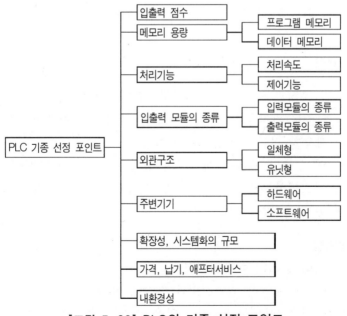

[그림 5-20] PLC의 기종 선정 포인트

PLC 기종은 기능 향상을 위해 자주 모델이 변경되는 경향이 있는데 수년간 단종되지는 않는 기종인가, 또한 고장 발생 시 즉시 대응 가능 여부와 예비품의 공급 가능 여부 등을 종합적으로 고려한다.

PLC 기종 선정을 위해서는 이상의 주요 항목을 충분히 고려함은 물론 그림 5-20과 같이 각 항목을 종합적으로 검토하여 기종을 선정하는 것이 바람직하다.

PLC 기종을 선정한 후 제조사 홈페이지에서 CAD 데이터를 다운받아 PLC 조립도를 완성한다. 이 조립도는 작업자에게 PLC 조립을 위한 작업지시서가 되며, 기기 배치도 작성 시 조립도를 활용해야 하므로 실척으로 작성된 도면이어야 한다.

그림 5-21은 PLC 제조사가 공급하는 PLC 조립도의 예이다.

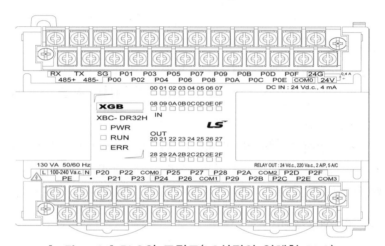

[그림 5-21] PLC의 조립도(LS산전의 일체형 PLC)

3 입출력 할당

입출력 할당이란 조작판넬 상의 각종 명령스위치, 검출스위치, 제어대상의 조작기기, 표시등 등의 입출력 기기를 PLC의 입력모듈이나 출력모듈의 몇 번째 입력점과 출력점에 접속하여 사용할 것인가를 정하는 것이다.

이 작업은 PLC의 입출력 모듈을 올바르게 선정하고 입출력 배선도 작성의 기초작업 및 노이즈 등을 고려한 올바른 입출력 배선작업을 실시하기 위한 과정으로서 PLC 프로그래밍 단계 중 하나이다.

(1) 입력 할당방법

① 동일 전압마다 정리하여 할당한다.

통상 PLC의 입력모듈은 입력전원과 전압에 따라 그 형식이 정해져 있다. 그러므로 1개의 입력모듈에는 2종의 전압을 부가할 수 없으므로 먼저 디지털 입력

인지 또는 아날로그 입력인지 여부와 디지털의 경우 AC 입력기기와 DC 입력
기기로 구별해야 하며, 전압도 구분하여 할당해야 한다. 아날로그 입력의 경우
에는 전압 입력형과 전류 입력형으로 구분하여 정리한다.

② 동일 종류의 기기마다 정리하여 할당한다.

이것은 조작판넬에서 명령지령용 스위치, 기계장치에서의 리밋 스위치, 무접점
센서 등을 각 군으로 묶어서 할당한다는 것을 말하며, 이렇게 함으로써 ①항
의 조건에도 원칙적으로 적용되며, 그룹별 배선에 따른 노이즈 영향도 줄일
수 있는 이점이 있다.

③ 제어 시스템의 작동 블록으로 정리하여 할당한다.

이것은 ①항과 ②항의 조건을 정리한 것으로, 예를 들어 수동전진신호와 수동
후진신호는 인접되게, 또 연속 사이클 신호와 연속 사이클 정지신호는 인접하
게 할당하면 배선작업이나 보수·유지 시는 물론 배선 점검 등에도 편리하기
때문이다.

④ 예비접점을 할당한다.

PLC 하드웨어에서 비교적 고장이 많이 발생되는 부분이 입력부와 출력부이다.
만일 입력점수 1점이 고장났을 때 간단하게 프로그램 변경만으로 대처할 수
있도록 여분의 접점을 할당하는 것이다. 즉, 16점의 입력모듈을 사용할 때
14~15점만을 할당하고 1~2점 정도는 예비로 두어 접점 고장 시 바로 대처할
수 있도록 여유를 둔다.

이상의 기준으로 입력 할당을 실시한 후 그 결과를 표 5-11에 작성하였다.

[표 5-11] 입력 할당표 예

입력 할당표 NO1

번호	입력 NO	입력신호명	기호	비고	모델명
1	P000	기동스위치	PB1	누름버튼 스위치	MS25PK
2	P001	정지스위치	PB2	누름버튼 스위치	MS25PK
3	P002	비상정지스위치	PB3	누름버튼 스위치	CS25-ESP
4	P010	소재 유무 검출센서	MAG	광전센서	PS18 DN
5	P013	클램프 실린더 후진끝 검출 스위치	LS3	실린더 스위치	C31-73K
6	P014	클램프 실린더 전진끝 검출 스위치	LS4	실린더 스위치	C31-73K
7					
8					

(2) 출력 할당방법

출력 할당도 입력 할당과 같이 몇 가지 원칙을 지켜가며 출력기기를 할당하고 이것을 표 5-12와 같이 정리한다.

① 동일 전압마다 정리하여 할당한다.

출력 할당도 입력 할당과 마찬가지로 사용되는 출력기기의 사용 전원과 전압에 따라 구분하여야 한다.

② 동일 종류의 기기별로 정리하여 할당한다.

입력 할당에서와 마찬가지로 전자밸브 군(群), 릴레이 군, 파일럿 램프 군, 전자 접촉기 군 등으로 묶어서 정리하면 ①항의 조건에도 충족되고, 그룹별 배선에 의한 노이즈 영향도 줄일 수 있다.

③ 관련 기기는 연번으로 할당한다.

동일 액추에이터의 상반된 운동신호인 정회전-역회전, 전진-후진, 상승-하강 등은 인접하게 할당하는 것이 배선도 용이하고 보수·유지에 있어서도 편리하다.

④ 예비접점을 할당한다.

입력 할당과 마찬가지로 출력점 1점 고장 시 간단하게 대처할 수 있도록 미리 준비하기 위한 것이다.

⑤ 출력점수의 절약대책을 강구한다.

출력 할당에 있어서 출력점수 절약대책을 강구하는 것도 중요한 점 중 하나이다. 예를 들어, 출력 감시를 위한 표시등이나 부저출력 등은 해당 부하와 병렬로 접속하여 출력점수를 절약하거나, 동일 액추에이터의 출력이 정반대의 동작을 요구할 때는 출력점 1점으로 릴레이를 구동하고 그 릴레이의 a접점과 b접점을 활용하여 출력점수를 절약할 수 있다.

[표 5-12] 출력 할당표 예

번호	출력 NO	출력신호명	기호	비고
1	P021	클램프 실린더용 전자밸브	SOL1	전자밸브
2	P022	이송 실린더용 전자밸브	SOL2	전자밸브
3	P025	운전표시등	PL1	파일럿 램프
4	P026	비상표시등	PL2	파일럿 램프
5				

4 입출력 배선도 작성

입출력 배선도는 시퀀스 회로도 작성 시 사용하는 표시기호를 사용하여 입출력 할당에서 결정한 입출력 번호에 해당 기기의 접속과 전원의 구분, 콤먼 라인과의 접속 관계 등을 한눈에 파악할 수 있도록 정리하여 작성한다.

입출력 배선도는 제어반 배선의 작업지침서가 되고 또한 입출력기기와 PLC와의 접속을 명확히 하여 입출력 할당을 검토하고, 배선작업 시 실수를 방지할 수 있고, 보수·유지에 있어서도 배선점검에 유용하기 때문에 작성해 두는 것이 좋다.

입출력 배선도 작성방법은 그림 5-22에 예시를 보인 바와 같이 PLC 입출력모듈 형태와 같이 직사각형 틀을 그린 후 다음을 기입하여야 한다.

① 상단에 모듈의 장착 슬롯 번호와 선정된 모듈형식이나 사양을 기입한다.
② 입출력 어드레스 번호를 기입한다.
③ 접속기기의 용도 명칭을 기입한다.
④ 전원 규격을 기입한다.

교류의 경우는 상과 전압을, 직류인 경우는 극성과 전압을 병기한다. 입력모듈은 왼쪽에 전원 모선을 그리고, 출력모듈은 오른쪽에 그리면 여러 장의 입출력 배선도에서도 입력 배선도와 출력 배선도를 한눈에 파악할 수 있다.

⑤ 콤먼의 극성과 전압을 기입한다.
⑥ 입력기기의 도면기호를 기입한다.
⑦ 도면상에 표시하는 기기의 문자기호를 나타낸다.

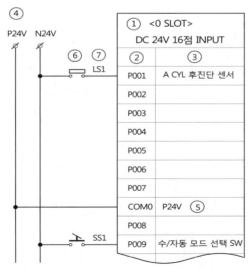

[그림 5-22] 입출력 배선도 작성법 예시

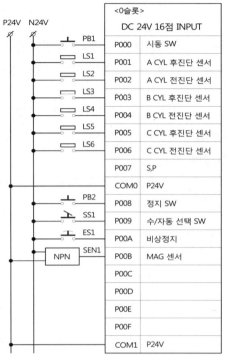

	<0슬롯>			**<2슬롯>**		
	DC 24V 16점 INPUT			**RELAY 16점 OUTPUT**		
PB1	P000	시동 SW	운전표시등	P020	PL1	
LS1	P001	A CYL 후진단 센서	A CYL 전진 SOL	P021	SOL1	
LS2	P002	A CYL 전진단 센서	A CYL 후진 SOL	P022	SOL2	
LS3	P003	B CYL 후진단 센서	B CYL 전진 SOL	P023	SOL3	
LS4	P004	B CYL 전진단 센서	C CYL 전진 SOL	P024	SOL4	
LS5	P005	C CYL 후진단 센서		P025		
LS6	P006	C CYL 전진단 센서	컨베이어 구동 MC	P026	MC1	
	P007	S,P		P027		
COM0	COM0	P24V	R220	COM4		
PB2	P008	정지 SW		P028		
SS1	P009	수/자동 선택 SW		P029		
ES1	P00A	비상정지		P02A		
SEN1 NPN	P00B	MAG 센서		P02B		
	P00C			P02C		
	P00D			P02D		
	P00E			P02E		
	P00F			P02F		
COM1	COM1	P24V	R220	COM5		

[그림 5-23] 입출력 배선도 예

03 PLC 명령어 이해와 활용

1 PLC 명령어의 개요

PLC 프로그램 작성을 위한 명령어에는 크게 기본 명령과 응용 명령으로 구분되고, 명령의 종류에는 PLC마다 약간의 차이는 있으나 기본 명령어가 20~50여 종, 응용 명령어가 200~700여 종의 종류가 있다.

기계동작의 제어조건에 맞는 이상적인 회로를 설계하거나 해독하려면 먼저 이들 명령어의 기능과 사용법을 숙지해야 하는데, PLC 명령어는 종류가 많을 뿐만 아니라 PLC마다 다르기 때문에 PLC 회로 설계자의 어려움이 되고 있다. 그러나 회로 설계자마다 약간의 차이는 있으나 수많은 PLC 명령어 중에서 실제 회로설계에 주로 사용되고 있는 것은 50여 종 내외이므로, 여기서는 LS산전의 XGT PLC 중에서 XGK 기종과 XGB 기종의 명령어 중 시퀀스 회로설계에 자주 사용되는 명령어에 대해 기능과 응용 예를 중심으로 알아본다.

2 접점명령 1

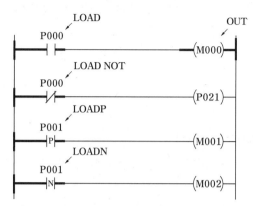

[그림 5-24] 접점명령 1

(1) LOAD : a접점 연산시작 명령

해당 디바이스의 정보에 따라 한 회로의 a접점으로 연산 개시하는 명령이다.

운전신호, 지령신호 등과 같이 입력조건이 on하면 해당 출력을 on하는 회로에 적용한다.

사용 가능한 디바이스에는 입출력 릴레이 P, 릴레이 접점 M, K, L, F, 타이머 접점 T, 카운터 접점 C, 스텝 컨트롤러 접점 S 등을 사용할 수 있다.

(2) LOAD NOT : b접점 연산시작 명령

해당 디바이스의 정보에 따라 한 회로의 b접점으로 연산 개시한다.

입력조건이 off일 때 해당 출력을 구동하고, 입력조건이 on이면 해당 출력을 off시키는 회로에 적용된다.

사용 가능한 디바이스에는 입출력 릴레이 P, 보조 릴레이 접점 M, K, L, F, 타이머 접점 T, 카운터 접점 C, 스텝 컨트롤러 접점 S 등을 사용할 수 있다.

(3) LOADP : 상승펄스 연산시작 명령

상승펄스 시 연산시작 명령으로 지정 접점이 off에서 on으로 변할 때 해당 출력을 1스캔 on하는 명령이다.

사용 가능한 디바이스에는 입출력 릴레이 P, 보조 릴레이 접점 M, K, L, F, 타이머 접점 T, 카운터 접점 C, 스텝 컨트롤러 접점 S 등을 사용할 수 있다.

(4) LOADN : 하강펄스 연산시작 명령

하강펄스 시 연산시작 명령으로 지정 접점이 on에서 off로 변할 때 해당 출력을 1스캔 on하는 명령이다.

사용 가능한 디바이스에는 입출력 릴레이 P, 보조 릴레이 접점 M, K, L, F, 타이머 접점 T, 카운터 접점 C, 스텝 컨트롤러 접점 S 등을 사용할 수 있다.

(5) OUT : 코일 구동명령

OUT 명령까지의 연산결과를 지정한 접점에 출력하는 명령이다.

OUT의 코일 구동명령은 출력 릴레이 P, 보조 릴레이 M, K, L, 스텝 컨트롤러 S 등을 사용할 수 있으며, 입력 릴레이 P는 사용할 수 없다.

3 접점명령 2

(1) AND : a접점의 직렬접속 명령

직렬로 연결된 접점과 해당 디바이스의 a접점을 AND 연산하여 그것을 연산결과로 한다.

직렬접속 명령의 요소에는 입출력 릴레이 P, 보조 릴레이 접점 M, K, L, F, 타이머 접점 T, 카운터 접점 C, 스텝 컨트롤러 접점 S 등이 사용된다.

직렬접속 회로는 기동조건이나 진행조건 회로에서 다수 입력조건이 성립될 때 시퀀스를 진행하는 경우에 적용된다.

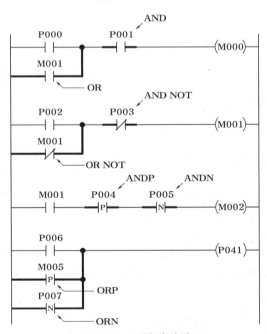

[그림 5-25] 접점명령 2

(2) AND NOT : b접점의 직렬접속 명령

직렬로 연결된 접점과 해당 디바이스의 b접점을 AND 연산하여 그것을 연산결과로 한다.

b접점의 직렬접속 명령의 요소에는 입출력 릴레이 P, 보조 릴레이 접점 M, K, L, F, 타이머 접점 T, 카운터 접점 C, 스텝 컨트롤러 접점 S 등이 사용된다.

b접점의 직렬접속 신호에는 인터록 신호, 정지신호, 완료신호, 리셋신호 등이 있다.

(3) OR : a접점의 병렬접속 명령

병렬로 연결된 접점과 해당 디바이스의 a접점을 OR 연산하여 그것을 연산결과로 한다.

병렬접속 명령의 요소에는 입출력 릴레이 P, 보조 릴레이 접점 M, K, L, F, 타이머 접점 T, 카운터 접점 C, 스텝 컨트롤러 접점 S 등이 사용된다.

병렬접속 회로는 동일 레벨로 취급되는 복수의 신호로서 동일 동작을 실현할 때 적용된다.

병렬접속되는 어느 신호가 on되어도 출력이 on된 것을 검출하는 회로에 이용된다.

대표적인 병렬접속 신호에는 동작신호와 자기유지신호, 자동회로와 수동회로 신호, 현장과 원격지 동작지령신호 등이 있다.

(4) OR NOT : b접점의 병렬접속 명령

병렬로 연결된 접점과 해당 디바이스의 b접점을 OR 연산하여 그것을 연산결과로 한다.

b접점의 병렬접속 명령의 요소에는 입출력 릴레이 P, 보조 릴레이 접점 M, K, L, F, 타이머 접점 T, 카운터 접점 C, 스텝 컨트롤러 접점 S 등이 사용된다.

(5) ANDP : 상승펄스 시 a접점 직렬접속 명령

지정된 접점이 off에서 on으로 변할 때 1스캔 on시간만 전 단계 연산결과와 직렬처리하는 명령이다.

명령의 요소에는 입출력 릴레이 P, 보조 릴레이 접점 M, K, L, F, 타이머 접점 T, 카운터 접점 C, 스텝 컨트롤러 접점 S 등이 사용된다.

(6) ANDN : 하강펄스 시 a접점 직렬접속 명령

지정된 접점이 on에서 off로 변할 때 1스캔 on시간 동안만 전 단계 연산결과와 직렬처리하는 명령이다.

명령의 요소에는 입출력 릴레이 P, 보조 릴레이 접점 M, K, L, F, 타이머 접점 T, 카운터 접점 C, 스텝 컨트롤러 접점 S 등이 사용된다.

(7) ORP : 상승펄스 시 a접점 병렬접속 명령

지정된 접점이 off에서 on으로 변할 때 1스캔 on시간 동안만 전 단계 연산결과와 병렬처리하는 명령이다.

명령의 요소에는 입출력 릴레이 P, 보조 릴레이 접점 M, K, L, F, 타이머 접점 T, 카운터 접점 C, 스텝 컨트롤러 접점 S 등이 사용된다.

(8) ORN : 하강펄스 시 a접점 병렬접속 명령

지정된 접점이 on에서 off로 변할 때 1스캔 on시간 동안만 전 단계 연산결과와 병렬처리하는 명령이다.

명령의 요소에는 입출력 릴레이 P, 보조 릴레이 접점 M, K, L, F, 타이머 접점 T, 카운터 접점 C, 스텝 컨트롤러 접점 S 등이 사용된다.

4 결합명령

(1) AND LOAD : 병렬회로 블록의 직렬접속 명령

2개의 병렬회로 A, B 블록을 직렬접속하는 명령이다.

AND LOAD 명령에는 데이터가 붙지 않는다.

AND LOAD는 최대 사용 횟수가 정해져 있으며, XGT PLC는 최대 15회까지 사용 가능하며, 연속해서 최대 사용 횟수를 초과 사용하면 연산을 하지 않는다.

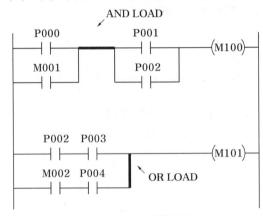

[그림 5-26] 결합명령

(2) OR LOAD : 직렬회로 블록의 병렬접속 명령

2개의 직렬회로 A, B 블록을 병렬접속하는 명령이다.

OR LOAD 명령에는 데이터가 붙지 않는다.

OR LOAD는 최대 사용 횟수가 정해져 있으며, XGT PLX는 최대 15회까지 사용 가능하며, 연속해서 최대 사용 횟수를 초과 사용하면 연산을 하지 않는다.

5 반전명령

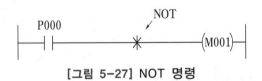

[그림 5-27] NOT 명령

(1) NOT : 반전명령

| P000 P001 P002 P003 ✳ (M001) |

⬇ 동일한 논리회로

| P000 (M001)
P001
P002
P003 |

[그림 5-28] 반전명령의 예

NOT 명령 이전까지의 연산결과를 반전시키는 명령이다.

반전명령 NOT를 사용하면 반전명령 좌측의 회로에 대하여 a접점 회로는 b접점 회로로, b접점 회로는 a접점 회로로 반전시키며, 직렬 연결회로는 병렬 연결회로로, 병렬 연결회로는 직렬 연결회로로 반전된다.

6 출력명령 1

(1) OUT : 연산결과 출력명령

OUT 명령까지의 연산결과를 지정한 접점에 출력하는 명령이다.

OUT의 코일 출력명령에는 출력 릴레이 P, 보조 릴레이 M, K, L, 스텝 컨트롤러 S 등을 사용할 수 있으며, 입력 릴레이 P는 사용할 수 없다.

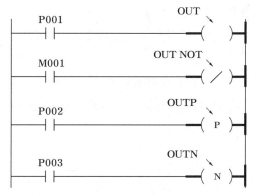

[그림 5-29] 출력명령 1

(2) OUT NOT : 연산결과 출력 반전명령

OUT NOT 명령까지의 연산결과를 반전시켜 지정한 접점에 출력하는 명령이다.

OUT NOT의 출력명령은 출력 릴레이 P, 보조 릴레이 M, K, L, 스텝 컨트롤러 S 등을 사용할 수 있으며, 입력 릴레이 P는 사용할 수 없다.

(3) OUTP : 상승펄스 출력명령

OUTP 명령은 입력조건이 off 상태에서 on될 때 지정 접점을 1스캔 on시킨다.

신호가 off에서 on으로 변화될 때 1회만 연산하는 처리의 지령신호로서 사용된다.

신호의 지속시간에 비해 출력의 동작시간이 길 때 펄스화 된 신호로 변환하여 기동 지령신호로 사용한다.

주된 용도로는 시프트 처리, 수치연산, 데이터 처리의 지령신호 등에 사용된다.

(4) OUTN : 하강펄스 출력명령

OUT 명령은 입력조건이 on 상태에서 off될 때 지정 접점을 1스캔 on시킨다.

하강펄스 출력은 신호의 off시 One-Shot 회로라고도 하며, 신호가 on에서 off로 되는 타이밍으로 다음 동작제어의 지령을 내는 트리거 신호로 사용된다.

7 출력명령 2

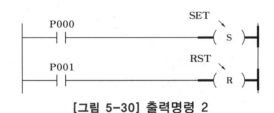

[그림 5-30] 출력명령 2

(1) SET : 동작유지 출력명령

입력조건이 on되면 지정출력 접점을 on 상태로 유지시키며, 입력조건이 off되어도 출력은 on 상태를 유지하는 명령이다.

세트 명령은 지속되지 않은 순간 입력신호의 기억회로에 사용된다.

SET 명령으로 on된 접점은 RST 명령으로만 off시킬 수 있다.

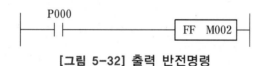

[그림 5-31] 자기유지회로와 SET 명령회로

(2) RST : 동작유지 해제명령

입력조건이 on되면 지정 출력접점을 off 상태로 유지시키며, 입력조건이 off 상태로 되어도 출력은 off 상태를 유지한다.

리셋(RST)명령은 적산 타이머나 카운터의 초기화 명령으로 사용되기도 한다.

8 출력명령 3

P000 ─┤├─────────────────[FF M002]─

[그림 5-32] 출력 반전명령

(1) FF : 입력조건 상승 시 출력 반전명령

비트출력 반전명령으로 입력접점이 off에서 on으로 변화할 때 지정된 디바이스 상태를 반전시키는 명령이다.

FF의 출력명령은 출력 릴레이 P, 보조 릴레이 M, K, L 등에 이용할 수 있으며, 입력 릴레이 P는 사용할 수 없다.

(2) 출력 반전명령 회로의 동작 타임차트

그림 5-33은 그림 5-32 출력 반전명령 회로의 동작 타임차트이다.

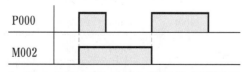

[그림 5-33] 그림 5-32 회로의 타임차트

9 마스터 컨트롤 명령

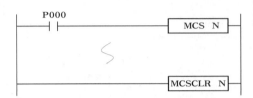

[그림 5-34] 마스터 컨트롤 명령

(1) MCS : 공통 직렬 접점 접속

MCS의 입력조건이 on되면 MCS 번호와 동일한 MCSCLR까지를 실행하고 입력조건이 off하면 실행하지 않는다.

MCS와 MCSCLR은 반드시 쌍으로 사용하여야 한다.

네스팅(nesting)은 XGB는 0부터 7까지 8레벨을 설정할 수 있다.

[그림 5-35] 마스터 컨트롤 명령 사용 예와 그 등가회로

우선순위는 MCS번호 0이 가장 높고 7이 가장 낮으므로 우선순위가 높은 순서로 사용하고, 해제는 그 역순으로 해야 한다.

MCSCLR시 우선순위가 높은 것을 해제하면 낮은 순위의 MCS 블록도 함께 해제된다.

마스터 컨트롤 명령은 비상정지명령이나 자동회로와 수동회로의 구분을 위해 블록제어명령으로 유효하다.

(2) MCS의 on/off 명령이 off인 경우 MCS~MCSCLR까지의 연산결과

① OUT 명령 : 처리하지 않는다. 입력신호 접점 off와 같은 처리

② 타이머 명령 : 처리하지 않는다. 입력신호 접점 off와 같은 처리

③ 카운터 명령 : 처리하지 않으나 현재 값은 유지한다.

10 순차제어 명령 – SET Syyy.xx

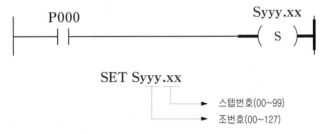

[그림 5-36] 순차제어 명령

순차제어 프로그램을 용이하게 설계하기 위한 응용명령의 하나이다.

동일 조 내에서 바로 이전의 스텝번호가 on된 상태에서 현재 스텝번호의 입력조건이 on되면 현재 스텝번호의 출력을 on 상태로 유지한다.

입력조건이 off되어도 다음 스텝의 입력조건이 on되기 전까지 출력을 유지한다.

같은 조 내 입력조건이 동시에 on되더라도 이전 스텝번호의 출력이 off 상태였다면 출력을 on시키지 않으며, 한 조 내에서는 반드시 한 스텝번호만을 on시킨다.

SET Syyy.00 스텝의 입력조건을 on시킴으로써 해당 조의 사이클을 종료시키며, 최종 스텝의 출력접점이 on되기 전이라도 SET Syyy.00 스텝의 조건이 on되면 해당 조의 모든 출력을 off 상태로 리셋시킨다.

초기 RUN시 Syyy.00은 on되어 있다.

즉 순차제어 명령에는 자기유지 기능과 보증의 인터록, 보호의 인터록 기능이 있어 동작순서가 정해져 있는 컨베이어 장치나 액추에이터 순차동작 회로에 적합한 명령이다.

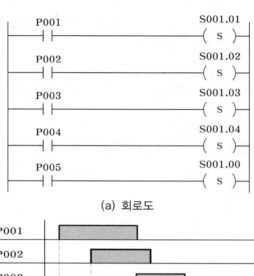

(a) 회로도

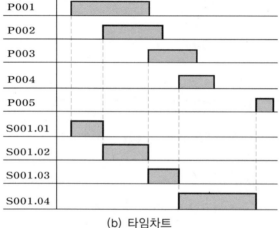

(b) 타임차트

[그림 5-37] 순차제어 명령 예와 타임차트

11 후입우선 명령 – OUT Syyy.xx

SET Syyy.xx 명령과는 달리 스텝순서와 관계없이 입력조건 접점이 on되면 해당 스텝의 출력이 on된다.

동일 조 내에서 다수의 입력조건이 on하여도 한 개의 스텝번호만이 on되는데, 이때 나중에 입력된 것이 우선적으로 출력된다.

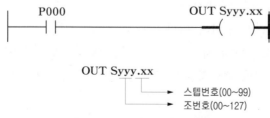

[그림 5-38] 후입우선 명령

현재 스텝번호의 입력조건이 on되어지면 자기유지되어 현재 스텝번호의 출력을 on 상태로 유지한다.

OUT Syyy.xx 명령은 각 조의 00스텝의 입력조건을 on시킴으로써 클리어된다.

그림 5-39는 후입우선 명령의 프로그램 예이고, 표 5-13은 후입우선 명령 프로그램의 동작결과이다.

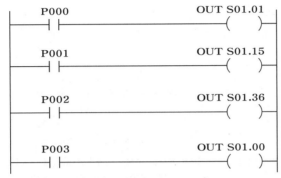

[그림 5-39] 후입우선 명령 프로그램 예

[표 5-13] 그림 5-39의 후입우선 명령 프로그램의 동작결과

NO	P000	P001	P002	P003	S01.01	S01.15	S01.36	S01.00
1	on	off	off	off	on			
2	on	on	off	off		on		
3	on	on	on	off			on	
4	on	on	on	on				on

12 종료명령 – END

[그림 5-40] 프로그램 종료명령

프로그램 종료를 표시한다.

END 명령처리 후 자기진단과 입출력 리프레시 작업 후 0스텝으로 돌아가게 된다.

END 명령은 반드시 프로그램 마지막에 입력하여야 하며, 입력하지 않으면 에러가 발생되고 프로그램의 연산을 하지 않는다.

13 타이머 명령

PLC 타이머는 0.1ms, 1ms, 10ms, 100ms 등의 클록 펄스를 가산계수하고 이것이 소정의 설정값에 도달했을 때 출력 접점을 동작시키는 것으로, 동작형태에 따라 on 딜레이 타이머, off 딜레이 타이머, 적산 타이머 등이 있다. 기타 특수 타이머가 내장된 PLC 기종도 있으며, 타이머의 수도 수천 여 개까지 내장되어 있기 때문에 시간제어회로에 유용하게 이용할 수 있다.

XGK PLC는 2,048개, XGB PLC는 256개의 타이머가 내장되어 있고, 동작 특성에 따라 표 5-14와 같이 5개의 명령어가 있다.

[표 5-14] XGK PLC의 타이머 명령어

명령어	명 칭	동작 특성
TON	on 딜레이 타이머	입력조건이 on되면, 타이머 설정값 미만이면 타이머 접점출력은 off, 타이머 현재값이 설정값에 도달되었을 때 타이머 접점출력은 on, 입력조건 off이면 타이머 접점출력도 off된다.
TOFF	off 딜레이 타이머	입력조건이 on되면, 타이머 현재값은 설정값이 되고 타이머 접점출력은 on, 입력조건이 off로 되면 타이머 설정값이 감산되고 0이 되면 타이머 접점출력은 off된다.
TMR	적산 타이머	입력조건이 on되면 타이머 현재값이 증가, 입력조건이 off되어도 타이머 현재값은 유지, 누적된 현재값이 설정값에 도달되면 타이머 접점출력이 on된다.
TMON	모노스테이블 타이머	입력조건이 on되면 타이머 현재값은 설정값이 되고, 타이머 접점출력이 on, 입력조건이 off되어도 타이머 현재값이 감소되고, 0이 되면 타이머 접점출력은 off된다.
TRTG	리트리거블 타이머	모노스테이블 타이머와 같은 기능을 하나, 타이머 현재값이 감소하고 있을 때 입력조건이 다시 on되면 현재값은 다시 설정값부터 동작한다.

(1) on 딜레이 타이머 명령

1) TON : on 딜레이 타이머 명령

입력조건이 on되는 순간부터 현재치가 증가하여 타이머 설정시간에 도달하면 타이머 접점이 on된다.

입력조건이 off되거나 RST 명령을 만나면 타이머 출력은 off되고 현재치는 0이 된다. 또한 입력조건이 타이머 설정시간에 도달하기 전에 off되면 타이머의 현재치는 0으로 된다.

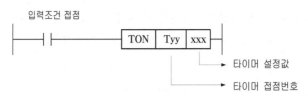

[그림 5-41] on 딜레이 타이머 명령

2) on 딜레이 타이머 명령의 예제

입력 P000이 on되면 M001 릴레이에 의해 자기유지되고 3초 후에 출력 P020을 on 시키며, 출력 P020이 on된 후 5초 후에 자기유지가 해제되어 출력 P020이 off되는 회로와 그 타임차트는 그림 5-42와 같다.

이와 같은 on 딜레이 타이머는 입력신호의 지연이나 입력신호 지연에 의한 출력신호의 지연, 또는 입력신호의 지속시간이 일정시간 이상 on하는 것을 검출하는 용도 등에 사용된다.

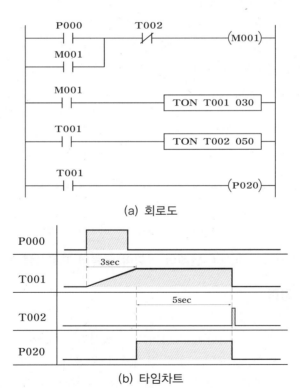

[그림 5-42] on 딜레이 타이머 명령의 프로그램 예

(2) off 딜레이 타이머 명령

1) TOFF : off 딜레이 타이머 명령

입력조건이 on되는 순간부터 현재치는 설정치가 되며 출력이 on된다. 그러나 입력조건이 off되면 타이머 설정시간이 감산되어 0에 도달하면 타이머 접점이 off된다. RST 명령을 만나면 타이머 출력은 off되고 현재치는 0이 된다.

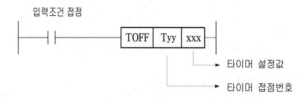

[그림 5-43] off 딜레이 타이머 명령

off 딜레이 타이머 명령은 짧은 시간 동안만 on하는 신호의 지속시간을 연장시키는 회로나, 동작 후 on 출력을 지연시키는 회로(일례로 모터 정지 후 일정시간 동안 냉각팬을 운전하는 경우) 등에 적용된다.

2) off 딜레이 타이머 명령의 예제

입력 P001 접점이 on되면 출력 P041이 on되고 동시에 타이머 코일 T010이 동작한다. 입력 P001 접점이 off되면 타이머 T010에 설정한 시간 5초 후에 출력 P041이 off되는 회로는 그림 5-44와 같으며, 타이머 동작 중에 리셋 입력 P002 접점이 on되면 타이머의 현재값은 즉시 0이 된다.

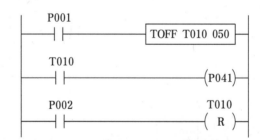

[그림 5-44] off 딜레이 타이머 명령의 프로그램 예

(3) 적산 타이머 명령

1) TMR : 적산 타이머 명령

입력조건이 on된 시간을 누적하여 타이머의 설정시간에 도달하면 타이머 접점을 on시키는 명령이다. 즉 입력조건이 on되면 현재치가 증가하고, off 상태로 변환되면 현재치는 그 값을 유지한 상태로 정지되고, 다시 입력조건이 on되면 현재치는 누적되어 설정시간에 도달하면 출력접점을 on시킨다.

따라서 적산 타이머는 정전 또는 전원 차단 시에도 진행된 값을 유지해야 할 경우는 불휘발성 영역을 사용하여 그 값을 유지할 수 있다.

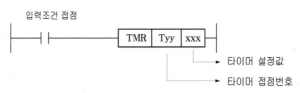

[그림 5-45] 적산타이머 명령

2) 적산 타이머 명령의 예제

그림 5-46은 적산 타이머 명령의 예제로서 입력조건 P001의 on시간 합계가 20초 이상되면 출력 P020을 on시키는 회로이다. 즉 그림 5-47의 타임차트에 나타낸 바와 같이 입력 P001이 on, off를 반복하는데 on시간의 합계가 타이머의 설정치에 도달하면 출력 P020이 on되고, 타이머 출력이 on된 상태에서는 입력의 on, off에 관계없이 출력이 on 상태를 유지하며, 이 출력은 P005의 리셋(RST) 명령에 의해 off되고, 타이머의 설정치도 0이 된다.

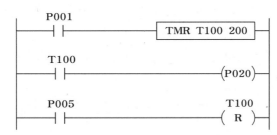

[그림 5-46] 적산 타이머 명령의 회로 예

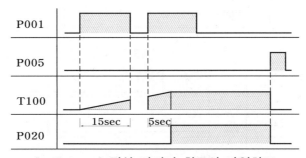

[그림 5-47] 적산 타이머 회로의 타임차트

(4) 모노스테이블 타이머 명령

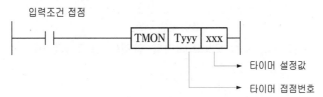

[그림 5-48] 모노스테이블 타이머 명령

1) TMON : 모노스테이블 타이머(Monostable Timer) 명령

입력조건이 on되면 현재치가 설정치로 되고 출력을 on시킨다.

타이머 값이 감소하여 0에 도달하면 출력을 off시킨다.

입력조건이 on 상태에서 off 상태로 바뀌어도 타이머는 출력을 유지하고, 현재치가 0에 도달하여 출력이 off 상태로 변환할 때까지 입력조건이 on 상태를 유지하여도 타이머는 재동작하지 않으며, 입력조건이 off 상태에서 다시 on 상태로 될 때 타이머는 동작한다.

입력조건이 외부조건에 의해 신호가 떨릴 가능성이 있을 때 그 신호를 일정시간 안정된 신호로 변환할 때 유효한 명령이다.

2) 모노스테이블 타이머 명령의 예제

그림 5-49는 모노스테이블 타이머 명령을 이용한 회로 예로 입력 P001을 on하면 T005가 감산을 시작하고 동시에 출력 P022를 on시킨다.

타이머가 감산 중에 입력 P001이 on, off를 반복하여도 감산을 계속하고 타이머 현재값이 0이 되면 출력 P022를 off로 한다.

타이머가 감산 중에 입력 P003을 on하면 현재값은 0이 되어 출력은 off된다.

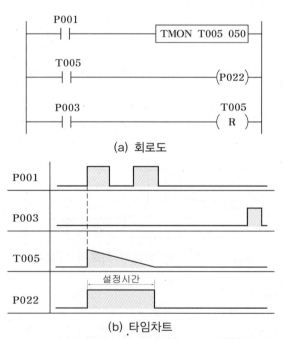

(a) 회로도

(b) 타임차트

[그림 5-49] 모노스테이블 타이머 프로그램 예

288

(5) 리트리거블 타이머 명령

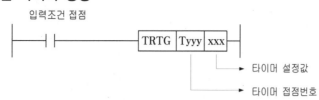

[그림 5-50] 리트리거블 타이머 명령

1) TRTG : 리트리거블 타이머(Retriggerable Timer) 명령

입력조건이 on되면 현재치가 설정치로 되고, 출력을 on시키고 타이머 값이 감소하여 0에 도달하면 출력을 off시킨다.

타이머가 동작하는 도중 입력조건이 다시 on되면 타이머의 현재치는 다시 설정치로 돌아가 감소하게 된다.

2) 응용 사례

일례로 자동문에서 사람이 감지되면 일정시간이 지난 후 문을 닫는데, 시간이 지나기 전에 다른 사람이 감지되면 다시 설정시간만큼 대기 후에 문을 닫는데 사용되는 유효한 명령이다.

14 카운터 명령

카운터는 기계 동작의 횟수 누계나 생산수량의 계수 목적으로 사용되는 신호처리기기로서 PLC 내에는 이러한 카운터가 수백 개에서 수천 개까지 내장되어 있다. 카운터에는 가산 카운터, 감산 카운터, 가감산 카운터의 기능이 기본적으로 제공되고, 그 밖에 링 카운터와 같은 특수 용도의 카운터가 있는 기종도 있다.

PLC의 카운터는 접점요소의 동작을 시퀀스 연산 속에서 계수하는 카운터를 내부신호 계수용 카운터라 하고, 특정한 입력으로부터 신호를 시퀀스 연산과는 독립적으로 인터럽트 동작에 의해 계수하는 고속 카운터가 있다.

XGK PLC나 XGB PLC 카운터에는 표 5-15와 같은 기능의 카운터가 있다.

[표 5-15] XGK, XGB PLC 내부 카운터

명령어	명 칭	동작 특성
CTU	가산 카운터	카운트 펄스가 입력될 때마다 현재값에 1씩 더하여 현재값이 설정값이 되면 출력을 on시킨다.
CTD	감산 카운터	카운트 펄스가 입력될 때마다 설정값으로부터 1씩 감산하여 현재값이 0이 되면 출력을 on시킨다.

명령어	명 칭	동작 특성
CTUD	가감산 카운터	Up 신호에 입력이 on되면 현재값에 1씩 가산하고, Down 신호에 입력이 on되면 현재값으로부터 1씩 감산하여 현재값이 설정값 이상이 되면 출력을 on시킨다.
CTR	링 카운터	기본적으로 가산 카운터이나 설정값 이후 다시 카운트 펄스가 입력되면 카운터는 초기화되어 00이 된다.

(1) 가산 카운터(Up counter) 명령 – CTU

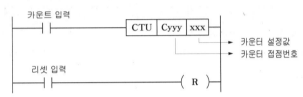

[그림 5-51] 가산 카운터 명령

카운터의 시작을 0부터 개시하며, 입상펄스가 입력될 때마다 현재치를 +1씩 증가한다. 카운트를 계속하여 현재치가 설정치 이상이면 출력을 on시킨다. 설정치에 도달된 상태라도 입상펄스가 입력되면 현재치는 최대 계수치까지 가산되며 출력은 on 상태로 유지한다.

XGK, XGB PLC의 최대 카운트치는 65,535회까지이다.

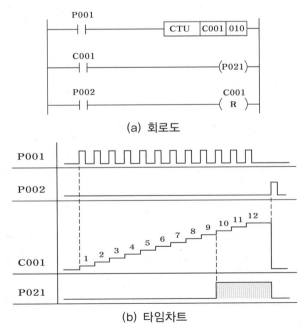

(a) 회로도

(b) 타임차트

[그림 5-52] 가산 카운터의 프로그램 예와 동작 타임차트

Reset 신호가 입력되면 출력을 off시키며 현재치는 0이 된다. 카운터의 현재치가 설정치까지 도달하기 전에 Reset 신호가 on되어도 현재치는 바로 0이 된다.

가산 카운터의 프로그램 예와 동작원리를 타임차트로 나타낸 것이 그림 5-52이다.

(2) 감산 카운터(Down counter) 명령 – CTD

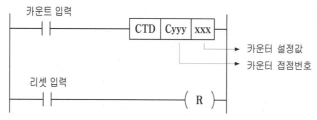

[그림 5-53] 감산 카운터 명령

카운터의 시작을 설정치부터 개시한다.

카운트 펄스가 입력될 때마다 현재치를 −1씩 감소시킨다.

카운트를 계속하여 현재치가 0이 되면 출력을 on시킨다.

Reset 신호가 입력되면 출력을 off시키며 현재치는 설정치가 된다. 카운터의 현재치가 0에 도달하기 전에 Reset 신호가 on되어도 현재치는 바로 설정치가 된다.

즉, 회로의 구성과 동작원리는 가산 카운터와 동일하나 펄스가 입력될 때마다 목표치로부터 −1씩 감소시키므로 목표치로부터 남은 수량의 표시에 적합한 명령이다.

(3) 가감산(Up-Down counter) 카운터 명령

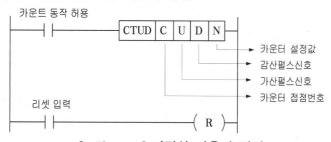

[그림 5-54] 가감산 카운터 명령

1) CTUD : 가감산 카운터(Up-Down counter) 명령

가산펄스 접점에 입상펄스가 입력될 때마다 현재치가 +1씩 가산되고, 감산펄스 접점에 입상펄스가 입력될 때마다 현재치가 −1씩 감산된다.

현재치가 설정치 이상이면 출력을 on시키고 설정치 미만으로 내려가면 출력은 off된다.

Reset 신호가 on하면 현재치는 0으로 초기화되고 출력도 off된다.

U, D로 지정된 디바이스에 펄스신호가 동시에 on되면 현재치는 변하지 않는다.

카운트 동작 허용신호는 on된 상태를 유지하고 있어야만 카운트가 가능하기 때문에 카운트 동작 허용신호는 상시 on접점을 사용하거나 시퀀스 프로그램에 사용하지 않은 내부 릴레이 등의 b접점을 사용하면 좋다.

2) 가감산 카운터의 프로그램

기감산 카운터의 프로그램 예와 동작원리를 타임차트로 나타낸 것이 그림 5-55이다.

회로에서 카운트 허용신호인 F099는 상시 on 플래그이며, 가산펄스신호는 P001, 감산펄스신호는 P002이다.

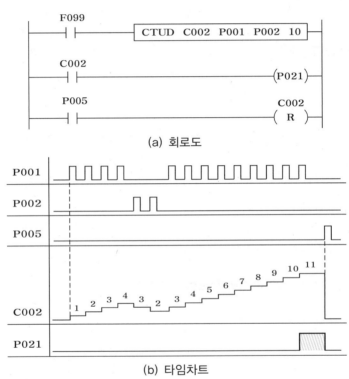

(a) 회로도

(b) 타임차트

[그림 5-55] 가감산 카운터의 프로그램 예와 동작 타임차트

(4) 링 카운터(Ring counter) 명령 – CTR

입상펄스가 입력될 때마다 현재치가 +1씩 가산되고, 설정치에 도달하면 출력을 on시킨다.

설정치에 도달하기 전, 또는 설정치에 도달한 후에 Reset 신호가 on되면 설정치는 0이 되고 출력도 off된다.

카운터의 값이 설정치에 도달한 상태에서 Up단자에 입상펄스가 다시 입력되면 카운터의 현재치는 0으로 돌아가고 다음 신호가 들어오면 카운터의 현재치를 +1씩 증가시킨다.

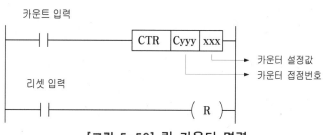

[그림 5-56] 링 카운터 명령

15 데이터 전송(Move)명령

(1) 전송명령의 문법

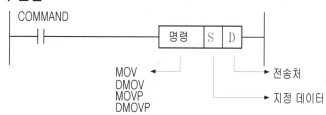

[그림 5-57] 전송명령 문법

데이터 레지스터나 타이머, 카운터의 현재값 또는 레지스터에 격납되어 있는 수치나 입출력 디바이스, 내부 데이터 등의 릴레이 조합으로 표현된 수치를 다른 요소 사이에서 단순히 이동시키거나 정수로 기록하는 명령을 데이터 전송명령이라 한다.

그림 5-57은 데이터 전송명령의 문법형식으로 입력조건 커맨드가 on되면 S로 지정된 영역의 데이터를 지정된 D영역으로 전송하는 명령이다. 데이터의 크기는 기본 1워드이고, 2워드의 데이터를 전송시킬 때는 DMOV, DMOVP 명령을 사용한다.

MOVP나 DMOVP 명령에서 P의 의미는 전송 입력명령이 off에 on으로 변할 때 1스캔만 전송하는 명령이다.

데이터 전송명령은 데이터 영역에 특정 수치를 전송할 경우에 많이 쓰이며, PLC 내부 카운터 명령의 설정치나 타이머 명령의 설정치를 사용자가 직접 입력할 경우에도 많이 쓰인다. 또한 작업시작과 함께 타이머를 on시킨 후 작업이 끝나는 시간에 타이머의 현재치를 데이터 영역에 전송해서 작업을 하는데 소요된 시간을 측정할 때에도 사용한다.

(2) 전송명령의 예

그림 5-58은 전송명령의 일례로 2개의 제품을 선택 생산하는 설비에서 밸브의 on 시간을 선택 스위치로 선택 입력하면 타이머 설정시간이 제품에 맞게 설정되도록 전송명령어를 응용한 프로그램이다.

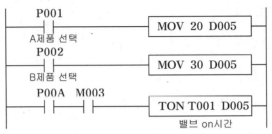

[그림 5-58] 전송명령 예

16 데이터 비교명령

(1) 비교명령의 문법

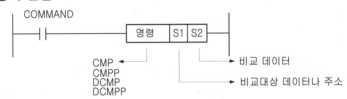

[그림 5-59] 비교명령 문법

비교명령이란 데이터 레지스터나 타이머, 카운터의 현재값, 레지스터에 격납되어 있는 데이터 값, P, M 등의 릴레이 조합으로 표현되는 수치를 다른 요소 사이에서 비교하는 명령을 말한다.

그림 5-59는 데이터 비교명령의 문법형식으로 입력조건이 on되면 S1과 S2의 대소를 비교하여 그 결과를 6개 특수 릴레이의 해당 플래그를 on시킨다.

플래그의 세트 기준은 표 5-16과 같으며 6개의 특수 릴레이는 바로 이전에 사용한 비교명령에 대한 결과만을 표시하고, 프로그램 내에서 사용 횟수에는 제한이 없다.

[표 5-16] 대소 비교의 특수 릴레이

플래그	F120	F121	F122	F123	F124	F125
SET 기준	<	≦	=	>	≧	≠
S1 > S2	0	0	0	1	1	1
S1 < S2	1	1	0	0	0	1
S1 = S2	0	1	1	0	1	0

(2) 비교명령의 예제

어느 제조라인에서 제품이 생산될 때마다 입력접점 P001에 의해 Up/Down 카운터의 현재값이 +1씩 증가되고, 다음 공정의 검사공정에서 불량이 판정되면 입력접점

P002에 의해 현재치에서 −1씩 감소시켜 생산량 관리가 이루어져야 하는데 카운터의 현재값이 50 이상이 되면 출력 P041을 on시켜야 한다면 프로그램 예는 그림 5-60과 같이 된다.

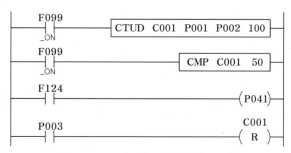

[그림 5-60] 비교명령 회로 예

17 비교연산 명령

(1) LOAD 비교연산

LOAD 비교연산 명령은 S1과 S2의 대소를 비교하여 연산기호의 등호조건이 성립하면 이후의 접점 또는 코일을 on하고 이외의 연산결과는 off한다.

등호조건에 따른 연산결과 처리는 표 5-17과 같다.

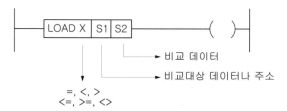

[그림 5-61] LOAD 비교연산 문법

[표 5-17] 등호조건에 따른 연산결과

X조건	조 건	연산결과
=	S1 = S2	on
< =	S1 ≤ S2	on
> =	S1 ≥ S2	on
< >	S1 ≠ S2	on
<	S1 < S2	on
>	S1 > S2	on

(2) 비교연산 명령 예

그림 5-62의 회로는 앞서 그림 5-60의 비교명령 예제를 비교연산 명령을 사용하여 작성한 회로이다. 즉, 제조라인에서 제품이 생산될 때마다 Up/Down 카운터의 현재값이 +1씩 증가되고, 다음 공정의 검사공정에서 불량이 판정되면 현재치에서 -1씩 감소시켜 생산량 관리가 이루어져야 하는데 카운터의 현재값이 50 이상이 되면 출력 P041을 on시키는 프로그램을 비교연산 명령으로 작성한 것이다.

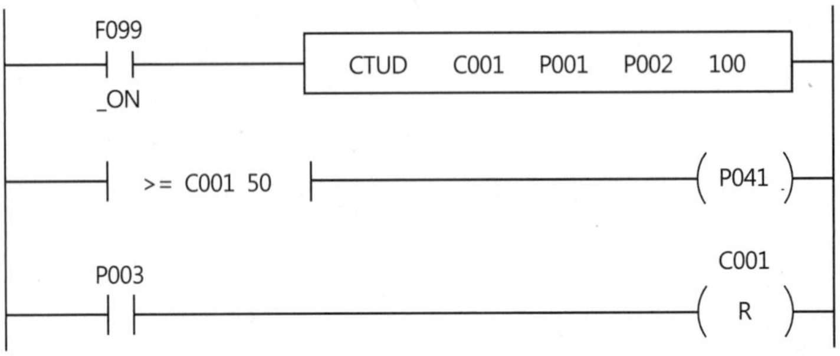

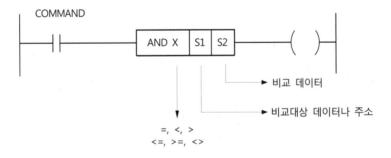

[그림 5-62] LOAD 비교연산 회로 예

(3) AND 비교연산

AND 비교연산 명령은 S1과 S2의 대소를 비교하여 연산기호의 등호조건과 일치하면 on, 불일치하면 off하여 이 결과와 현재의 연산결과를 AND하여 새로운 연산결과로 한다.

등호조건에 따른 연산결과는 표 5-17과 동일하다.

[그림 5-63] AND 비교연산 문법

(4) OR 비교연산

OR 비교연산 명령은 S1과 S2의 대소를 비교하여 연산기호의 등호조건과 일치하면 on, 불일치하면 off하여 이 결과와 현재의 연산결과를 OR하여 새로운 연산결과로 한다.

등호조건에 따른 연산결과는 표 5-17과 동일하다.

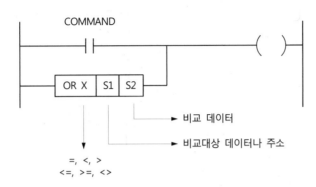

[그림 5-64] OR 비교연산 문법

18 이동명령

레지스터에 저장된 데이터를 입력신호에 따라 지정된 비트만큼 이동시키는 명령을 이동명령이라 한다.

이동명령은 컨베이어 시스템이나 턴테이블상의 제어에 있어서 여러 위치에서의 작업정보나 검사 등의 데이터를 검출한 후, 컨베이어나 턴테이블의 이동에 따라 그 상태를 기억시켜 이동하고, 다른 위치에서 그 정보에 따라 작업을 실시하거나 조치를 실시하는 경우 등의 공정제어에 유효한 명령이다.

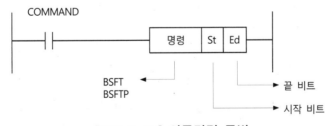

[그림 5-65] 이동명령 문법

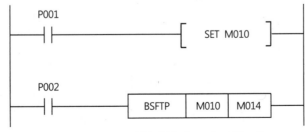

[그림 5-66] 이동명령의 프로그램 예

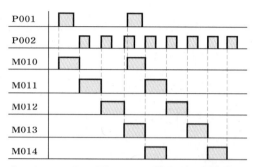

[그림 5-67] 그림 5-66 회로의 타임차트

이동명령은 데이터가 저장되어 있는 영역의 시작 비트 St와 실행이 종료되는 영역의 Ed 비트를 지정하고 입력지령에 신호에 따라 비트 시프트를 실행하는 명령이다.

이동명령의 프로그램 예로 입력신호 P002가 on될 때마다 M010의 데이터를 시작 비트 M010부터 END 비트 M014까지 시프트하고 M010의 데이터는 P001로 주는 프로그램은 그림 5-66과 같으며 그 동작원리를 나타낸 타임차트가 그림 5-67이다.

19 코드 변환명령

(1) BCD 변환명령

입력조건이 on되면 S의 BIN 데이터 또는 BIN 데이터가 저장된 영역의 값을 BCD로 변환하여 D로 지정한 영역으로 변환된 값을 저장하는 명령이다.

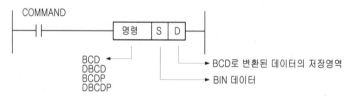

[그림 5-68] BCD 변환명령 문법

(2) BIN 변환명령

입력조건이 on되면 S의 BCD 데이터 또는 BCD 데이터가 저장된 영역의 값을 BIN으로 변환하여 D로 지정한 영역으로 값을 변환하여 저장하는 명령이다.

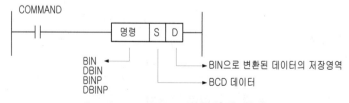

[그림 5-69] BIN 변환명령 문법

20 사칙연산 명령

(1) BIN 덧셈연산

그림 5-70은 BIN 덧셈연산 명령의 문법형식으로 입력조건이 on되면 S1로 지정된 워드 데이터와 S2로 지정된 워드 데이터를 가산하여 그 결과를 D로 지정된 영역에 저장하는 명령이다.

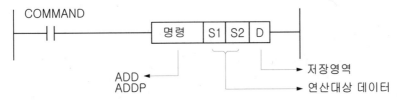

[그림 5-70] BIN 덧셈연산 명령 문법

덧셈명령 응용 예로 2대의 생산량을 관리하기 위해 1번 기계의 생산량 카운터 C001과 2번 기계의 생산량 카운터 C002로 각각 생산량을 카운트하고, 두 대의 생산량을 합하여 데이터 레지스터 D005번지에 저장하는 프로그램은 그림 5-71과 같다.

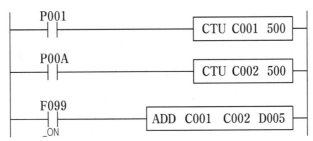

[그림 5-71] 덧셈연산 명령의 프로그램 예

(2) BIN 뺄셈연산

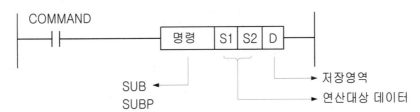

[그림 5-72] BIN 뺄셈연산 명령 문법

그림 5-72는 BIN 뺄셈연산 명령의 문법형식으로 입력조건이 on되면 S1로 지정된 워드 데이터에서 S2로 지정된 워드 데이터를 감산하여 그 결과를 D로 지정된 영역에 저장하는 명령이다.

(3) BIN 곱셈연산

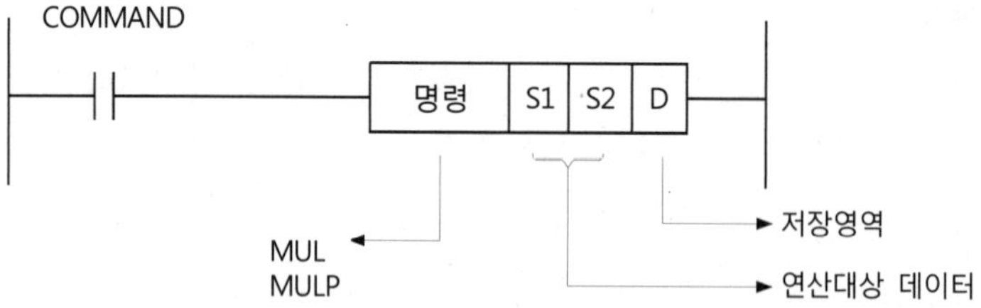

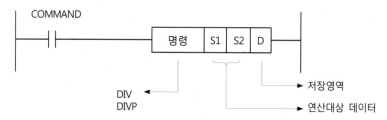

[그림 5-73] BIN 곱셈연산 명령 문법

입력조건이 on되면 S1로 지정된 워드 데이터와 S2로 지정된 워드 데이터를 곱셈하여 그 결과를 D로 지정된 영역에 저장하는 명령을 곱셈연산 명령이라 하며, 프로그램의 문법은 그림 5-73과 같다.

입력신호 P001이 off에서 on되면 P010에 20을 곱한 결과를 D006에 저장하는 프로그램 예는 그림 5-74와 같다.

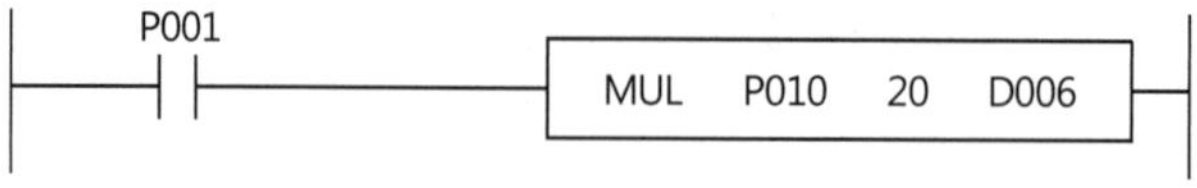

[그림 5-74] 곱셈연산 명령의 프로그램 예

(4) BIN 나눗셈연산

[그림 5-75] BIN 나눗셈연산 명령 문법

입력조건이 on되면 S1로 지정된 워드 데이터를 S2로 지정된 워드 데이터로 나눈 후에 그 결과 몫은 D에, 나머지를 D+1에 저장하는 나눗셈 명령으로 프로그램 문법은 그림 5-75와 같다.

한편 BCD 사칙연산 명령도 있는데 BIN 사칙연산과 문법이 동일하며 명령 뒤에 B를 붙여 나타낸다. 예를 들면 BCD 덧셈연산 명령은 ADDB, ADDBP로, 뺄셈연산 명령은 SUBB, SUBBP로 나타내는 것이다.

21 분기명령

[그림 5-76] 분기명령 문법

일반적으로 점프명령이라고 부르는 분기명령은 시퀀스의 일부를 실행하지 않는 명령으로서 연산주기의 단축을 목적으로 사용되며, 기종에 따라서는 출력코일의 이중출력이 가능하기도 하다.

분기명령은 비상사태 발생 시 처리해서는 안 되는 프로그램이나 특정한 상황에서 처리하지 말아야 하는 프로그램 등에 사용한다.

그림 5-76은 분기명령의 프로그램 문법으로 JMP 명령의 입력조건이 on하면 지정 레이블 이후로 JMP하며, JMP와 레이블 사이의 프로그램은 처리되지 않는다.

JMP 명령은 중복 사용 가능하지만 점프할 위치의 레이블은 중복 사용할 수 없다.

레이블은 영문 16자, 한글 8자 이내에서 사용할 수 있다.

그림 5-77은 분기명령의 프로그램 예로, 입력 P00A가 on되면 JMP 불량 발생과 레이블 불량 발생 사이의 회로를 수행하지 않는 프로그램을 나타낸 것이다.

```
    P00A                                    JMP    불량 발생
    ┤├

    P001  P001                              TON T002  500
    ┤├    ┤├

    T002                                         (P045)
    ┤├

레이블   불량 발생
```

[그림 5-77] 분기명령 프로그램 예

22 호출명령

주로 콜(Call)명령이라고 하는 호출명령은 프로그램 수행 중에 입력조건이 성립하면 CALL n 명령에 따라 SBRT n~RET 명령 사이의 프로그램을 수행하는 명령으로 프로그램 문법은 그림 5-78과 같다.

CALL No는 중첩하여 사용 가능하며, 반드시 SBRT n~RET 명령 사이의 프로그램은 END 명령 뒤에 있어야 한다.

n은 호출할 함수의 문자열은 영문 16자 이내, 한글 8자 이내로 사용하여야 하며, SBRT 내에서 다른 SBRT를 Call하는 것이 가능하며, 16회까지 사용할 수 있다.

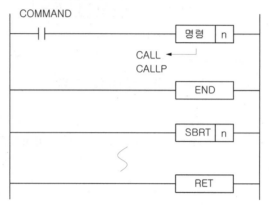

[그림 5-78] 호출명령 문법

그림 5-79는 호출명령의 일례로, 입력신호 P011이 on되면 CALL B1이 수행되어 SBRT B1~RET 사이의 회로를 수행하는 프로그램이다.

[그림 5-79] 호출명령 프로그램 예

23 루프(Loop)명령

지정된 시퀀스 범위를 지정횟수만큼 반복 실행하는 명령을 루프명령 또는 FOR -NEXT 명령이라 하며, 시퀀스 일부가 동일한 동작으로 여러 번 실행하는 구간의 명령으로 유효하다.

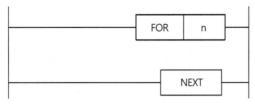

[그림 5-80] 루프명령 문법

PLC가 프로그램 연산 중에 FOR를 만나면 FOR부터 NEXT 명령까지의 프로그램을 지정횟수 n회를 실행한 후 NEXT 명령의 다음 스텝을 실행한다.

① 반복동작 횟수 n은 1~65,535까지 지정할 수 있다.
② 하나의 프로그램에는 16회까지 FOR~NEXT를 사용할 수 있다.
③ FOR~NEXT를 빠져 나오는 다른 방법으로 BREAK 명령을 사용할 수도 있다.

잘못된 프로그램에 의해 무한루프가 이루어질 경우 스캔주기가 길어질 수 있으므로, 워치독 타이머(WDT) 명령을 사용하여 WDT 설정치를 넘지 않도록 설정하는 것이 바람직하다.

그림 5-81은 루프명령 프로그램 예로, 프로그램 중에 FOR~NEXT 사이의 회로를 5회 반복 수행하는 회로인데 입력신호 P015가 on되면 FOR~NEXT 루프를 무시하고 루프 종료 위치인 NEXT 다음으로 빠져나와 연산하는 회로이다.

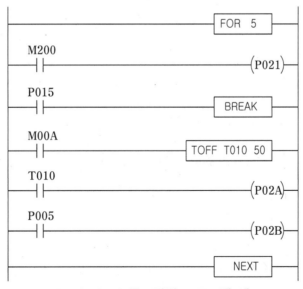

[그림 5-81] 루프명령 프로그램 예

PLC 회로설계 실제

■1 제어대상 장치의 구성도

그림 5-82는 제품에 구멍가공을 하는 전용기로서 중력식 매거진에 채워진 가공물 (워크)을 실린더 A가 1개씩 분리 이송시킨 후 고정하면, 주축모터 D가 회전함과 동시 에 실린더 B가 전진하여 구멍가공을 하고, 가공이 종료되면 실린더 B가 복귀하고 주 축모터 D도 정지하게 된다. 이어서 실린더 A가 복귀하여 클램프가 해제되면 실린더 C가 전·후진하여 가공물을 컨베이어 위에 올려 놓는다. 이때 컨베이어 구동모터 E도 회전을 하는 공정순서로 작동하는 드릴링 장치의 구성도이다.

이 장치에서 실습이 가능하도록 공압 실린더 구동에 대한 부분만을 PLC로 제어하 기로 한다.

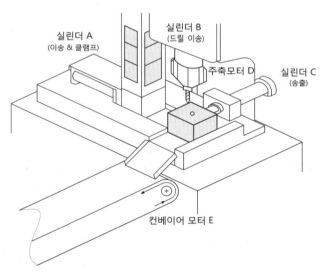

[그림 5-82] 드릴링 장치의 구성도

■2 회로설계 1단계 - 동작조건 결정

회로설계 1단계로 기계 시스템의 동작 특성을 명확히 파악하여 동작 시퀀스를 결정 하고 시동조건, 수동동작조건, 비상처리조건, 각종 상태표시조건 등을 결정한다.

드릴링 장치에서 실린더의 동작순서는 매거진에 부품이 있을 때에만 시동되어야 하 고, 시동신호가 on되면 먼저 A실린더가 전진하여 매거진으로부터 부품을 분리 이송하 여 고정한다. 고정이 완료되면 드릴 이송유닛의 B실린더가 하강하여 구멍뚫기 작업을 하고 작업이 끝나면 상승하여 복귀한다. B실린더가 복귀 완료되면 A실린더가 후진하여 클램핑을 해제하고, 이어서 송출용의 C실린더가 전·후진하여 제품을 컨베이어 위로 밀어 이송하여 1사이클이 종료된다.

이상의 내용을 공정도로 작성하면 그림 5-83의 시퀀스 차트와 같다.

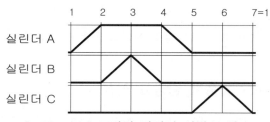

[그림 5-83] 드릴링 장치의 시퀀스 차트

드릴링 장치의 수동운전을 포함한 트러블 발생 시 비상정지 기능 등의 작업 보조조건은 다음과 같이 요약된다.

① 단동(자동 1사이클) 및 연동(연속) 사이클 운전이 가능하여야 한다.
② 운전 중에는 운전상태를 나타내는 표시등이 점등되어야 한다.
③ 구멍뚫기 작업 중에 비상정지신호가 입력되면 B실린더가 복귀된 후 2초 경과 후에 A실린더가 복귀되어야 한다. 비상스위치가 눌려짐과 동시에 비상등이 1초 on, 1초 off 주기로 점멸되어야 하고, 비상스위치가 off되면 소등되어야 한다.
④ 1개의 매거진에 50개의 부품이 저장 가능하므로 연동 사이클 운전 시에는 50개 작업 후에 연동운전이 스스로 정지되어야 하고 작업완료 표시등이 점등되어야 한다.
⑤ 수동운전 모드에서 A와 B실린더는 각각의 수동조작 스위치에 의해 개별동작이 가능해야 한다. 자동운전 모드에서는 수동운전이 되어서는 안 된다.

3 회로설계 2단계 – 동력회로도 설계

회로설계 2단계로 동력회로도를 작성한다.

그림 5-82의 장치 구성도로 보아 실린더 A는 제품을 분리 이송 후 클램프하는 기능이므로 B실린더가 구멍가공 중에 정전이 발생되더라도 클램프가 해제되어서는 안 된다. 때문에 실린더 A를 구동하는 전자밸브 형식은 반드시 양측형이어야 하고, B와 C실린더는 동작 중에 문제가 발생되면 복귀하는 쪽이 안전하다고 판단되어 편측 전자밸브를 사용하여 그림 5-84와 같이 결정한다.

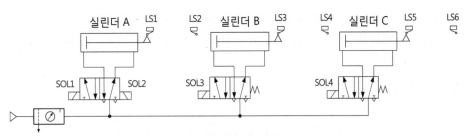

[그림 5-84] 드릴링 장치의 공압회로 구성도

4 회로설계 3단계 – 입출력 할당표 작성

(1) 드릴링 장치의 동력회로도와 제어조건을 요약하여 입력기기를 정리해보면 다음과
   같다.

1) 조작반에서 명령입력용 기기
   ① 수동/자동 운전모드 선택 스위치 SS1
   ② 시동 스위치 PB1
   ③ 연동 사이클 선택 스위치 PB2
   ④ 연동 사이클 정지 스위치 PB3
   ⑤ 비상정지 스위치 ES1
   ⑥ 카운터 리셋 스위치 PB4
   ⑦ A실린더 전진용 수동조작 스위치 TG1
   ⑧ A실린더 후진용 수동조작 스위치 TG2
   ⑨ B실린더 전·후진용 수동조작 스위치 TG3

2) 기계장치에 장착되어 있는 검출용 기기
   ① 매거진 부품 유무 검출센서 MAG1
   ② A실린더 후진끝단 위치검출센서 LS1
   ③ A실린더 전진끝단 위치검출센서 LS2
   ④ B실린더 후진끝단 위치검출센서 LS3
   ⑤ B실린더 전진끝단 위치검출센서 LS4
   ⑥ C실린더 후진끝단 위치검출센서 LS5
   ⑦ C실린더 전진끝단 위치검출센서 LS6

(2) 출력기기를 정리해 보면 다음과 같다.

1) 부하 구동기기

   ① A실린더 전진용 전자밸브 SOL1

   ② A실린더 후진용 전자밸브 SOL2

   ③ B실린더 전·후진용 전자밸브 SOL3

   ④ C실린더 전·후진용 전자밸브 SOL4

2) 조작부에 설치되는 표시기기

   ① 운전상태 표시램프 PL1

   ② 비상정지 표시램프 PL2

   ③ 작업완료 카운터 표시등 PL3

이상의 내용을 정리하여 입출력 할당을 실시하면 표 5-18과 같다.

[표 5-18] 드릴링 장치의 입출력 할당표

〈입력 할당표〉

번호	입력기기명	기호	할당번호
1	수동/자동 운전모드 선택 스위치	SS1	P007
2	시동 스위치	PB1	P008
3	연동 사이클 선택 스위치	PB2	P009
4	연동 사이클 정지 스위치	PB3	P00A
5	비상정지 스위치	ES1	P00B
6	카운터 리셋 스위치	PB4	P00C
7	A실린더 전진용 수동조작 스위치	TG1	P00D
8	A실린더 후진용 수동조작 스위치	TG2	P00E
9	B실린더 전·후진용 수동조작 스위치	TG3	P00F
10	매거진 부품 검출센서	MAG1	P000
11	A실린더 후진끝단 위치검출센서	LS1	P001
12	A실린더 전진끝단 위치검출센서	LS2	P002
13	B실린더 후진끝단 위치검출센서	LS3	P003
14	B실린더 전진끝단 위치검출센서	LS4	P004
15	C실린더 후진끝단 위치검출센서	LS5	P005
16	C실린더 전진끝단 위치검출센서	LS6	P006

〈출력 할당표〉

번호	출력기기명	기호	할당번호
1	A실린더 전진용 전자밸브	SOL1	P021
2	A실린더 후진용 전자밸브	SOL2	P022
3	B실린더 전·후진용 전자밸브	SOL3	P023
4	C실린더 전·후진용 전자밸브	SOL4	P024
5	운전 표시등	PL1	P028
6	비상정지 표시등	PL2	P029
7	작업완료 카운터 표시등	PL3	P02A

5 회로설계 4단계 – 입출력 배선도 작성

입출력 할당표를 근거로 입출력 배선도를 작성한다.

작성된 드릴링 장치의 입출력 배선도는 그림 5-85와 같다.

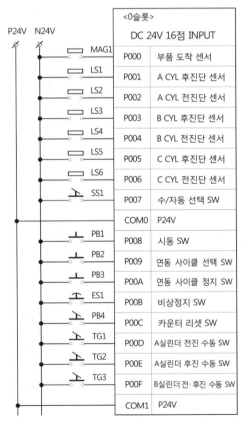
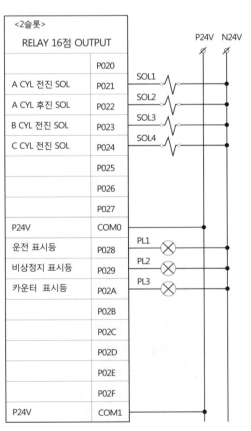

[그림 5-85] 드릴링 장치의 입출력 배선도

6 회로설계 5단계 – 제어회로 설계

자동기계를 기동시키는 제어회로를 설계할 때는 기본적으로 동작신호와 복귀신호 모두를 고려하여 이들 신호에 각종 조건을 추가함으로써 이루어진다. 또한 다음에 열거한 항목을 포함하여 설계하려는 자동기계의 독자적인 특성을 면밀히 검토하여야 한다.

① 잘못된 조작을 해도 작업자에게 위험이나 재해가 미치지 않는지, 또한 기계나 장치가 파손되지는 않는지?

② 고장이나 불의의 사고가 발생해도 안전측으로 작동하는지?

③ 정전 시나 복전 시의 동작상태는 어떻게 되는지?

④ 수동조작의 필요성과 그 시기는?

⑤ 제어용 기기에 여유가 있는지?

⑥ 시스템 이상 시에 대처할 수 있는 방법은 무엇인지?

⑦ 반복제어의 경우에 일상정지와 비상정지 등의 기능은 필요한지?

⑧ 고장, 보수 등인 경우에 부분정지가 필요한지?

⑨ 보수, 점검이 용이하도록 회로구성이 되어 있는지?

이상의 항목에 입각하여 충분한 회로를 설계하였다고 검토해도, 실제로 제어회로를 기계에 접속해서 기동하다 보면 제대로 동작하는 법이 드물다. 실제로 운전하는 과정에서 변경해야 할 문제점이 많이 나타나는 것이 시퀀스 제어이다.

앞서 언급한 바와 같이 PLC 회로설계는 설계자마다 나름대로의 독창성을 가지고 계획된 설계법으로 회로를 설계하지만 설계순서나 패턴은 매우 유사하다.

회로의 설계순서는 먼저 자동 1사이클 회로를 설계한 다음 필요한 작업조건을 하나씩 추가하여 전체 회로를 완성해 가는 것이 일반적이다.

드릴링 장치의 전체 회로를 그림 5-86, 5-87, 5-88에 나타냈다.

이 회로는 MCS 명령이나 타이머 명령, 카운터 명령 등은 XGK나 XGB PLC 명령어이기 때문에 다른 기종인 경우 문법에 맞게 변경할 필요가 있다.

회로의 동작원리를 회로도에 표시되어 있는 열번호에 맞춰 알아본다.

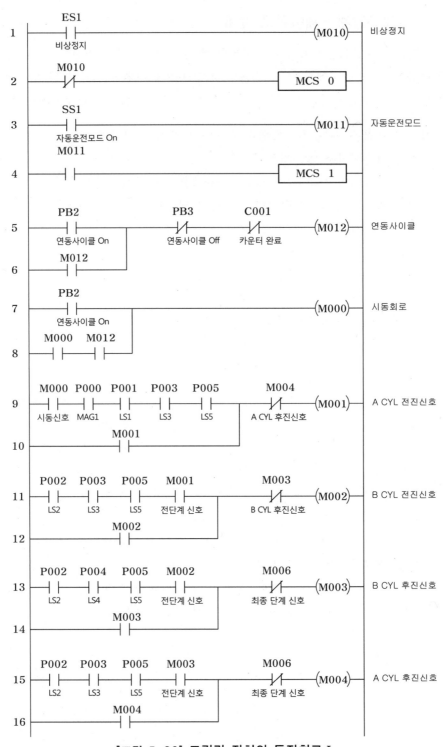

[그림 5-86] 드릴링 장치의 동작회로 I

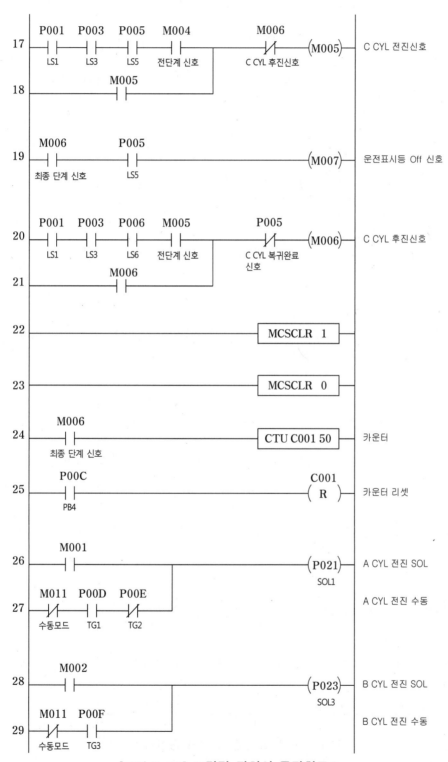

[그림 5-87] 드릴링 장치의 동작회로Ⅱ

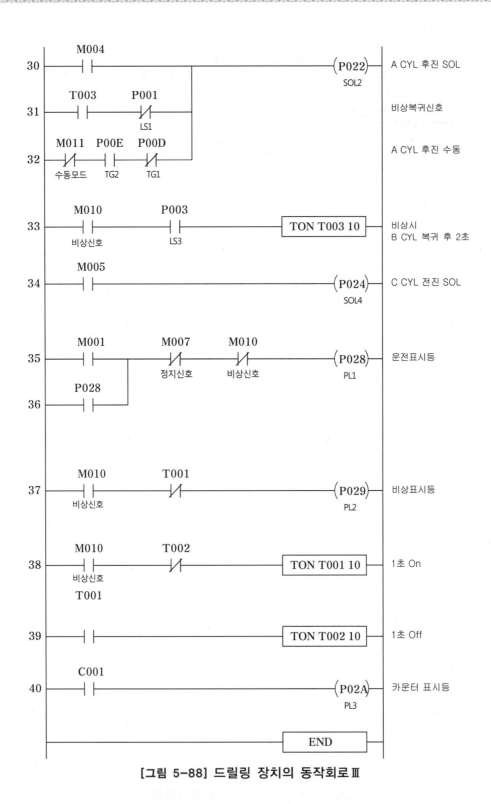

[그림 5-88] 드릴링 장치의 동작회로 Ⅲ

(1) 1단계 동작 : A실린더 전진회로

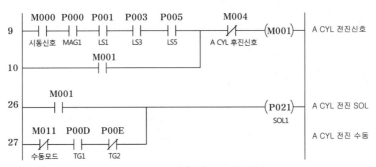

[그림 5-89] A실린더 전진회로

운동의 첫 동작 스텝인 A실린더 전진회로는 시동신호와 매거진에 부품이 있다는 신호, 3개의 실린더가 작업준비상태인 초기상태에 있다는 조건이 모두 만족할 때에만 운전이 이루어져야 하므로 그림 5-86 회로의 9열과 같이 조건신호 모두를 직렬연결 후 내부 릴레이 M001을 세트시키고 자기유지시켰다.

그리고 26열에서 A실린더 동작신호 M001 a접점으로 SOL1의 출력 P021을 on시킨 것이다.

9열의 b접점 M004는 A실린더 후진신호로 SOL2가 on되어 후진하기 위해서는 전진신호 M001이 off되어야 하므로 삽입된 것이다.

27열의 회로는 A실린더 수동조작의 전진지령 회로이다. 모드선택 스위치가 수동운전 모드에 있을 때(M011), A실린더 수동 전진조작 스위치 TG1(P00D)로 SOL1에 동작신호를 주고 있으며 b접점의 TG2(P00E)는 수동 후진조작 스위치로 인터록을 취한 것이다.

수동조작 회로 설계 시는 비상정지상태에서 수동조작 할 것인지를 설비의 특성으로 판단하여야 하는데, 만일 비상정지상태에서 수동조작을 금지해야 한다면 비상신호 M010의 b접점으로 인터록을 걸어야 한다.

(2) 2단계 동작 : B실린더 전진회로

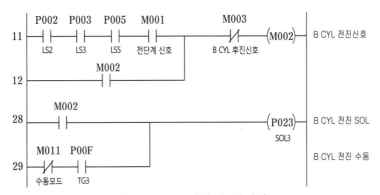

[그림 5-90] B실린더 전진회로

두 번째 동작 스텝 B실린더 전진회로는 그림 5-90과 같다.

전단계 동작의 A실린더 전진 완료 신호 LS2와 아직 B와 C실린더는 초기상태에 있다는 신호 LS3, LS5, 그리고 전 단계 동작 내부 지령신호 M001을 직렬로 하여 M002 릴레이를 세트한 후 자기유지시키고, 28열에서 a접점으로 B실린더 동작 SOL3(P023)을 on시켰다.

여기서 고려할 사항으로는 운동의 두 번째 스텝부터는 외부 센서의 신호만으로 운동을 진행할 경우 센서의 오조작이나 고장 등에 따라 오동작이 발생할 우려가 높다는 점이다. 이를 방지하기 위해 전단계 동작 지령 내부신호를 보증신호로 이용해야 동작의 신뢰도가 높아진다. 다만 M001의 정보에는 전단계에서 M001의 세트신호인 LS1, LS3, LS5가 포함되어 있기 때문에 11열에서 LS3, LS5를 제거하여도 동작의 신뢰성은 같다고 할 수 있다.

그러나 운전자나 보전자들이 트러블 슈팅을 실시할 때의 용이성을 생각한다면 11열과 같이 포함시키는 편이 유리하다고 할 수 있다.

(3) 3단계 동작 : B실린더 후진회로

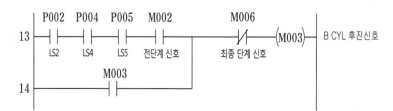

[그림 5-91] B실린더 후진회로

세 번째 동작 스텝인 B실린더 후진회로는 B실린더를 제어하는 전자밸브가 편측형이기 때문에 B실린더 전진회로에서 M002의 자기유지를 해제시키면 가능하므로 13열과 같이 A실린더가 전진상태에 있다는 신호 LS2와 B실린더가 전진 완료되었다는 신호 LS4, C실린더가 초기상태에 있다는 신호 LS5, 전단계 내부신호 M2를 직렬로 하여 내부 릴레이 M3을 세트시키고, 이 릴레이의 b접점을 11열의 B실린더 전진신호인 M002를 off하도록 b접점으로 삽입시킨 것이다.

(4) 4단계 동작 : A실린더 후진회로

네 번째 스텝인 A실린더 후진회로는 그림 5-92에 보인 것과 같이 A실린더가 전진상태에 있다는 신호 LS2와 B실린더가 전진 후 복귀했다는 신호 LS3, C실린더가 초기상태에 있다는 신호 LS5, 그리고 전단계 내부 동작신호 M003을 직렬로 하여 내부 릴레이 M004를 세트하고 자기유지시켰다.

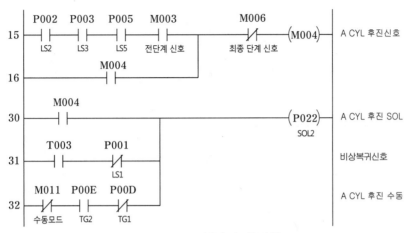

[그림 5-92] A실린더 후진회로

　그리고 30열에서 M004의 a접점으로 A실린더 복귀 솔레노이드 SOL2를 on시키고, A실린더 전진신호인 SOL1을 off하기 위해 그림 5-86의 9열에서 SOL1의 동작신호 M001을 off시킨 것이다.

　31열의 회로는 비상시 B실린더가 복귀하고 2초 경과 후에 A실린더를 복귀하기 위해 그림 5-88 33열의 회로에서 타이머 T003을 on시킨 접점이고, 직렬로 연결된 b접점의 LS1 신호는 비상복귀 완료 후 SOL2에 전기신호가 가해지지 않도록 조치한 접점이다.

　32열의 회로는 수동조작의 후진지령 회로이다. 모드선택 스위치가 수동운전 모드에 있을 때(M011), A실린더 수동 후진조작 스위치 TG2(P00E)로 SOL2에 동작신호를 주고 있으며 b접점의 TG1(P00D)은 수동 전진조작 스위치로 인터록을 취한 것이다.

(5) 5단계 동작 : C실린더 전진회로

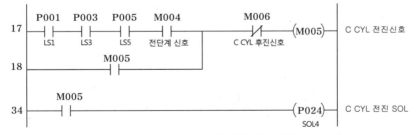

[그림 5-93] C실린더 전진회로

　다섯 번째 스텝인 C실린더 전진회로는 그림 5-93에 나타낸 것과 같이 네 번째 스텝에서 A실린더 복귀완료 신호인 LS1과 B실린더 복귀완료 신호 LS3, C실린더 초기상태 신호 LS5, 전단계인 4단계 내부 동작신호 M004를 직렬로 하여 내부 릴레이 M005를 세트하고 자기유지시켰다.

그리고 34열의 출력회로에서 M005의 a접점으로 C실린더 전자밸브 SOL4를 구동하여 C실린더 전진회로로 한 것이다.

(6) 6번째 스텝 : C실린더 후진회로

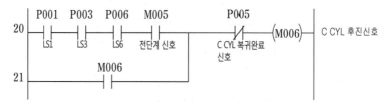

[그림 5-94] C실린더 후진회로

마지막 스텝인 C실린더 후진회로는 그림 5-94처럼 A실린더 복귀신호 LS1, B실린더 복귀신호 LS3, 전단계인 C실린더 전진신호 LS6, 전단계 동작 내부신호 M005를 직렬로 하여 M006을 세트하고 자기유지시킨 후 그림 5-93의 17열에 M006의 b접점을 삽입시켜 C실린더 구동 SOL4의 동작신호를 off시켜 C실린더를 후진하도록 한 것이다.

(7) 단동 및 연동사이클 운전회로

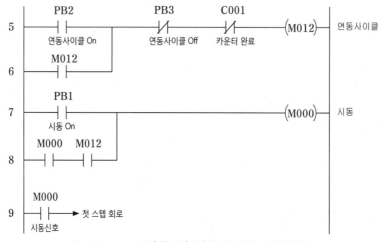

[그림 5-95] 단동 및 연동사이클 선택회로

단/연동 사이클 선택 운전회로는 그림 5-95에 나타낸 것처럼 단동 사이클 운전 시에는 7열의 시동 스위치 PB1을 누르면 릴레이 M000이 on되어 9열의 첫 스텝 회로에 명령을 주어 시스템을 시동시키고 바로 off되므로 시스템은 1사이클 종료 후 정지하는 단동 사이클 운전이 이루어진다.

연동사이클 운전을 위해서는 5열의 연동사이클 선택 스위치 PB2를 누르면 M012 릴레이가 on되어 자기유지되고 8열의 M012 a접점을 붙여 놓고 있다. 이후 시동 스위치

PB1을 누르면 단동사이클 운전 시와 같이 M000 릴레이가 on되어 시스템을 시동시킴과 동시에 8열의 M000과 M012 접점이 만족되어 시동신호 릴레이 M000을 자기유지시키게 되고, 시스템이 1사이클 종료 후 첫 스텝 조건을 만족하면 다시 다음 사이클 운전이 이루어진다.

연동사이클 운전을 정지하기 위해 PB3 스위치를 on하면 릴레이 M012가 off되고 그로 인해 시동 릴레이 M000도 off되어 시스템은 진행 중인 사이클을 종료하고 정지한다.

(8) 운전표시등 회로

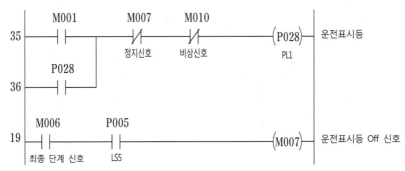

[그림 5-96] 운전표시등 회로

운전표시등 회로는 그림 5-96의 35열 회로와 같이 통상 첫 스텝 동작신호 릴레이로 출력을 on하여 표시등을 점등하고 자기유지시킨다. 그리고 기계 시스템이 정지할 때 소등시켜야 하므로 19열 회로와 같이 마지막 스텝 동작신호 릴레이 M006과 마지막 동작 완료 센서신호 LS5가 만족할 때 내부 릴레이 M007을 세트시켜 운전표시등 출력을 off시킨다.

운전표시등은 비상시 정지되어야 하므로 비상신호 M010으로도 off하도록 한 것이다. 다만, PLC는 어드레스 순번에 따라 직렬반복 연산하므로 운전표시등 정지신호 릴레이 회로는 반드시 최종 단계 신호 앞에 두어야 한다.

(9) 비상정지회로

비상정지는 예상되지 않은 위험으로부터 기계설비나 작업자를 안전하게 하기 위해 기계설비를 초기상태로 즉시 복귀시키거나 현 상태에서 즉시 정지시키는 기능을 말한다.

비상정지회로는 블록 제어명령인 마스터컨트롤 명령을 주로 사용한다.

그림 5-97에 나타낸 것처럼 1열에서 비상 스위치 ES1로 릴레이 M010을 세트하고 그 접점으로 블록제어 동작신호 M006까지를 묶어 강제 off하도록 한 후 부하 구동회로인 SOL의 출력회로에 자동회로와 병렬로 비상조작회로를 구성한 것이다.

그리고 비상사태를 알리는 비상표시등 회로를 37열에 구성하였는데, 비상사태는 작업자뿐만 아니라 주변의 다른 사람도 이 상태를 알 수 있도록 38열, 39열로 플리커 동작을 시킨 것이다.

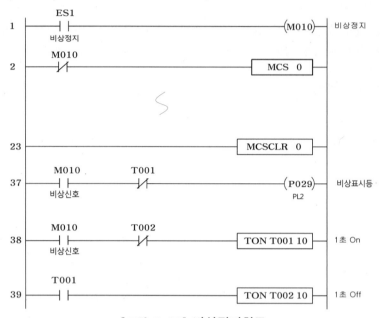

[그림 5-97] 비상정지회로

비상시 실린더가 취해야 할 동작형태는 즉시 복귀하는 조건이나, 순서 복귀하는 조건, 즉시 정지하는 조건 등으로 나타나는데 이때는 실린더를 구동하는 밸브의 형식에 따라 회로가 정해진다.

① 모든 실린더가 즉시 복귀해야 하는 경우

  편측 전자밸브로 구동하는 실린더는 블록 제어명령으로 동작신호가 강제 off되면 자동으로 복귀되지만, 양측 전자밸브로 구동하는 실린더의 경우에는 복귀측 솔레노이드에 비상신호를 주면 된다.

② 실린더가 순서 복귀해야 하는 경우

  편측 전자밸브가 바로 복귀되지 않고 순서 복귀해야 하는 경우에는 동작신호가 off되면 복귀하게 되므로 실린더가 전진했다는 신호와 비상신호를 직렬로 하여 SOL의 출력회로를 홀딩하고 있다가 전단계 복귀신호로 유지신호를 off하도록 해야 한다.

  양측 전자밸브인 경우는 동작신호가 off되어도 밸브에 의해 유지되므로 복귀측 솔레노이드 출력회로에 자동회로와 병렬로 비상신호와 순서 복귀 전단계 완료신호를 직렬로 조합해서 연결하면 된다.

③ 실린더가 즉시 정지해야 하는 경우

동작회로만으로 기능 실현이 불가능하고, 중립위치가 있는 3위치 전자밸브를 사용하거나 전자밸브와 실린더 사이에 차단밸브를 설치하여 공기를 블록해야 한다.

(10) 카운팅 회로

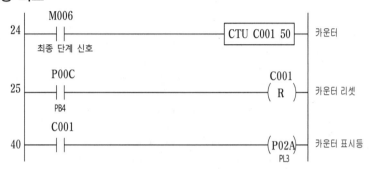

[그림 5-98] 카운팅 회로

동작횟수 누계나 생산수량 누계를 목적으로 PLC 내부 카운터를 사용할 경우에는 카운터 회로 문법을 숙지한 후 회로에 적용하여야 한다.

그림 5-98은 드릴링 장치의 카운터 회로로 카운트 펄스에 마지막 스텝신호인 M006을 사용하여 가산 카운터 CTU, 카운터 코일 C001, 설정치 50으로 하여 프로그램하였다. 여기서 카운팅을 연동사이클 운전에만 카운팅하려면 최종 단계 신호와 연동사이클 신호를 AND로 하여야 한다.

카운터 리셋은 리셋코일을 사용하고, 40열에서 카운터 업 신호로 출력 P02A를 내보내 카운터 표시등을 점등하고 있다.

카운팅 완료 후 연동사이클 종료는 5열에서 연동사이클 신호 릴레이 M012를 카운터 접점으로 리셋하도록 한 것이다.

(11) 수동조작 기능

수동조작 기능은 기계설비의 조정이나 청소 또는 부분작업 등을 목적으로 운전자가 임의로 원하는 동작을 개별적으로 실시하는 기능 운전을 말한다.

따라서 수동운전 시는 오조작을 하더라도 자동운전이 되어서는 안 되고, 반대로 수동운전 중에는 자동운전이 금지되어야 한다. 비상정지 시 수동조작을 가능하게 할 것인가 또는 수동조작을 금지시킬 것인가는 기계설비의 특성으로 판단하여야 하며, 비상시 수동조작을 금지시키려면 비상 릴레이의 b접점 신호로 인터록을 걸어야 한다.

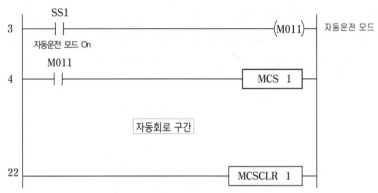

[그림 5-99] 수동/자동 인터록 회로

　그림 5-99에 나타낸 것과 같이 수동/자동운전 모드 선택 스위치로 수동모드에서는 자동회로 구간을 무효화하도록 블록 제어명령인 MCS 명령을 사용하였다.

　그리고 솔레노이드 출력회로에서 자동회로에 병렬로 수동조작 스위치로 솔레노이드 코일을 직접 구동하여 실시한다. 다만, 블록 제어로 자동회로 구간을 인터록하였기 때문에 수동운전 모드에서는 자동운전이 실시되지 않지만, 자동운전 모드에서는 수동조작회로가 블록회로 밖에 있으므로 자동운전 중에 수동운전이 금지되도록 인터록을 취해야 한다.

05 PLC 특수기능 모듈

1 PLC 특수기능 모듈 개요와 필요성

(1) 특수기능 모듈

　특수기능 모듈이란 PLC의 CPU로는 처리할 수 없는 아날로그 신호처리나 고속의 펄스와 같은 특수처리, 또는 특정 외부기기와의 인터페이스를 실현하기 위한 기능을 갖는 모듈을 말한다.

　최근의 제어경향은 서보모터나 스테핑 모터에 의한 고속, 고정밀도의 위치제어 모듈의 사용 증가 및 CRT 등의 표시기기, 프린터, 정보 해독을 위한 리더류 등을 접속하는 정보기기용 모듈의 요구가 강해지고, 원거리에 있는 각종 입출력기기나 인버터 등과 통신에 의한 접속이나 통합제어 목적으로 다른 제어기기와 접속 요구가 많아져 각종 특수기능 모듈이 개발되어 사용되고 있다.

(2) 특수기능 모듈의 필요성

① 네트워크의 보급이 확대되고 있다.

FA의 진전에 의하여 생산설비의 고도적인 라인화나 CIM(Computer Integrated Manufacturing)화에 따라 각 기계의 제어를 담당하고 있는 PLC 간을 네트워크로 연결하고, 단순한 인터록의 신호 송수신뿐만 아니라 가공 및 조립의 정보, 운전상황의 정보, 기계와 공구의 보전 데이터, 시스템의 고장이나 이상정보 등을 수수할 수 있는 시스템의 보급이 늘고 있다.

따라서 제어 시스템의 형태도 상위에 컴퓨터를 설치하여 네트워크를 통하여 상위에서 지시하고 하위에서 정보처리의 형태를 취함으로써 컴퓨터는 관리나 감시를 담당하고 기계나 시스템은 PLC로 제어하는 제어형태가 늘고 있다.

② 고속, 고정밀도 위치결정 시스템의 적용이 증대되고 있다.

각종 가공이나 조립용 전용기에 있어서 사이클 타임의 단축, 위치결정 정밀도 향상에 따른 제품의 품질 향상, 유접점 검출 스위치의 고장과 조정대책, 위치결정 포인트의 다점화와 무조정화, 프로그래머블화 등의 요구가 높아짐에 따라 PLC를 사용한 위치제어 모듈과 펄스 모터를 조합한 제어 시스템이 널리 사용되고 있다. 최근에는 AC 서보모터와의 조합이 가장 두드러지게 증가하고 있는 추세이다.

③ 모니터링의 요구가 강해진다.

기계, 설비가 복잡해짐에 따라 운전이나 제어의 상태를 파악할 필요성이 높아지고 있다. 또 플렉시블한 생산을 위해서는 생산상황을 항시 파악해야 하며, 설비의 가동률을 향상시키기 위해서는 기계의 가동, 운전상황이나 공구류의 사용 상태 등의 데이터를 수집할 필요가 있다.

④ 정보기기의 접속 요구가 높아지고 있다.

생산설비의 운전이나 생산상황, 실적, 기계와 공구의 사용 상황, 고장과 이상의 발생내용, 오퍼레이터에의 지시, 가공·조립의 데이터 등을 PLC와 접속한 CRT나 액정 디스플레이에 의하여 표시하는 것이다.

또 표시와 함께 표시내용이나 계측, 계수의 데이터, 생산실적이나 품질의 데이터를 프린터에 출력하거나, 바코드의 기록과 해독, 키보드와 표시장치에 터미널을 접속하여 가공·조립용 데이터의 설정 등을 위하여 각종 정보기기를 PLC와 접속하는 것도 최근의 경향이다.

⑤ 새로운 분야에의 적용이 늘고 있다.

종래는 PLC가 별로 사용되지 않았던 석유화학이나 제지, 제철 등과 같은 프로세스 산업의 계장이나 계측을 주체로 하는 분야의 하위제어, 공조나 감시가 주체인 빌딩의 관리제어, 발전소의 보조기계 제어, 대규모 플랜트 제어를 위한 컴퓨터와의 인터페이스 등 PLC의 적용이 눈에 띄게 늘어나고 있다.

(3) 특수기능 모듈의 종류

실제로 PLC 메이커가 개발하여 시판하고 있는 특수기능 모듈의 종류로는 500kpps 정도의 고속 펄스를 계수할 수 있는 고속 카운터 모듈, 각종 아날로그량을 PLC의 입력정보로 처리하기 위한 A/D 변환모듈, CPU의 디지털 출력신호를 아날로그 신호로 변환시켜 모터의 속도제어나 위치제어, 온도, 유량 등의 제어를 실현시키는 D/A 변환모듈, 서보모터 구동의 위치제어를 하는 PLC 위치제어 모듈, 싱크로, 리졸버 등의 위치검출센서의 정보를 처리할 수 있는 위치검출 모듈, 스테핑 모터를 PLC로 제어하기 위한 스테핑 모터 드라이브 모듈, 온도센서 전용의 측온 저항체 온도센서 입력모듈이나 열전대 온도센서 입력모듈, 무게센서인 로드셀의 정보를 처리하는 로드셀 입력모듈, 정보나 지시를 음성으로 출력시킬 수 있는 음성출력 모듈, 상위 컨트롤러와 고속 링크, 멀티드롭 링크, 리모트 I/O 링크 등을 위한 각종 통신모듈 등 종류가 매우 많다.

2 아날로그 입출력모듈

PLC의 내부는 0V와 5V의 신호 구분으로 동작되는 디지털 작동이므로 연속적으로 변화하는 아날로그 신호를 받아 직접 처리할 수 없다. 따라서 아날로그 신호는 아날로그/디지털 변환모듈을 거쳐 PLC의 CPU가 처리할 수 있는 디지털량으로 변환시킬 필요가 있고, 이러한 용도에 이용하는 모듈을 아날로그 입력모듈 또는 A/D 변환모듈이라 한다.

즉 PLC의 CPU는 디지털량으로 연산되기 때문에 아날로그량을 직접 입력할 수 없으므로 그림 5-100에 나타낸 바와 같이 아날로그량은 디지털량으로 변환하여 CPU에 입력한다. 외부로 아날로그량을 출력하려면 CPU의 디지털량을 아날로그량으로 변환할 필요가 있다. 이러한 기능을 처리하는 것이 A/D 변환모듈과 D/A 변환모듈이다.

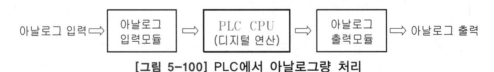
[그림 5-100] PLC에서 아날로그량 처리

(1) 아날로그량

아날로그량이란 전압, 전류, 온도, 압력, 유량, 속도, 레벨 등과 같이 연속해서 변화하는 양을 말하는 것으로, 온도를 예로 들면 그림 5-101에 나타낸 것과 같이 시간에 따라 그 값이 연속해서 변화하는 것이다. 그러나 이와 같이 변화하는 온도를 직접 A/D 변환모듈에 입력할 수 없으므로 동일한 아날로그량을 직류전압 0~±10V나 전류 4~20mA로 변환하는 트랜스듀서(transducer)를 경유하여 PLC에 입력한다.

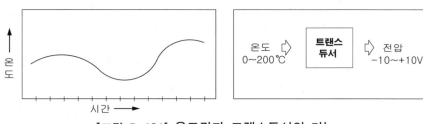

[그림 5-101] 온도값과 트랜스듀서의 기능

(2) 아날로그-디지털 변환 특성

1) 전압입력

아날로그 입력모듈은 외부기기로부터 입력되는 아날로그 전기신호를 디지털량으로 변환하는 모듈로서 디지털량으로 변환된 아날로그 입력신호는 PLC CPU에서 연산을 가능하게 한다.

아날로그 입력모듈에서 아날로그 입력범위로 -10~10V 범위를 사용할 경우 -10V의 아날로그 입력량은 디지털값 0으로 출력되며, 10V의 아날로그 입력량은 디지털 변환값의 최대값으로 출력된다. 변환값의 최대값이 16,000인 경우 아날로그 입력 1.25mV가 디지털값 1에 해당되는데 이 관계를 그림 5-102에 나타냈다.

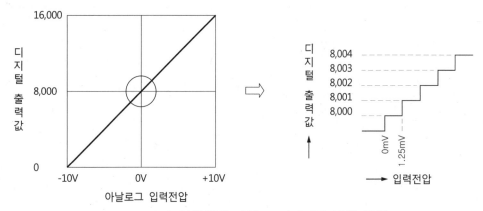

[그림 5-102] 전압입력 아날로그/디지털 변환 특성

2) 전류입력

아날로그 입력모듈에서 아날로그 입력범위로 0~20mA를 사용할 경우 0mA의 아날로그 입력량은 디지털값 0으로 출력되며, 20mA의 아날로그 입력량은 디지털값 16,000으로 출력된다. 따라서 아날로그 입력 $1.25\mu A$가 디지털값 1에 해당되며, 이 관계를 그림 5-103에 나타냈다.

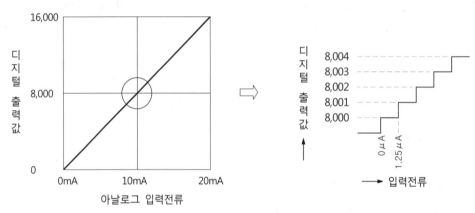

[그림 5-103] 전류입력 아날로그/디지털 변환 특성

(3) 아날로그 입력모듈의 사양서

아날로그 입출력모듈에는 채널수에 따라 2채널, 4채널, 8채널형이 있고 아날로그 입력모듈, 아날로그 출력모듈, 아날로그 입출력 혼합모듈 등이 있다. 또한 입력의 종류에 따라 전압 입력형, 전류 입력형, 표 5-19에 나타낸 사양서 예와 같이 전압이나 전류를 딥 스위치로 선택하는 모듈 등이 있다.

[표 5-19] 아날로그 입력모듈의 사양 예

모듈명		XGF – AD4S					
입력 채널수		4채널					
아날로그 입력	전압입력	DC 1~5V, DC 0~10V, DC -10~10V(입력저항 : 1MΩ)					
	전류입력	DC 4~20mA, DC 0~20mA(입력저항 : 250Ω)					
	전압/전류 선택	딥 스위치로 설정					
	범위 선택	XG5000/ I/O 파라미터 또는 PLC 프로그램에서 선택(채널별)					
디지털 출력	입력 종류	전압입력				전류입력	
		DC 0~5V	DC 0~5V	DC 0~10V	DC -10~10V	DC 4~20mA	DC 0~20mA
	부호 있는 십진수	-32,000~32,000					
	백분위값	0~10,000					

모듈명		XGF – AD4S					
디지털 출력	정규값	1,000 ~5,000	0~5,000	0~10,000	−10,000 ~10,000	4,000 ~20,000	0~20,000
	최대 분해능 (1/64,000)	0.2500mV	0.3215mV	0.6520mV	1.250mV	1.00μA	1.25μA
	범위 선택	XG5000/ I/O 파라미터 또는 PLC 프로그램에서 선택(채널별)					
정밀도		기준 정밀도 : ±0.05% 이내(주위온도 25℃) 온도계수 : ±16.7ppm/℃					
절대 최대 입력		±15V				±30mA	
최대 변환속도		10ms/4채널					
절연 규격	구분	절연방식		절연 내전압		절연저항	
	채널 간	트랜스포머 절연		500VAC, 50/60Hz, 1분 누설전류 : 10mA 이하		10MΩ 이상	
	입력단자–PLC 전원	포토커플러 절연					
접속단자		18점 단자대					
입출력 점유점수(XGK)		고정식 : 64점, 가변식 : 16점					
소비전류		DC 5V : 610mA					

(4) 적용 예

아날로그 입출력모듈을 사용한 시스템의 예를 그림 5-104에 나타냈다. 이것은 로 안의 온도제어 시스템으로 로 안의 내부온도에 따라 가스버너에 공급되는 연소가스량을 서보모터로 제어한다. 즉 로 안의 온도를 일정하게 유지하려고 할 때, 온도가 낮으면 밸브의 열림량을 크게 하고, 온도가 높으면 밸브를 닫거나 밸브의 열림량을 적게 하여 연소불꽃의 크기에 의해 온도를 조절하게 된다.

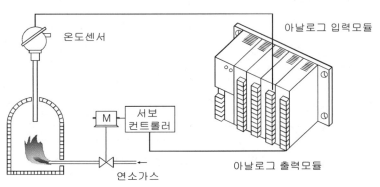

[그림 5-104] 로(爐)의 온도제어 시스템

(5) 아날로그 모듈 정보 읽기/쓰기 명령어

1) 특수모듈 정보 읽기명령

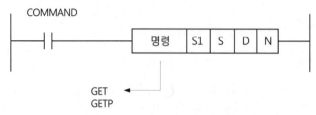

오퍼랜드	내 용
S1	특수기능 모듈이 장착된 슬롯번호
S	특수기능 모듈의 내부 메모리의 시작번호
D	읽을 데이터를 저장할 CPU 내의 디바이스의 시작번호
N	읽을 데이터의 개수

[그림 5-105] 특수모듈 정보 읽기명령

아날로그 입출력모듈과 같이 특수기능 모듈의 정보를 연산하기 위해 CPU가 정보를 읽거나 쓰기를 해야 하는데, 이때 사용하는 명령이 특수기능 모듈 정보 읽기/쓰기 명령이다.

그림 5-105는 메모리를 갖는 특수기능 모듈의 데이터를 읽을 때 사용하는 명령의 문법으로 S1으로 지정된 특수기능 모듈의 메모리로부터 N워드 데이터를 D로 지정된 내부 디바이스 영역으로 저장한다.

S1의 설정방식은 2자리의 16진수로 설정하는데 첫째자리 수는 베이스 번호, 둘째자리 수는 슬롯번호를 나타낸다.

특수기능 정보 읽기명령 예로 입력신호 P000이 on되면 0번 베이스 2번 슬롯에 장착된 특수기능 모듈의 0번지부터 4워드의 데이터를 D010부터 D013까지 저장하는 회로는 그림 5-106과 같다.

[그림 5-106] GET 명령 예제

2) 특수모듈 정보 쓰기명령

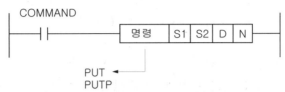

오퍼랜드	내 용
S1	특수기능 모듈이 장착된 슬롯번호
S2	특수기능 모듈의 내부 메모리의 번지
D	특수기능 모듈에 저장하고자 하는 데이터가 저장된 디바이스의 시작번호 또는 상수
N	저장할 데이터의 개수

[그림 5-107] 특수모듈 정보 쓰기명령

특수기능 모듈에 데이터를 쓰기할 경우 사용하는 명령을 PUT 또는 PUTP 명령이라 하며 회로의 문법은 그림 5-107과 같다. 즉, S1으로 지정된 특수기능 모듈의 메모리 S2에 D로 지정된 디바이스로부터 N개만큼의 워드 데이터를 쓰기한다.

S1의 설정방식은 2자리의 16진수로 설정하는데 첫째자리 수는 베이스 번호, 둘째자리 수는 슬롯번호를 나타낸다.

PUT 명령의 일례로 입력신호 P000이 on되었을 때 0번 베이스의 3번 슬롯에 장착된 특수기능 모듈의 10번지부터 50번지에 D100~D139의 40워드의 정보를 쓰기하는 회로는 그림 5-108과 같다.

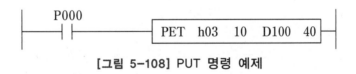

[그림 5-108] PUT 명령 예제

3 고속 카운터 모듈

일반적으로 PLC CPU 내부에 있는 카운터는 수백 개부터 수천 개까지 내장되어 있지만 스캔타임과 입력모듈의 응답시간 관계로 인해 초당 10에서 100회 정도의 계수가 한계이다. 그러므로 이 이상의 고속 펄스 카운트는 CPU와는 독립적으로 설계된 고속 카운터 모듈로 해야 계수가 가능하다.

최근의 자동화 추세는 고속, 고정밀도 자동화의 경향이어서 서보모터와 같은 위치제어 모터의 사용이 증가되고 있고, 위치제어의 정밀도를 높이기 위해서 센서의 분해능도 높아지게 되는데 이때 절실히 요구되는 것이 고속 카운터 모듈이다.

고속 카운터 모듈을 사용하면 메이커의 기종에 따라서는 1만 카운트/초에서 50만 카운트/초까지 가능하므로 펄스 인코더 등에서 발신하는 신호를 수신할 수 있다.

CPU 내의 카운터와 고속 카운터 모듈의 차이점은 다음과 같다.

① 설정값에 도달되어도 카운터는 정지하지 않고 최대값까지 카운트한다.
② 프로그램 및 위상차에 의한 가산 및 감산이 가능하다.
③ 2상 입력 시 1체배, 2체배, 4체배 기능이 있다.
④ 설정값과 일치신호 외에 대·소 비교신호가 있다.
⑤ 설정값의 일치신호는 모듈 자체에서 출력이 가능하다.

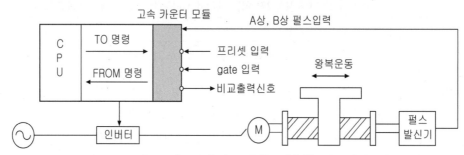

[그림 5-109] 고속 카운터 모듈을 적용한 시스템의 예

(1) 고속 카운터 모듈 사양서

XGT PLC의 고속 카운터 모듈의 주요 사양은 표 5-20과 같으며, 이 사양서의 주요 특징과 용어 설명을 다음 항에 설명한다.

[표 5-20] 고속 카운터 모듈의 사양

항 목		규 격		
		XGF - HD2A	XGF - HO2A	XGF - HO8A
펄스 입력	신호	라인 드라이버	오픈 컬렉터(전압)	
	레벨	• RS-422A 라인 드라이버(5V 레벨) • HTL 라인 드라이버(24V 레벨)	DC 5/12/24V	DC 5/24V
최대 카운트 속도		500kpps(HTL 입력은 250kpps)	200kpps	
채널수		2채널		8채널
카운트 범위		$-2,147,483,648 \sim 2,147,483,647$		
카운터 종류		• 리니어 카운트 : 범위 초과 시 캐리 또는 바로우가 발생하고 카운트 중지 • 링 카운트 : 설정범위 내에서 반복 카운트		
입력펄스 종류		1상 입력, 2상 입력, CW/CCW 입력		

항 목		규 격		
		XGF – HD2A	XGF – HO2A	XGF – HO8A
비교출력		단일 비교(>, ≥, =, ≤, <) 또는 구간 비교(≤ ≤,≥ ≤), 채널당 2점		단일 비교 또는 구간비교 채널당 1점
부가기능		카운트 클리어, 카운트 래치, 구간 카운트, 입력 주파수 측정, 단위시간당 회전수 측정, 카운트 금지		
제어입력		프리셋(Preset), 부가기능(Gate)		–
카운터 허용		프로그램에 의한 지정		
프리셋		프리셋 입력 또는 프로그램에 의한 동작		프로그램에 의한 동작
체배 기능	1상 입력	1체배, 2체배		
	2상 입력	1체배, 2체배, 4체배		
	CW/CCW	1체배		

(2) 고속 카운터 용어 이해

① A상/B상 입력

엔코더는 기계적 움직임을 표시하기 위해서 A상, B상 두 개의 신호와 Z상 신호를 사용한다.

A상, B상으로 A=0/B=0, A=1/B=0, A=0/B=1, A=1/B=1의 4가지 상태를 표현할 수 있으며, 엔코더는 이동량과 함께 이동방향 정보를 나타내기 위하여 A상, B상 2개의 신호를 출력한다. 이동량은 A상, B상의 펄스를 계수하여 알아내며, 이동방향은 A상과 B상의 위상관계로 측정된다. 인크리멘탈 엔코더는 전원이 차단되면 현재 위치값이 없어지므로 원점설정 과정을 거쳐야 하며, 엔코더는 원점신호를 출력하는 모델이 있으며 Z상으로 표시된다.

② 최대 카운터 속도

최대 카운터 속도는 초당 계수할 수 있는 펄스의 수로서 500kpps 정도이다. 높은 숫자일수록 초고속 계수가 가능함을 의미한다.

③ 채널수

모듈에 접속할 수 있는 엔코더의 개수를 의미한다.

④ 카운트 범위

최저 카운트 −2,147,483,648부터 최고 카운트 2,147,483,647까지 카운트 할 수 있다.

⑤ 입력펄스 종류

1펄스 방식(Pulse/Direction)은 이동지령에 해당하는 하나의 신호와 이동방향을 지령하는 신호로서 위치를 지령하는 방식이다. 예를 들어 A상의 펄스가 카운트를 하고 B상의 on, off 상태는 정회전/역회전을 지정한다. 2펄스 방식은 CW (시계회전방향) 이동지령과 CCW 방향(반시계방향) 이동에 해당하는 각각의 펄스신호로써 위치를 지령하는 방식이다. A상의 펄스는 정방향 카운트, B상의 펄스는 역방향 카운트를 의미하며, 위상차 방식은 A상, B상의 출력순서에 의해 정방향/역방향을 정한다.

⑥ 체배 설정

엔코더에서 A, B상 펄스값에 대한 엣지 카운팅을 할 때 어떻게 카운트할 지를 설정할 수 있다. 즉, 한 바퀴를 회전할 때 회전각을 얼마나 미세하게 카운트할 지를 설정하는 것으로, 예를 들면 1체배는 A상이 B상보다 앞서면서 A상이 상승 엣지가 될 때 카운트 수를 1 증가시키고, 반대로 B상이 A상보다 앞서면서 하강 엣지가 될 때 카운터 값이 1 감소된다.

2체배는 1체배에서 상승 엣지 또는 하강 엣지만 카운트 한 것과는 다르게 상승, 하강 엣지 모두에서 카운트를 한다.

4체배는 어떤 상이 앞서냐에 따라 증가·감소가 발생하고 A, B상의 모든 엣지를 카운트하여 증가·감소시킨다.

⑦ 제어입력

제어입력 중 프리셋 기능은 프리셋 허용신호가 on되는 순간에 현재 카운트를 프리셋 설정값으로 변경하는 기능이다. 프리셋 값의 설정만으로는 현재 카운트가 변경되지 않으며 프리셋 허용을 실행하여야만 현재 카운트가 변경된다.

외부 부가기능 허용을 Enable 시킨 후 외부 부가기능 입력신호인 GATE를 on 하게 되면 카운트 클리어, 카운트 래치, 구간 카운트, 입력 주파수 측정, 단위 시간당 회전수 측정, 카운트 금지의 부가기능을 사용할 수 있다.

⑧ 비교출력

현재 카운트와 비교 기준값을 비교하여 조건을 만족하게 되면 싱크 타입 출력을 내보낸다.

⑨ 카운트 허용

프로그램 내에서 설정할 수 있는 옵션이며, 카운트 허용 비트 on시에만 카운트를 할 수 있다(Uxy.23.0).

(3) 입력신호의 종류

1) 오픈 콜렉터 출력(Open Collector Output)

오픈 콜렉터 출력은 트랜지스터의 콜렉터 단자와 전원 단자 사이에 내부저항이 연결되어 있지 않은 개방된 상태에서 이미터(Emitter) 단자가 전원(0V) 단자에 연결된 콜렉터 단자를 출력한 것으로 그림 5-110의 (a)에 나타냈다. 전압 입력형 제어기 사용

시에는 풀-업(Pull-Up) 저항을 연결하여 사용하고, 오픈 컬렉터 엔코더와 연결 시 HO 모델을 선택하여야 한다.

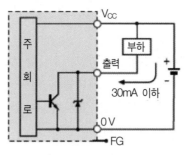

(a) 오픈 콜렉터 출력형   (b) 라인 드라이브 출력형

[그림 5-110] 고속 카운터 펄스 입력신호

2) 라인 드라이브 출력(Line Drive Output)

라인 드라이브 IC를 사용한 차동출력으로 RS422A를 표준으로 한 출력회로로서 그림 5-110의 (b)에 나타냈다. 2개의 출력선으로 구성되어 있어서 한쪽 신호가 H레벨이면 다른 한편은 L레벨로 상호 대등관계의 출력으로 고속 응답 및 내노이즈성이 뛰어나므로 장거리 전송에 적합하다.

라인 드라이브 엔코더 선택 시 HD 모델을 선택하면 된다.

4 위치제어 모듈

PLC는 모든 산업분야에 있어서 자동화나 성력화를 추진할 경우 없어서는 안 될 요소이다. 특히 최근에는 고성능, 고기능화가 이룩되어 사용 분야에 따라 독립적인 기계제어의 사용에서부터 시스템적인 사용에 이르기까지 폭넓게 응용되고 있다.

이 가운데 기계나 설비의 메커트로닉스화라는 요구에 대응하는 것으로서 위치결정 기능을 갖는 위치제어 모듈이 있다.

위치결정이란 정지된 물체를 목표로 하는 위치로 이동시키는 것으로 모터나 유공압 실린더 등의 구동장치를 이용하여 수행하는 것을 의미하지만, 정밀한 위치결정은 물체를 이동하여 새로운 위치로 이동시켜 정지하는 것으로, 정지위치 오차가 적은 것을 말한다. 정밀도가 높은 위치제어를 위하여 서보모터와 제어장치를 이용한 시스템이 사용되는데, 제어장치로 PLC가 많이 사용되고 있다.

즉, 종래의 일반적인 위치결정 전용의 컨트롤러 대신에 PLC에 의한 위치결정 시스템을 채용하면 다음과 같은 이점을 얻을 수 있다.

① 1대의 PLC로 시퀀스 제어와 위치제어를 실현시키므로 경제적이다.
② NC 언어 등을 사용하지 않고 PLC의 래더언어 등을 사용하기 때문에 현장기술자가 직접 프로그램을 작성·변경할 수 있다.
③ PLC의 데이터 메모리를 사용하여 많은 위치결정 패턴을 기억시킬 수 있으므로 다품종 스케줄 위치결정 제어를 실현시킬 수 있다.
④ 외부에서도 각종 위치결정 데이터를 설정·변경할 수 있고, 표시할 수 있다.
⑤ 각 모듈의 자기진단 기능에 의하여 각종 에러 코드의 트러블 슈팅이 용이하다.
⑥ 모니터와의 조합으로 가동상황 감시나 고장내용 등을 표시할 수 있어 맨머신(Man-Machine) 인터페이스의 개선을 도모할 수 있다.

(1) 서보 시스템의 개요

서보 시스템(servo system)이란 그림 5-111에 개요를 나타낸 바와 같이 상위 제어기로부터 지령을 받아 동작하고 정확하게 구동시키기 위해 피드백 제어가 가능한 시스템을 말한다.

서보 시스템은 크게 서보 드라이브와 서보모터로 구성되는데, 서보 드라이브는 서보모터에 대한 정보를 읽고 제어하는 장치이고, 서보모터는 모터와 엔코더로 조합되어 있다.

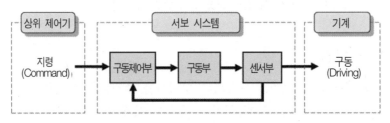

[그림 5-111] 서보 시스템 개요도

(2) 위치제어 모듈 사양서

[표 5-21] 위치제어 모듈의 사양 예

항 목	규 격			
	XGF – PO1H XGF – PD1H	XGF – PO2H XGF – PD2H	XGF – PO3H XGF – PD3H	XGF – PO4H XGF – PD4H
제어축수	1축	2축	3축	4축
보간기능	없음	2축 직선보간 2축 원호보간	2/3축 직선보간 2축 원호보간 2축 헬리컬보간	2/3/4축 직선보간 2축 원호보간 3축 헬리컬보간
제어방식	위치제어, 속도제어, 속도/위치제어, 위치/속도제어, Feed 제어			

항 목		규 격			
		XGF – PO1H XGF – PD1H	XGF – PO2H XGF – PD2H	XGF – PO3H XGF – PD3H	XGF – PO4H XGF – PD4H
제어단위		pulse, mm, inch, degree			
위치결정 데이터		각 축마다 400개 데이터 영역(운전 스텝번호 1~400)			
위 치 결 정	위치결정방식	절대(Absolute)방식/상대(Incremental)방식			
	위치 어드레스 범위	-214748364.8~$214748364.7(\mu m)$			
	속도범위	0.01~20000000.00(mm/분)			
	가/감속처리	사다리꼴 방식, S자형, 가감속시간 : 0~2,147,483,647ms			
수동운전		조그운전/MPG 운전/인칭운전			
입출력 점유점수		가변식 : 16점, 고정식 : 64점			

5 측온 저항체 입력모듈

(1) 측온 저항체 온도센서의 개요

일반적으로 물질의 전기저항은 온도에 따라 변화하는데, 금속은 온도에 거의 비례하여 전기저항이 증가하는 양(+)의 온도계수를 가지고 있으며, 금속의 순도가 높을수록 온도계수는 커진다.

금속의 저항률은 온도에 거의 비례하는데 이와 같이 금속의 저항을 측정하여 온도를 구하는 센서를 측온 저항체라 부르며, 일반적으로 3선식 PT센서라고 한다.

[그림 5-112] PT센서

온도센서의 소재로는 서미스터(thermistor), 백금 등을 이용한 측온 저항체(RTD), 열전대(thermocouple), 적외선 센서, 감온 페라이트 등 다양한 종류가 있다. 이 중 저항식 온도센서로 주로 사용되는 백금 측온 저항체의 경우 다른 소자에 비해 저항변화가 크고 넓은 온도영역에서 직선성이 좋은 선형상태를 유지하며, 서미스터와는 달리 센서 간의 호환성이 양호하고 재질적으로도 매우 안정된 상태이므로 장기적으로 고정 밀도의 측정에 용이하다.

흔히 RTD(Resistance Temperature Detector)라고 불리는 백금 측온 저항체는 저항식 온도계(Resistance Thermometer)의 소자로 백금(Platinum)을 사용한 것이다. 백금의 특징은 팽창계수가 유리와 거의 같으며 공기 및 수분에 대해 매우 안정적이다. 또한 고온으로 가열하여도 변하지 않고, 단일 묽은 산에 대하여도 안정적이므로 여러 가지 기구의 제작에 적합한 특징을 갖고 있다.

(2) 측온 저항체 입력모듈의 사양서

측온 저항체 입력모듈은 온도센서의 정보를 아날로그 신호로 변환시킨 후 CPU가 연산 가능한 부호가 있는 16비트 바이너리 디지털값으로 변환하여 메모리에 저장하고, PLC CPU가 프로그램 로직이나 PID 연산을 통하여 데이터를 처리하게 하는 모듈이다.

[표 5-22] 측온 저항체 입력모듈 사양 예

항 목			XGF - RD4A	XGF - RD8A	XGF - 4S
입력 채널수			4채널	8채널	4채널
입력 센서 종류		PT100	JIS C1604-1997		
		JPT100	JIS C1604-1981, KS C1603-1991		
		PT1000	–		JIS C1604-1997
		NI100	–		DIN 43760-1987
입력 온도 범위		PT100	−200~850℃		
		JPT100	−200~640℃		
		PT1000	–		−200~850℃
		NI100	–		−60~180℃
디지털 출력	온도표시 (0.1℃ 단위)	PT100	−2,000~8,500		
		JPT100	−2,000~6,400		
		PT1000	–		−2,000~8,500
		NI100	–		−600~1,800
	스케일링 표시		0~65,535		
			−32,768~32,767		
정밀도	상온(25℃)		±0.2% 이내		±0.1% 이내
	전범위(0~55℃)		±0.3% 이내		온도계수 ±70ppm/℃
변환속도			40ms/채널		
절연 방식	채널 간		비절연		절연
	단자-PLC 전원		절연(photo coupler)		
측온 배선방식			3선식		3,4선식
입출력 점유점수			고정식 : 64점, 가변식 : 16점		

6 PLC 통신모듈

PLC가 주변기기와 정보를 주고 받거나 I/O를 손쉽게 확장하는 일반적인 방법이 링크 기능이다. PLC 링크에는 상위 링크, PLC 링크, I/O 링크 및 리모트 I/O 링크, 필드버스 링크 등으로 분류된다.

(1) 상위 링크

퍼스널 컴퓨터, 상위 컴퓨터를 시리얼 인터페이스를 끼워 PLC와 접속하는 것으로서 사용자 프로그램이나 I/O 메모리 데이터의 Read/Write 등을 상위 측에서 실행하여 데이터의 종합관리 및 모니터링을 할 수 있다.

(2) PLC 링크

PLC 링크 기능은 분산제어를 목적으로 하고, 전용의 링크 릴레이를 사용하여 데이터를 교신한다.

PLC 간 링크는 링크용 CPU를 사용하거나 전용의 PLC 링크 모듈을 사용하여 I/O 데이터의 송수신을 하는 것으로, 메이커에 따라 접속 대수나 전송거리가 다르므로 선정 시 메이커의 카탈로그를 살펴보아야 한다.

PLC 간 링크는 링크 전용의 내부 릴레이를 사용하여 PLC 외부로 출력하지 않고, 링크용 내부 릴레이를 on/off하여 데이터를 교신하므로 링크를 위한 입출력 점수의 소모가 없다.

(3) I/O 링크

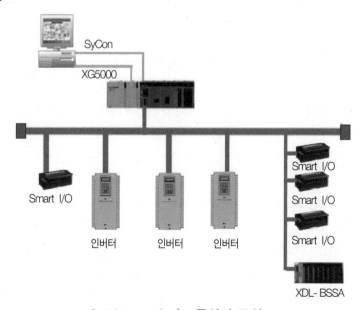

[그림 5-113] I/O 통신의 구성도

네트워크 시스템상에서 최하위의 각종 입출력 기기와 실시간 제어를 실현하기 위한 링크 기능이다.

통신대상은 주로 리모트 입출력모듈이나 액추에이터, 근접센서 전자밸브, 포토센서, 인버터, A/D 모듈, D/A 모듈, 포지션 컨트롤러 등이다.

(4) 리모트 I/O 링크

리모트 I/O란 명칭 그대로 원격 입출력을 말한다. 예를 들면 산재하는 기계와 설비의 입출력 신호를 멀리 떨어진 제어실로 보낼 때 사용한다.

리모트 I/O의 이미지는 PLC와 기계가 떨어져 있기 때문에 PLC의 입출력모듈만 기계 쪽에 놓고, 적은 가닥수의 통신 케이블로 PLC 측과 접속하여 제어 프로그램은 PLC 측에 있고, 리모트 쪽에는 없는 것으로 집중 프로그램, 분산 입출력 PLC 시스템이라고 할 수 있다.

리모트 I/O의 최대 메리트는 외선 공사비의 절감이다. 즉 수십 개, 수백 개의 입출력을 리모트 I/O가 아니면 각 I/O마다 PLC까지 배선해야 하며 그 배선, 배관 및 덕트의 재료비와 공사비는 대단할 것이다.

리모트 I/O를 사용하면 PLC로서는 리모트 I/O와의 통신모듈이 추가되나, 리모트 I/O에서 PLC까지는 통신 케이블 1가닥만으로 되므로 외선 공사비를 대폭 절감할 수 있다. 또한 교류 입력의 원거리 배선으로 인한 유도전압 문제도 없어지며, CPU가 처리할 수 있는 I/O 점수 이상으로 확장 사용이 가능하기 때문에 소형의 PLC로도 입출력 처리점수를 최대 2만여 점까지 처리할 수 있어 PLC의 가격도 절감하는 요인이 되고 있다.

(5) 필드버스 링크

필드에 설치된 필드기기와 제어실에 설치된 상위의 제어기기 사이를 연결하는 디지털 직렬방식의 쌍방향 통신 링크를 시리얼 전송 시스템 또는 필드버스(Fieldbus) 시스템이라 한다.

즉 상위의 컨트롤러인 PLC나 워크스테이션 등과 필드의 지능을 갖는 센서군이나 전자밸브군, 계측기, 모터, 릴레이 등을 시리얼 전송으로 링크하는 시스템을 말하는 것으로 배선공수를 대폭 절감할 수 있는 장점이 있다.

필드버스는 국제 표준으로 국제전기표준회의 IEC 61158 표준이 있다. 필드버스에는 Profibus, ControlNet, WorldFip, P-Net, InterBus, Ethernet/IP, DeviceNet, CANOpen, CC-Link 등이 있다.

필드버스 시스템은 리모트 I/O 모듈을 채용한 시스템보다 진일보한 형태의 시스템으로 분산 설치되어 있는 각 액추에이터나 센서 등을 PLC의 입출력모듈에 접속하지 않고 한 가닥의 통신선에 의해 바로 PLC의 통신모듈에 접속하여 시스템 배선이 완료되므로 배선의 설치비용이 대폭 절감된다. 또한 메인티넌스가 용이하고 시스템의 확장성이 유연하며, 장거리 배선으로 인한 유도전류 노이즈 대책에도 좋은 시스템이라 할 수 있다.

06 PLC 실장과 배선

1 PLC 동작환경

PLC를 사용한 제어 시스템의 신뢰성이나 안정성 확보를 위해 시스템 설계에 앞서 설치장소와 운전환경 등을 파악하여 시스템을 구성하여야 한다. 특히 PLC의 수명과 신뢰성에 영향을 미치는 환경조건에는 자연 분위기적인 것, 전기적인 것, 기계적인 것, 설비적인 것 등으로 분류되며, 대표적인 항목으로 다음과 같다.

① 온도와 습도
② 먼지와 부식성 가스
③ 진동과 충격
④ 전자계 노이즈
⑤ 접지

기본적으로 환경에 대한 영향(사용 온도, 습도, 진동, 부식성 가스, 과전류, 노이즈 등)을 되도록 적게 하는 것이 바람직하다.

[표 5-23] PLC의 일반 사양

항 목	사 양
사용온도	0~55℃
보존온도	−25~70℃
사용습도	5~95% RH(이슬이 맺히지 않을 것)
보관습도	5~95% RH(이슬이 맺히지 않을 것)
내진동	주파수 $10 \leq f < 57\text{Hz}$, 진폭 0.0075mm, X, Y, Z 각 방향 10회
내충격	가속도 147m/s^2(15G), 인가시간 11ms, X, Y, Z방향 각 3회

항 목		사 양
내노이즈	방현파 임펄스 노이즈	±1,500V
	방사 전자계 노이즈	27~500MHz, 10V/m
	정전기 노이즈	전압 ±4kV(접촉방전)
주위환경	부식성 가스, 먼지가 없을 것	
사용고도	2,000m 이하	
냉각방식	자연 공랭식	
접지	제3종 접지(100Ω 이하)	

(1) 온도

PLC의 주위온도는 PLC 중앙 바로 아래에서 측정한 온도를 기준으로 하며, 일반적으로 반도체 부품소자의 사용온도 관계 때문에 0~55℃ 정도이다. 우리나라는 하절기 잠깐 동안만 35℃ 정도이기 때문에 최고 온도범위를 초과하지 않을 것 같지만 자연냉각의 제어반 내에는 10~15℃ 이상의 온도 상승이 있으므로 주의하여야 한다.

1) 고온대책

① PLC를 고온에서 사용했을 때 나타나는 이상 현상

㉠ 반도체 부품, 콘덴서의 수명 저하, 고장률 증대

㉡ IC, 트랜지스터 등의 반도체 부품의 열화

㉢ 회로의 전압 레벨, 타이밍 등의 마진의 저하

㉣ 아날로그 회로의 드리프트 등에 의한 정밀도 저하

② 고온대책(PLC 주위온도가 55℃ 이하가 되도록 함)

㉠ 제어반에 팬을 설치한다.

㉡ 스폿 쿨러를 설치한다.

㉢ 온도가 낮은 외부 공기를 제어반 내에 도입한다.

㉣ 공기 조화가 잘 된 전기실에 제어반을 설치한다.

㉤ 직사일광을 차단한다.

㉥ 온풍이 직접 닿지 않도록 한다.

㉦ 제어반 주변에 통풍이 잘 되게 한다.

㉧ 하절기의 잠깐 동안만 55℃를 넘는다면 제어반의 문을 열거나 외부 팬으로 냉각한다.

2) 저온대책

저온에서는 고온만큼의 이상은 발생하지 않으나 회로 마진의 저하, 아날로그 회로의 정밀도 저하가 있고, 극저온에서는 전원을 투입할 때 정상 동작하지 않는 경우가 있다. 이런 경우에는 다음과 같은 대책을 취한다.

① 제어반 내에 스페이스 히터를 설치한다. 온도가 너무 올라가면 제어반 외부와의 온도차로 인해 제어반의 문을 열었을 때 결로하는 경우가 있으므로 주의한다.
② PLC의 전원은 끊지 않는다. 자기발열에 의해 PLC의 동작온도를 0℃ 이상으로 유지할 수 있는 경우에 한한다.
③ 운전을 개시하기 전에 PLC의 전원을 투입하여 자기발열로 온도를 높인다. 야간에 저온이 되는 경우에는 ②, ③의 대책이 좋다.

3) 통풍

PLC의 통풍을 좋게 하는 것도 하나의 온도대책이다. PLC의 통풍을 좋게 하기 위해서는 PLC 본체의 상부, 하부는 구조물이나 부품과의 거리를 적어도 50mm 이상 두는 것이다. 또 배선 덕트를 설치할 때는 통풍에 방해가 되지 않도록 한다.

(2) 습도

PLC의 사용 주위습도는 5~95%RH(상대습도)이기 때문에 보통의 환경에서는 이 범위를 초과하지 않기 때문에 문제되지는 않는다. 그러나 습도가 낮은 경우에는 정전기에 의한 대전 영향이, 습도가 높은 경우에는 절연성이 떨어지므로 주의가 필요하다.

1) 고습도 대책
① 고습도인 경우 PLC에 미치는 영향
 ㉠ 회로의 절연성 저하
 ㉡ 부품 소자의 열화 촉진으로 수명 단축
 ㉢ 고전압 회로나 높은 서지전압이 인가되는 회로에서의 리크 발생 등
② 고습도 대책
 ㉠ 실내 환경이 습도가 높은 경우에는 제어반을 밀폐구조로 하고 흡습제를 넣는다.
 ㉡ 외부의 건조 공기를 제어반 내에 도입한다.
 ㉢ 프린트 기판을 다시 코팅한다.
 ㉣ 입·출력 전원의 전압을 AC 220V에서 AC 110V 또는 DC 24V로 낮춘다.
 ㉤ 제어반 내에 스페이스 히터를 설치한다.

2) 저습도 대책

매우 건조한 상태에서는 절연물상의 정전기에 의한 대전이 있다. 특히 입력 임피던스가 높은 CMOS-IC는 대전의 방전으로 인해 파괴되는 경우도 있다. 또한 건조에 의한 재료 표면의 균열이나 특성열화를 초래한다.

따라서 지나친 건조상태에서 모듈의 장착이나 점검을 할 때는 인체의 대전을 방전한 후에 한다. 또 모듈의 부품이나 패턴에 접촉하지 않도록 주의해야 한다.

저습도 대책은 다음과 같은 것이 있다.

① 제어반 내에 습한 공기를 도입한다.
② 물을 적신 헝겊을 제어반 내에 놓아둔다.
③ 가습기를 설치한다.

(3) 진동, 충격

진동이나 충격이 있어서는 안 되지만 실제로 기계설비의 제어용에 사용되는 PLC는 어느 정도의 진동이나 충격이 존재한다. 진동이 있는 경우나 큰 충격이 있는 경우는 진동원에서 떨어져 제어반을 설치하거나 제어반에 방진고무를 부착하는 등의 대책을 실시한다.

(4) 주위환경

1) 먼지, 도전성 분말, 부식성 가스, 유분, 오일 미스트, 유기용제, 염분 등이 있는 장소에서는 먼지로 인해 필터가 막힘으로 제어반의 온도 상승을 가져오고 도전성 분말로 인한 오동작, 절연, 열화와 단락, 유분, 오일 미스트로 인한 플라스틱의 침식, 부식성 가스, 염분에 의한 프린트 기판 패턴이나 부품 리드선의 부식 등이 발생되어 각종의 트러블을 발생시키므로 각별한 주의가 필요하다.

2) PLC는 통상 오염도 2 이하의 환경에서 사용하도록 설계되어 있으므로 PLC를 수납한 제어반은 방진·방수 역할을 가져야 한다. 방진·방수가 충분하지 못하면 절연내압이 저하되어 절연파괴가 발생하기 쉬우므로 오염도 3 이상에서 사용할 때는 반드시 제어반의 방진 및 방수대책이 세워져야 한다.

[오염도 기준]
① **오염도 1** : 건조, 도전성 먼지와 티끌이 발생되지 않는 환경
② **오염도 2** : 도전성 먼지와 티끌이 통상 발생되지 않는 환경, 단 때때로 먼지와 티끌이 쌓여 일시적으로 도전이 발생되는 환경, 일반적인 공장 내의 제어실이나 공장 플로어에 설치되어 있는 제어반 내의 환경
③ **오염도 3** : 도전성 먼지와 티끌이 발생되어 쌓임에 따라 도전상태가 발생하는 환경, 일반적인 공장 플로어의 환경수준
④ **오염도 4** : 비, 눈 등에 의하여 계속적인 도전상태가 발생되는 환경, 옥외환경

2 PLC의 설치 배선

(1) PLC의 배치와 설치

PLC는 고압기기가 설치되어 있는 판넬 내부에서의 부착은 가급적 피하여야 하며, 그림 5-114처럼 고압의 동력계와는 되도록 피하여 배치하여야 한다.

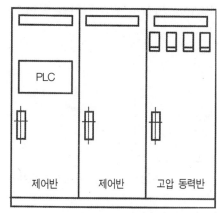

[그림 5-114] 고압기기가 설치되어 있는 제어반 내에서의 배치

즉 PLC의 설치기준은 배선계통을 분리할 수 있도록 각 전선에 노이즈가 실리지 않도록 하는 것이며, 기본적으로 다음과 같은 기준을 적용하는 것이 바람직하다.

① PLC의 설치는 수직벽면에 가로방향의 설치를 기본으로 한다.

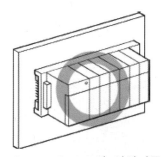

[그림 5-115] PLC의 설치기준

② 요철이 없는 평평한 면에 장착하여야 한다.

③ 대형의 전자 접촉기나 배선용 차단기 등의 진동원과는 분리하여 장착하거나 별도의 판넬로 해야 한다.

④ 고압회로나 동력회로와는 최소 150mm 이상 거리를 둔다.

⑤ 저항기나 트랜스 등 발열체의 상부에는 온도가 상승할 우려가 있으므로 설치하지 않는다.

⑥ 아크를 발생시키는 전자 접촉기나 릴레이와는 가능한 분리시켜 설치하거나 100mm 이상 떼어 설치한다.

⑦ 입출력모듈 등의 표시장치가 보기 쉬운 위치에 설치한다.

⑧ 입출력모듈을 교환하기 쉬운 위치에 설치한다.

⑨ 방사 노이즈나 다른 기기로부터의 복사열을 피하기 위해서는 그림 5-116에 나타낸 것과 같이 100mm 이상이 확보되어야 한다.

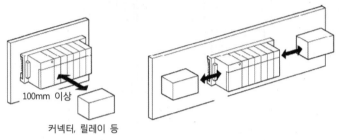

100mm 이상

커넥터, 릴레이 등

[그림 5-116] 다른 기기와의 거리

제어반 내에 PLC를 설치한 예를 그림 5-117에 나타냈다. 특히 제어반에서 기계장치로 배선할 때에는 입출력 신호선과 동력 케이블을 반드시 분리하고, 이들 배선을 수용하는 랙이나 덕트를 200mm 이상 분리해서 설치한다. 부득이 동일 덕트에 배선할 때에는 접지된 금속판으로 차폐하여야 한다.

또한 판넬의 문을 닫았을 때 동력선이나 입출력 배선이 판넬 내 기기와 접촉하지 않도록 배치하여야 한다.

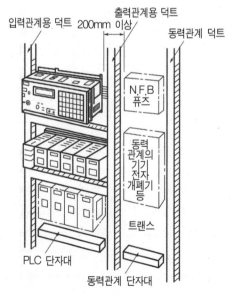

입력관계용 덕트 출력관계용 덕트 200mm 이상 동력관계 덕트

N.F.B
퓨즈

동력
관계의
기기
전자
개폐기
등

트랜스

PLC 단자대

동력관계 단자대

[그림 5-117] 제어반 내의 PLC 설치 예

(2) 전원의 계통도

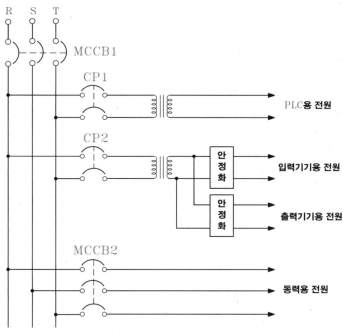

[그림 5-118] PLC 시스템의 전원 계통도

PLC의 전원과 배선공사의 원칙은 노이즈 대책이다. PLC를 사용하여 시스템을 구성할 경우 전원계통은 PLC 전원계통 외에 동력계통, 제어계통, 입출력용 전원계통 등이 있다. 따라서 시스템의 신뢰성을 높이기 위해서는 전원공급을 각각 계통별로 분리하는 것이 바람직하다. 그림 5-118에 이상적인 전원 계통도를 나타냈다. 이 그림에서 다른 기기와 PLC 전원계통을 분리한 것은 PLC 단독의 프로그램 체크나 시뮬레이션, 입출력기기 측의 고장으로 인한 PLC 전원이 끊기는 것을 방지하기 위한 것이다.

(3) 전압변동 대책

PLC의 전압변동범위는 일반적으로 -15~+10%, 주파수 ±5% 이내가 많으며, 전압변동이 이 범위를 초과하면 PLC가 정전을 자동 감지하여 「운전」을 정지하고, 전압이 다시 상승하면 자동적으로 다시 운전한다.

그러나 빈번히 발생하는 전압 변동은 제원범위 이내라도 좋지 않으며, 정격전압의 ±5% 이내가 적합하다. 전압이 높으면 발열이 많게 되고, 전압이 낮으면 순간정지가 발생되어 시스템에는 바람직하지 않다.

전원의 질이 좋지 않을 때에는 PLC뿐만 아니라 시스템 전체의 전원관리를 위해서 UPS나 AVR을 사용하는 것이 좋다.

(4) 입출력용 전원

입출력모듈용 외부 전원의 전압변동범위는 모듈의 종류에 따라 다르기 때문에 카탈로그에 기재된 범위를 준수해야 한다. 특히 직류전원의 리플 허용값은 전압의 변동범위 내라도 입·출력선이 긴 경우는 전압강하가 발생하여 전압 부족이 되는 경우도 있으므로 주의한다.

일반적인 제어용 DC 전원 리플값은 5% 이하이어야 하며, 그림 5-119에 입출력 기기용 DC 전원의 제원을 나타냈다.

입출력 기기용 외부 전원장치는 다음과 같은 점에 주의할 필요가 있다.

① PLC의 전원과 동시에 투입한다.
② 전원장치의 이상을 검출하여 이상 발생으로 제어동작을 정지시킨다.
③ 전원장치와 PLC 전원의 시동시간이 다른 경우는 인터록을 취한다.

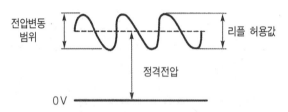

[그림 5-119] PLC 입출력 기기용 DC 전원의 제원

(5) 배선방법

배선에 사용되는 전선의 규격은 메이커마다 권장치로 정해져 있으므로 가급적 권장치 이내의 것을 사용하여야 하며, 제어장치 설계시점에서 배선방법에 대한 면밀한 검토와 계획이 세워져야 한다.

표 5-24는 LS산전 PLC의 배선에 사용되는 전선 규격을 나타낸 것이다.

1) 전원부의 배선

PLC 전원은 시스템의 근간이며, 전원부가 노이즈로 불안정하게 되는 일은 없어야 한다.

① PLC 전원모듈의 전원은 AC 110V, AC 220V, DC 24V의 3종류가 있다.
② 전원선은 가능한 한 빈틈없이 골고루 트위스트 함과 동시에 최단 거리의 배선이 되어야 한다.

[표 5-24] PLC 배선에 사용되는 전선 규격

외부 접속의 종류	전선 규격(mm^2)	
	하한치	상한치
디지털 입력모듈	0.18(AWG24)	1.5(AWG16)
디지털 출력모듈	0.18(AWG24)	2.5(AWG12)
아날로그 입출력모듈	0.18(AWG24)	1.5(AWG16)
통신모듈	0.18(AWG24)	1.5(AWG16)
주전원	1.5(AWG16)	2.5(AWG12)
보호접지	1.5(AWG16)	2.5(AWG12)

③ 1차측과 2차측(PLC 측)의 배선을 접근시키거나 절대로 묶어서 배선하지 않는다.

④ 전압강하를 작게 하기 위해서 가급적 굵은 선(1.5mm^2 이상)을 사용한다.

⑤ 주회로선이나 입출력 신호선과는 묶음 배선이 되지 않도록 해야 하며, 가급적 100mm 이상 격리시키는 것이 좋다.

⑥ 낙뢰에 의한 서지대책으로는 그림 5-120에 나타낸 바와 같이 낙뢰용 서지 업소버를 설치하는 것이 좋다.

⑦ 트랜스를 사용할 때는 용량[VA]적으로 여유를 두는 것이 좋으며, 레귤레이션이 좋은 것을 사용한다.

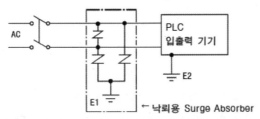

주) 낙뢰용 서버 업소버의 접지 E1과 PLC 접지 E2는 분리해서 실시해야 한다.

[그림 5-120] 낙뢰용 서지 업소버의 설치방법

전원부에 세우는 노이즈 대책으로는 그림 5-121의 (a)와 같이 필터를 설치하는데, PLC에 유해한 노이즈를 저지하는 주파수 영역의 필터를 선정하는 일은 대단히 어렵다. 이것은 노이즈의 주파수 성분이나 파워의 크기가 가지각색이기 때문이다. 가장 무난하고 효과적인 것은 그림 (b)처럼 노이즈 컷 트랜스를 이용하는 방법이다. 노이즈 컷 트랜스를 구입할 수 없을 때에는 일반적인 절연 트랜스를 이용해도 충분한 효과를 기대할 수 있다. 특히, 노이즈가 많은 경우에는 그림 5-121의 (a), (b)를 병용하여 그림 (c)와 같이 하면 보다 효과적이다.

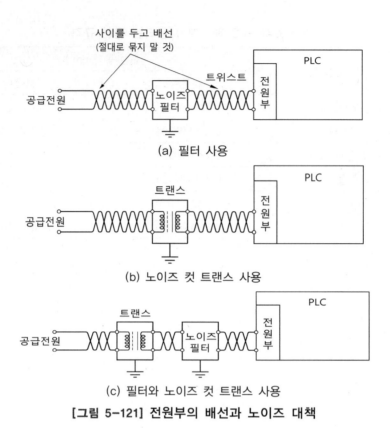

[그림 5-121] 전원부의 배선과 노이즈 대책

2) 제어반 내의 배선

제어반 내의 배선방법은 다음과 같다.

① 〈전원선〉 관계

　㉠ 전원선은 가능한 한 굵은 선을 쓰고, 트위스트할 것

　㉡ 트랜스의 2차측은 트위스트로 하고, PLC와는 최단거리 배선이 되도록 한다.

　㉢ 트랜스의 1차측과 2차측은 가능한 한 떨어뜨리고, 절대 양자를 한 묶음으로 묶어 배선하지 말 것

　㉣ 접지는 가능한 한 굵은 선을 쓰고, 제어반의 접지선까지의 거리는 되도록 짧게 한다.

② 〈신호선의 취급〉에 대한 내용

　㉠ AC 입출력 신호선과 DC 입출력 신호선은 별도의 덕트나 통로를 통하여 배선할 것

　㉡ 입출력 신호선은 주회로나 동력선 회로와는 별도의 덕트를 설치하고, 가능한 한 200mm 이상 떨어뜨려 배선한다. 특히, IC나 트랜지스터 입·출력기기와 접속되어 있는 신호선을 조심할 것

ⓒ 입력 신호선과 출력 신호선도 가능하면 따로따로 덕트를 통해 배선하는 것이 좋다.

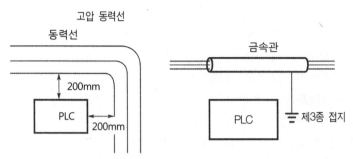

[그림 5-122] 동력선에서 PLC를 격리시키는 방법

③ 기타 〈제어반 내 배선〉시 주의사항

ㄱ 오배선의 방지를 위해 케이블마다 마크 밴드를 붙이거나 넘버링 튜브를 끼워 조립한다.

ㄴ 같은 종류의 신호를 전송하는 케이블은 같은 덕트 내에 넣어서 그룹 분류를 하고 가급적 색별 배선을 한다.

ㄷ 대전류, 고전압인 주회로와는 충분히 분리하여 실장·배선한다.

ㄹ 전자 개폐기, 전자 접촉기, 파워 릴레이 등의 아크 발생원으로부터 멀리할 것

ㅁ 전원선은 트위스트하고, 다른 신호선과는 분리할 것. 신호선과 동일 덕트를 통하거나 한데 묶는 것은 엄금한다.

ㅂ SSR 출력과 같은 교류 신호선과 직류 신호선은 혼재시키지 말 것

ㅅ 입력 신호선과 출력 신호선도 분리하는 것이 이상적이다.

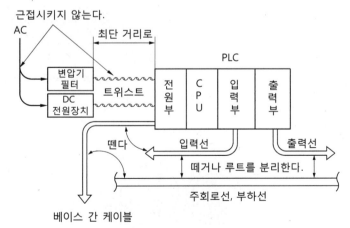

[그림 5-123] 제어반 내 배선 시 주의사항

3) 제어반 밖의 배선(입·출력기기의 배선)

입출력 신호를 제어반 내에 끌어들일 때 노이즈 침입 방지를 위한 배선의 방법으로는 다음과 같은 사항에 유의하여 실시한다.

① 입출력 배선용 전선의 규격은 $0.3\sim2.5mm^2$이므로 범위 내에서 사용하기 편리한 규격으로 하는 것이 좋다.
② 입력선과 출력선, 그리고 동력선은 각각 분리하여 배선하여야 하고, 가능하면 별도의 배선덕트를 사용한다.
③ 입출력 신호선과 고전압, 대전류의 주회로선과는 최소 200mm 이상 분리하여 배선하여야 한다.
④ 주회로선과 동력선을 분리할 수 없는 경우에는 일괄 실드 케이블을 사용하고 PLC 측을 접지한다.
⑤ AC 입출력 신호선과 DC 입출력 신호선은 별개의 케이블을 사용한다.
⑥ IC나 트랜지스터 입·출력기기와의 접속은 실드가 부착된 케이블을 이용한다.
⑦ 배관을 사용하여 배선을 할 경우에는 관을 확실하게 접지하여야 한다.
⑧ 200mm 이상의 장거리 배선에는 선간용량에 의한 누설전류로 인해 이상 발생이 예상되므로 가급적 단거리 배선이 되도록 하고, 피할 수 없는 경우에는 누설전류 대책을 실시한다.

제어반 외 배선의 노이즈 대책은 배선공사비 부담이 커지기 쉽고, 특히 덕트 배선을 하는 경우에는 발주자 측의 사전조사와 협의가 필요하기 때문에 사전계획을 잘 세워야 한다.

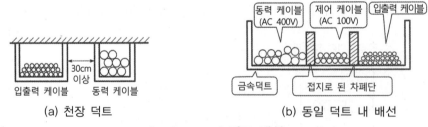

(a) 천장 덕트   (b) 동일 덕트 내 배선

[그림 5-124] 덕트 배선

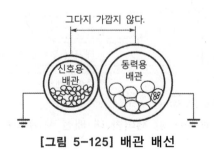

[그림 5-125] 배관 배선

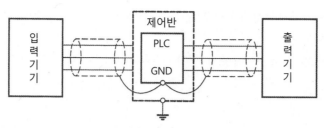

[그림 5-126] 입·출력기기의 실드 케이블에 의한 배선

(6) 접지

접지란 회로의 기준전위와 기기 케이스, 실드 등을 대지전위로 접속하는 것을 말한다. 최근에 PLC에 대한 접지는 메이커에서 기기에 대한 노이즈 대책을 세우고 있기 때문에 일반적으로는 접지를 하지 않아도 사용할 수 있게 되어 있다. 또한 대전류가 흐르는 동력기기의 접지선에 접속하거나 하면 오히려 나쁜 결과를 초래할 수도 있기 때문에 양호한 접지를 얻을 수 없다면 접지를 하지 않는 편이 더 낫다.

1) 접지의 목적

① PLC와 제어반 및 대지 간의 전위차가 없게 하여 전위의 차이로 인한 노이즈 전류를 감소시킨다.
② 전원 및 입력 신호선에 혼입한 노이즈를 대지로 배제하여 노이즈의 영향을 감소시킨다.
③ 전력계통으로부터의 누설전류, 낙뢰 등에 의한 감전을 방지한다.

이와 같이 접지는 노이즈로 인한 오동작을 방지하는 유효한 노이즈 대책이 된다. 따라서 양호한 접지를 할 수 있다면 접지를 하는 것이 좋다.

2층 이상 건물의 철골에 접지, 대전력 기기의 접지선과 공용접지, 감전방지 목적의 접지선에 접지하는 것으로 양질의 접지를 얻을 수 없다면 접지를 할 필요가 없다. 다만, 제어반의 접지는 확실하게 해야 한다.

운전 중에 노이즈로 인한 오동작이 일어날 것 같으면 그 시점에서 대책으로 접지를 하면 된다. 또 처음부터 접지를 하고 있는 경우에 노이즈 대책으로서 접지를 떼어 보는 것도 유효한 대책이 된다.

2) 접지방법

① 접지는 PLC만을 접지하는 전용접지가 가장 좋으므로 될 수 있으면 전용접지를 하면 된다. 전용접지를 할 수 없을 때는 접지점에서 다른 기기의 접지와 접속되는 공용접지로 한다. 다른 기기와 접지선을 공통으로 사용하는 공통접지는 될 수 있는 대로 하지 않는다. 특히 전동기, 변압기 등의 전력기기와의 공통접지는 절대로 피해야 한다.

② 접지공사는 전기설비기술기준에 의거 D종 접지(제3종 접지-접지저항 100Ω 이하)로 한다.

③ 접지용 전선은 2mm² 이상의 것을 사용하여야 한다.

④ 접지선은 될 수 있는 대로 PLC 본체 가까이에 설정한다. 거리는 50m 이하가 기준이다.

⑤ 전원모듈의 접지단자와 베이스 보드의 전지단자를 분리하여 접지하는 것이 좋다.

⑥ 접지선의 배선에서는 강전회로, 주회로의 전선에서 될 수 있는 대로 떨어뜨리고 또 평행하는 거리를 될 수 있는 대로 짧게 한다.

⑦ PLC의 접지를 하지 않을 때에도 제어반의 접지는 확실하게 한다.

[그림 5-127] 접지방법

07 PLC 유지보수

1 유지보수 개요

PLC는 통상 출력모듈의 증폭용 릴레이, RAM 메모리의 백업용 배터리 등을 교환하는 것 이외에는 보전 예방차원에서 교환처리를 하지 않는 것이 일반적이다. 그러나 주위환경에 영향을 받아 PLC 구성 소자에 이상이 발생할 수 있으므로 예방보전 차원에서 정기적인 점검이 필요하다.

PLC를 사용한 제어 시스템의 고장요인으로는 다음의 7가지가 있다.

① PLC의 하드웨어
② PLC의 소프트웨어
③ PLC의 제어 및 조작반
④ 기계의 검출부
⑤ 기계의 구동부
⑥ 기계의 본체
⑦ 시스템 주변기기의 환경

장치나 시스템이 가동될 때 그 기능이나 성능을 유지하기 위한 점검, 조정, 대체, 수리 등의 작업을 통틀어 보전이라 하며, 예방보전과 사후보전의 두 가지가 있다. 예방보전에는 일상점검과 정기점검으로 나누어 실시하며, 생산설비, 항공기 등과 같이 고장 발생 시 경제적 손실이 크거나 중대 사고에 연결되는 것은 예방보전이 적용되고, 일반 제품은 사후보전이 적용된다.

(1) 관련 자료의 관리

일단 가동상태로 들어간 PLC는 제어에 관련된 모든 문서, 자료를 정리 보관하여 언제나 찾아볼 수 있도록 하여야 한다.

예를 들면 운전 도중에 프로그램 내용을 변경시킬 경우가 있을 때, PLC 내의 프로그램을 변경시킴과 동시에 프로그램 작성에 기준이 되는 시퀀스 차트, 래더 다이어그램, 입출력 할당표 등도 반드시 변경해 두어야 한다. 또한 각 PLC 매뉴얼을 근거로 하여 보수점검 순서를 정해 놓으면 편리하게 이용할 수 있다.

(2) 모니터 기기의 준비

PLC에는 각 입출력 상태의 표시나 CPU 등의 모듈 이상표시가 갖추어져 있으므로 쉽게 이상상태 여부를 알 수 있다. 이 외에도 상세한 고장진단을 위한 프로그램 내용이라든가, 입출력 데이터 메모리 내용을 점검할 수 있는 기능을 갖춘 기기를 준비해 두는 것도 좋다.

(3) 예비품의 확보

PLC는 기종에 따른 호환성이 거의 없기 때문에 최소한의 예비부품을 준비해 두는 것이 좋으며, 특히 고장 시 치명적인 트러블을 일으킬 수 있는 제어에는 반드시 예비품의 확보가 요구된다.

PLC의 필요한 예비품은 표 5-25와 같은 것이 있으며, PLC가 고장을 일으켰을 때 손실이 크고 치명적인 트러블을 일으킬 수 있는 시스템에서는 표 5-26과 같은 권장 예비품을 갖추고 있으면 좋다.

[표 5-25] 필요한 예비품

번호	품 명	수 량	비 고
1	배터리	1~2개	• 배터리의 보존수명은 약 3년이다. • 1~2개는 예측할 수 없는 경우에 대비한다.
2	퓨즈	사용 수량	퓨즈는 단락이나 과전류뿐만 아니라 전원의 on/off 등의 돌입전류에 의해서도 끊어지기 때문에 충분히 준비한다.

[표 5-26] 권장 예비품

번호	품 명	수 량	비 고
1	입출력모듈	각 모듈별 1개	접점출력모듈은 접점마모 때문에 수명이 있다.
2	CPU	1개	PLC의 핵심이 되는 부품으로 만일 고장이 났을 때 시스템이 다운되어 운전을 못하게 된다.
3	Memory	1개	
4	전원모듈	1개	

(4) 점검

PLC는 각종 IC와 LSI에 의해 구성 무접점화되어 있지만 일부 릴레이 접점회로와 기구적 부분에 대해서는 점검할 필요가 있다. 정기적인 점검이나 교환을 실시하는 경우에는 서식을 만들어 점검일자, 점검내용, 교환일자 등을 기록하여 놓으면 후에 점검할 때 유용하게 이용할 수 있다.

① 릴레이 출력모듈의 교환

출력모듈이 릴레이 접점인 경우에는 정기적으로 릴레이를 교환할 필요가 있다. 교환시기는 릴레이의 개폐횟수, 구동부하 용량 등에 따라 다를 수 있으므로 개폐횟수가 많은 것부터 교환하는 것이 좋다.

② 배터리 교환

프로그램 메모리에 RAM을 사용한 것은 백업용 배터리가 내장되어 있다. 이때는 메이커가 지정한 유효기간 내에 전원을 투입한 상태에서 배터리를 교환해야 한다.

③ 나사부

제어선 등이 접속되어 있는 단자대의 나사 등이 확실하게 고정되어 있는 지를 확인한다.

④ 모듈의 취급

각종 모듈의 커넥터부는 손으로 만지지 않는 것이 좋다. 부득이 손을 댄 경우에는 알코올로 닦아낸다. 또 프로그래머 등의 접속 케이블 및 커넥터는 탈착 빈도가 높으므로 조심하여 다루어야 한다.

2 일상점검

일상적으로 실시하여야 할 점검은 다음과 같은 사항들이다.

점검항목		점검내용	판정기준	조치사항
베이스의 부착상태		부착나사의 풀림 확인	확실하게 부착되어 있을 것	나사 조임
입출력모듈의 부착상태		모듈의 부착나사가 확실하게 조여 있는가를 확인	확실하게 조여져 있을 것	나사 확인
단자대 및 증설 케이블의 접속상태		단자 나사의 풀림	풀림이 없을 것	나사 조임
		압착단자 간의 근접	적정한 간격일 것	교정
		증설 케이블의 커넥터부	커넥터가 풀려 있지 않을 것	교정
표시 LED	전원 LED	점등 확인	점등(소등은 이상)	트러블 슈팅 참조
	RUN LED	RUN 상태에서 점등 확인	점등(소등 또는 점멸은 이상)	
	STOP LED	RUN 상태에서 소등 확인	점멸은 이상	
	입력 LED	점등, 소등 확인	입력 on시 점등, 입력 off시 소등	
	출력 LED	점등, 소등 확인	출력 on시 점등, 출력 off시 소등	

3 정기점검

6개월에 1~2회 정도는 다음 항목을 점검하여 필요한 조치를 실시하는 것이 좋다.

점검항목		점검방법	판정기준	조치사항
주위환경	주위온도	온도, 습도계로 측정 부식성 가스 측정	0~55℃	일반 규격에 맞게 조정
	주위습도		5~95% RH	
	주위 오염도		부식성 가스가 없을 것	
PLC 상태	풀림, 흔들림	각 모듈을 움직여 본다	단단히 부착되어 있을 것	나사 조임
	먼지, 이물질 부착	육안검사	부착이 없을 것	
접속상태	나사의 풀림	드라이버로 조임	풀림이 없을 것	조임
	압착단자의 근접	육안검사	적당한 간격일 것	교정
	커넥터의 풀림	육안검사	풀림이 없을 것	커넥터 고정나사 조임
전원전압 점검		입력전압 측정	규정 전압 확인	공급전원 변경
배터리		배터리 교환시기, 전압 저하 표시 확인	정전 합계시간 확인 배터리 전압 저하 표시가 없을 것	배터리 용량 저하 표시가 없어도 보증기간 초과 시 교환할 것
퓨즈		육안검사	용단되어 있지 않을 것	용단되지 않아도 정기적으로 교환할 것

4 트러블 슈팅

시스템의 신뢰성을 높이기 위해서는 신뢰성이 높은 기기를 선정하여 사용하는 것이 중요하겠지만, PLC 운용 중에 이상이 발생한 경우 어떤 방법으로 신속히 조치하는가도 중요한 사항이다.

장애가 발생된 시스템을 신속히 가동시키려면 트러블의 발생원인을 신속히 발견하여 조치하는 일이 무엇보다 중요하다. 이러한 트러블 슈팅을 실시하는 경우에 유의하여야 할 기본적인 사항은 다음과 같다.

(1) 육안에 의한 확인
다음 사항들은 육안으로 확인한다.

① 기계 동작상태(동작상태, 정지상태)
② 전원 인가상태
③ 입·출력기기 상태
④ 배선상태(입출력 신호선, 증설 및 통신 케이블)
⑤ 각종 표시기의 표시상태(Power LED, RUN LED, Stop LED, 입출력 LED 등)를 확인한 후 모니터링 기기를 접속하여 PLC 동작상태나 프로그램 내용을 점검한다.

(2) 이상 확인
키 스위치를 Stop 위치로 하고 전원을 on/off한 후 이상이 어떻게 변화하는가를 관찰한다.

(3) 범위 확정
이상의 방법에 의해 고장요인이 다음의 어떤 것인가를 추정하여 조치를 실시한다.

① PLC 본체의 고장인가, 외부요인인가?
② 입출력모듈의 고장인가, 기타인가?
③ PLC 프로그램의 문제인가를 판정한다.

CHAPTER

06

제어반 제작기기

제어반 제작기기

01 제어함(Box)

제어함은 재질에 따라서 철재 제어함, 플라스틱 사출제품인 PVC 제어함, 스테인리스(SUS) 제어함, 알루미늄 제어함 등이 있으며, 구조에 따라 수직 자립형, 피아노 타입의 조작 겸용 제어함, 옥외 설치용의 방수형 제어함, 폭발성 분위기에서 사용 가능한 방폭형 제어함 등이 있다.

1 철제 제어함

철판을 절곡한 후 용접하여 도장처리한 구조로 소형부터 대형까지 제작 가능하고, 가격이 저렴하여 널리 사용되고 있는 형식이다.

가격이 저렴하지만 도장이 벗겨지면 녹이 슨다는 단점이 있다.

[그림 6-1] 철제 제어함

[표 6-1] 철제 제어함 표준제품 사양(화신제품)

모델명	가로(W)	세로(H)	깊이(D)	모델명	가로(W)	세로(H)	깊이(D)
ES2030	200	300	100/150	ES5040	500	400	150/200
ES2535	250	350	150/170	ES6050	600	500	150/230
ES3020	300	200	150	ES6070	600	700	170/250

모델명	가로(W)	세로(H)	깊이(D)	모델명	가로(W)	세로(H)	깊이(D)
ES3040	300	400	150/200	ES6090	600	900	170/250
ES3545	350	450	150/200	ES7090	700	900	170/250
ES4050	400	500	150/200	ES8012	800	1,200	170/300

2 PVC 제어함

통상 하이박스라 불리는 제어함으로 플라스틱 재질을 사출한 제품이다. 주로 불투명 재질이지만 투명제품도 있어서 내부를 육안으로 확인할 수 있으며, 외관이 미려하고 가벼우며, 녹이 슬지 않고 가격이 저렴하다는 장점이 있다.

소형으로 제작이 용이하기 때문에 단자함이나 중계 박스형으로도 많이 사용되지만 강도가 크지 않아서 대형으로 제작이 곤란하다. 크기는 주로 가로×세로 폭이 1M 이내이다.

[그림 6-2] PVC 제어함

[표 6-2] PVC 제어함 표준제품 사양(화신제품)

불투명 커버형(EF − AGH)				투명 커버형(EF − ATH)			
모델명	가로(W)	세로(H)	깊이(D)	모델명	가로(W)	세로(H)	깊이(D)
2030−15	200	300	150	4050−20	400	500	200
2535−16	250	350	160	4060−23	400	600	230
3030−18	300	300	180	5060−25	530	630	255
3040−18	300	400	180	5070−25	530	730	255
3545−20	350	450	200	6080−28	630	830	285

3 SUS 제어함

녹이 슬지 않는 스테인리스 재질의 제어함으로 재질 약칭기호를 사용하여 SUS 제어함이라 부르며, 식품 산업용이나 의약품 산업용, 옥외 설치용 제품으로 주로 사용된다.
주문 제작형태로 사용되어 왔으나 최근에는 기성형으로 판매되고 있어 가격이 다소 저렴해졌다.

[그림 6-3] SUS 제어함

[표 6-3] SUS 제어함 표준제품 사양(화신제품)

모델명	가로(W)	세로(H)	깊이(D)	모델명	가로(W)	세로(H)	깊이(D)
EU2030	200	300	100/150	EU5040	500	400	150/200
EU2535	250	350	150/170	EU6050	600	500	150/230
EU3020	300	200	150	EU6070	600	700	170/250
EU3040	300	400	150/200	EU6090	600	900	170/250
EU3545	350	450	150/200	EU7090	700	900	170/250
EU4050	400	500	150/200	EU8060	800	600	170/250
EU4535	450	350	15/200	EU8012	800	1,200	170/300

02 작업공구

1 스트리퍼

전선 탈피용 공구를 스트리퍼라 하며, 종류에는 자동 스트리퍼, 반자동 스트리퍼, 전선가위 등이 사용된다.

[그림 6-4] 자동 스트리퍼

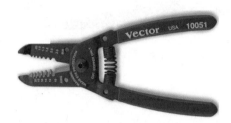

[그림 6-5] 반자동 스트리퍼

자동 스트리퍼나 반자동 스트리퍼에는 전선의 호칭규격이 표시되어 있으므로 탈피할 전선의 규격 홈에 끼워 놓고 손잡이를 누르거나 밀어내면 손쉽게 전선의 피복을 탈피할 수 있으며, 전선을 자를 수 있는 커터도 포함되어 있다.

그러나 자동 및 반자동 스트리퍼로는 굵은 동력선을 탈피할 수 없고, 배선작업 중에는 덕트의 끝을 절단하거나 콤먼 바를 자르는 등의 작업을 위해 전선가위를 사용하는 일이 많아서 통상 전선의 탈피도 가위를 사용하는 일이 많다.

[그림 6-6] 전선가위

2 압착기

제어기기 간 배선에 사용되는 600V 이하 비닐절연전선은 유연성 때문에 여러 가닥의 소선으로 구성된 연선을 사용하기 때문에 단자에 접속할 때는 전선 터미널을 압착하여 배선하여야 한다. 이때 사용되는 공구가 압착기이며, 그림 6-7은 여러 가지 형태의 압착기를 보여주고 있다.

그림 6-8은 압착기를 이용하여 전선에 터미널을 끼워 압착하는 과정을 보인 것이다.

[그림 6-7] 각종 압착기

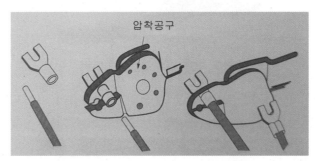

[그림 6-8] 전선 터미널의 압착과정

3 롱노즈 플라이어

롱노즈 플라이어는 라디오 펜치라고도 하며, 주로 전선을 구부리거나 잡는 데 사용된다. 형태는 그립 부분과 절단날 부분으로 구성되어 있고, 크기는 전체 길이를 나타내며 주로 120mm에서 160mm의 크기가 사용된다.

롱노즈 플라이어는 집게 날의 모양 때문에 전선을 구부려 루프를 만드는데 매우 유용하다. 어떤 플라이어들은 표준적인 롱노즈 플라이어보다 길고 가는 집게 부분을 가지고 있는데, 이러한 플라이어를 니들노즈 플라이어라고 부른다. 니들노즈 플라이어는 협소한 장소에서 배선작업을 할 때, 또는 전선이 매우 가늘거나 정교한 작업을 할 때 사용한다.

[그림 6-9] 롱노즈 플라이어

4 덕트 절단기

[그림 6-10] 덕트 절단기

PVC 덕트를 절단하는데 사용되는 공구를 덕트 절단기라 하며, 통상 전선가위나 앵글 커터기로 절단하기도 하지만 그림 6-10의 덕트 절단기를 사용하면 절단면이 깨끗하게 절단할 수 있다.

5 리브 절단기

[그림 6-11] 리브 절단기

전선의 통로가 되는 덕트 리브의 절단은 가위로 절단하면 바닥면까지 절단이 곤란하고 끝이 날카롭기 때문에 작업 시 손을 다칠 수도 있다. 때문에 리브의 절단은 그림 6-11에 보인 것과 같은 리브 절단기를 사용하면 비교적 손쉽게 깨끗한 절단면으로 절단할 수 있다.

6 타이건

배선작업에는 전선 정리를 위해 전선끼리 묶거나 마운트 등에 묶는 목적으로 케이블 타이를 많이 사용하는데, 케이블 타이를 묶은 후 그 끝을 잘라내는 데 사용되는 공구가 타이건이다.

케이블 타이는 플라스틱 재질이어서 가위 등으로 끝을 절단하면 예리하여 손을 다치는 일이 흔히 발생되는데 타이건을 사용하면 견고하게 당겨 묶은 후 끝을 깔끔하게 절단한다.

[그림 6-12] 타이건

03 전선 접속 및 보호기기

1 단자대

단자대는 터미널 블럭(terminal blocks)이라고도 하며, 주로 전선을 정리하기 위한 중계기기 역할을 한다.

형태는 고정식 단자대와 조립식 단자대가 있으며, 용량은 단자를 통과하는 허용전류의 크기를 기준으로 한다.

고정식 단자대는 용량에 따라 10A, 20A, 30A, 45A, 60A, 100A, 150A, 200A 등으로 제작되며, 접속단자의 수에 따라서도 3P부터 30P까지 제작된다.

[그림 6-13] 고정식 단자대

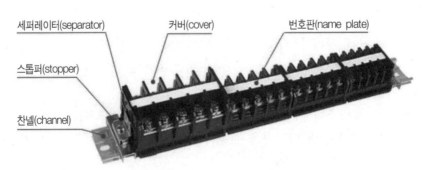

[그림 6-14] 조립식 단자대

조립식 단자대는 알루미늄 레일인 찬넬에 원하는 개수만큼 조립하여 사용하는 구조로, 용량은 10A, 15A, 25A, 30A, 60A, 100A 등으로 제작된다.

조립식 단자대와 같이 사용되는 부속기기로는 다음과 같은 것들이 있다.

① 찬넬 : DIN 레일이라고도 하며, 알루미늄 압출재로 1M, 2M 단위로 제작된다. 조립식 단자대는 물론 릴레이 소켓이나 전자 접촉기 같은 소형 제어기기의 고정용으로 사용된다[그림 6-15].

② 세퍼레이터 : 조립식 단자대 양끝 커버를 세퍼레이터라고 하며 좌·우 한 쌍으로 되어 있다.

③ 스톱퍼 : 조립식 단자대는 물론 제어기를 찬넬에 흔들림 없이 고정하기 위한 고정구를 스톱퍼라고 한다.

④ 번호판 : 표시지라고도 하며, 단자대에 접속되어 있는 선의 번호나 기능을 표시하기 위해 프린트하여 끼워 넣어 사용한다.

⑤ 커버 : 이물질이나 금속찌꺼기 등으로 쇼트를 방지하고 단자대를 안전하게 보호하는 것으로 투명하게 되어 있다.

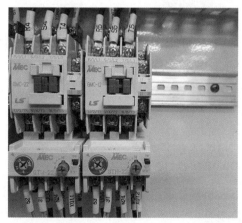

[그림 6-15] 찬넬에 전자 접촉기가 고정된 모습

2 전선 터미널

여러 가닥의 소선으로 구성된 전선을 고정접점인 단자에 견고하게 고정하기 위해 전선 끝에 끼워 넣어 압착하여 사용하는 것을 전선 터미널 또는 단순히 터미널이라고 한다.

터미널은 형태에 따라 일자형의 핀 터미널, Y자 형태의 포크 터미널, 원형의 링 터미널, 러그단자 터미널 등이 있으며, 그 외관을 그림 6-16에 나타냈다.

신속한 분해조립을 요하는 경우나 조작선의 배선에는 포크 터미널이 주로 사용되고, 동력선과 같이 부주의로 고정나사가 풀렸을 때 사고의 위험성이 있거나 보다 견고하게 고정하기 위한 곳에는 링 터미널이 사용된다.

인버터의 신호 단자대와 같이 좁은 곳에서의 접속은 핀 터미널이 주로 사용되며, 단자에서 분리하기 쉬운 구조로서 끼워 넣는 형태를 러그단자 터미널이라 하며, 전선 접속부가 절연물로 피복되어 있는 형태의 PG 터미널도 때때로 사용된다.

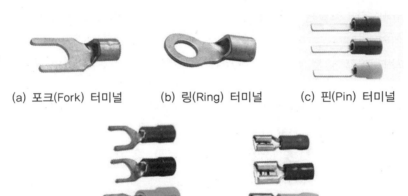

(a) 포크(Fork) 터미널   (b) 링(Ring) 터미널   (c) 핀(Pin) 터미널

(d) PG 터미널   (e) 러그단자 터미널

[그림 6-16] 각종 전선 터미널

3 덕트

덕트는 전선의 통로이자 보호재 역할을 하는 것으로 제어함과 같이 재질에 따라 철재덕트, PVC 덕트, 알루미늄 덕트, SUS 덕트 등이 있다.

제어함 내부에 사용되는 덕트는 가볍고 시공이 용이하며, 가격이 저렴한 PVC 덕트를 주로 사용하는데, 호칭은 가로×세로치수로 나타내며 20×20부터 100×100까지 2M를 1본으로 제작된다.

형태에 따라 전선을 위로부터 밀어 넣을 수 있는 개방형과 막혀 있는 폐쇄형이 있으며, PVC 재질은 사용 온도 50℃ 이하이나 ABS 재질은 80℃까지 사용 가능하다.

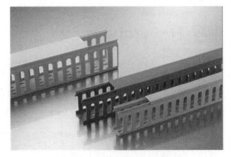

[그림 6-17] PVC 덕트

[표 6-4] PVC 덕트의 종류(전오전기)

모델명	가로(W)	세로(H)	모델명	가로(W)	세로(H)
25×35	25	35	60×80	60	80
25×40	25	40	60×100	60	100
25×60	25	60	60×120	60	120
30×40	30	40	80×30	80	30
30×60	30	60	80×60	80	60
30×80	30	80	80×80	80	80
40×40	40	40	80×100	80	100
40×60	40	60	80×120	80	120
40×80	40	80	100×80	100	80
40×100	40	100	100×100	100	100
60×40	60	40	100×120	100	120
60×60	60	60	150×120	150	120

4 전선관

[그림 6-18] 전선관

전선관이란 저압 배선공사에서 전선을 수용 및 보호하기 위해 사용되는 강제의 금속관이나 염화비닐 등을 사용한 합성수지의 관을 말한다.

전선관은 덕트에 비해 체적이 작고 밀폐시킬 수 있어 옥외 설치용 전선 보호용이나 판넬과 기계 간 전선 보호용으로 사용되며, 일반 강관이나 PVC용 및 굽힐 수 있는 가요성 플렉시블관 등이 있다.

강제 전선관은 KS C 8401에 규격이 제정되어 있으며, 호칭은 안지름으로 표시하며 표 6-5에 그 규격을 정리하였다.

[표 6-5] 강제 전선관(금속관)의 규격

호 칭	외경(mm)	외경 허용오차(mm)	두께(mm)	무게(kg/m)
G16	21.0		2.3	1.06
G22	26.5		2.3	1.37
G28	33.3		2.5	1.90
G36	41.9		2.5	2.43
G42	47.8	±0.3	2.5	2.79
G54	59.6		2.8	3.92
G70	75.2		2.8	5.00
G82	87.9		2.8	5.88
G92	100.7	±0.4	3.5	8.39
G104	113.4		3.5	9.48

5 기타 접속 및 보호재

(1) 케이블 타이

전선을 한데 묶는 용도로 사용되며, 색상에 따라 흰색과 흑색이 주류이며 전체 길이를 호칭치수로 한다.

[그림 6-19] 케이블 타이

(2) 케이블 마운트와 클램프

벽면이나 제어함 측면에 전선을 고정하기 위한 자재로 케이블 마운트와 케이블 클램프가 사용된다. 그림 6-20은 케이블 마운트와 클램프를 나타낸 것이고, 그림 6-21은 케이블 마운트에 케이블 타이로 전선을 고정한 예이다.

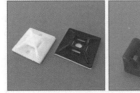

[그림 6-20] 케이블 마운트와 케이블 클램프

케이블 타이   익스팬더

타이 마운트

[그림 6-21] 케이블 마운트 사용 예

(3) 전선 보호재

(a) 헬리컬 밴드   (b) 익스팬더   (c) 후크 밴드

[그림 6-22] 각종 전선 보호재

덕트나 전선관으로 보호할 수 없는 곳에서 전선을 보호하기 위한 보호재로 헬리컬 밴드와 익스팬더, 후크 밴드 등이 사용된다.

헬리컬 밴드는 적은 묶음의 전선을 보호하는데 주로 사용되며, 후크 밴드는 다소 많은 묶음의 전선을 보호하는데 사용된다.

익스팬더는 일명 망사튜브라고 하며, 전선의 한쪽을 연결하기 전에 끼워 넣어서 사용하여야 한다.

(4) 접속자(end connector)

접속자 또는 와이어 캡이라고도 하며, 두 가닥 이상의 전선을 연결시킴과 동시에 절연하는 것을 말한다.

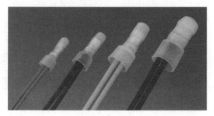

[그림 6-23] 접속자의 사용 예

(5) 쇼트바(short bar)

조립식 단자대에서 여러 개의 단자를 공통신호로 사용하기 위해 끼워 사용하는 것을 쇼트바 또는 콤먼바라고 하며, 10A, 15A, 20A용으로 구별한다.

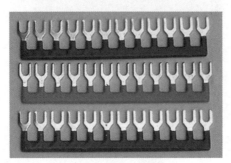

[그림 6-24] 쇼트바

(6) 터미널 캡(terminal cap)

터미널을 전선에 압착 후 노출부분을 절연하기 위해 사용하는 것을 터미널 캡이라 하며, 전선 호칭에 따라 규격으로 제작된다.

[그림 6-25] 터미널 캡

(7) 수축튜브

터미널 캡 대신에 열수축 튜브를 끼워 절연 용도로 사용하는 것을 수축튜브라 하며, 전선을 단자에 납땜 후 사용하기도 한다.

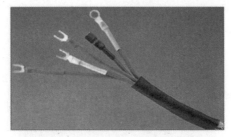

[그림 6-26] 수축튜브 사용 예

[참고문헌]

1. NCS 모터제어 [교육부, 2017]
2. NCS PLC 특수기능모듈 개발 [교육부, 2017]
3. 자동화전장설계 [성안당, 2012]
4. XGT_K_140626 카탈로그 [LS산전, 2014]
5. XGB_K_140925 카탈로그 [LS산전, 2014]
6. Metasol_MCCB_K_1501 사용 설명서 [LS산전, 2015]
7. Metasol_MC_기술자료_140128 [LS산전, 2014]
8. iG5A_Kor_110415_완전본_2 [LS산전, 2011]
9. ㈜ 전오 홈페이지 자료 [전오, 2018]
10. ㈜ 운영 제품 카탈로그 [운영, 2018]
11. 광일전선 기술자료 [광일, 2018]
12. 가온전선 전력케이블 카탈로그 [2018]
13. TPC 메카트로닉스 홈페이지
14. 공압기술 이론과 실습 [성안당, 2001]
15. 사용 설명서_XGK_XGB_명령어집_국문_V2.3 [LS산전, 2014]
16. ㈜ 화신 카탈로그 [주 화신, 2018]
17. KOINO 카탈로그 [건흥전기, 2018]
18. 오토닉스 종합 카탈로그 [오토닉스사, 2018]
19. 한영 NUX 종합 카탈로그 [한영전자, 2018]

찾아보기

BM 성안당
www.cyber.co.kr

04032 서울시 마포구 양화로 127 첨단빌딩 5층(출판기획 R&D센터)
10881 경기도 파주시 문발로 112 출판문화정보산업단지(제작 및 물류)

TEL_02.3142.0036
TEL_도서 : 031.950.6300 I 동영상 : 031.950.6332

NCS(국가직무능력표준) 적용
실전 전기제어 설계 제작기술

2019. 3. 4. 초 판 1쇄 인쇄
2019. 3. 8. 초 판 1쇄 발행

지은이 | 김원희, 김수한
펴낸이 | 이종춘
펴낸곳 | **BM** (주)도서출판 성안당

주소 | 04032 서울시 마포구 양화로 127 첨단빌딩 5층(출판기획 R&D 센터)
　　　 10881 경기도 파주시 문발로 112 출판문화정보산업단지(제작 및 물류)

전화 | 02) 3142-0036
　　　 031) 950-6300

팩스 | 031) 955-0510
등록 | 1973. 2. 1. 제406-2005-000046호
출판사 홈페이지 | **www.cyber.co.kr**
ISBN | 978-89-315-2633-2 (13560)
정가 | 25,000원

이 책을 만든 사람들
기획 | 최옥현
진행 | 박경희
교정·교열 | 이은화
전산편집 | 유해영
표지 디자인 | 임진영
홍보 | 정가현
국제부 | 이선민, 조혜란, 김혜숙
마케팅 | 구본철, 차정욱, 나진호, 이동후, 강호묵
제작 | 김유석